全国高职高专“十三五”规划教材

计算机基础实用教程
（Windows 7 平台与 Office 2010 应用）

主　编　唐翠微

副主编　帅丽梅　张甫英　李家孚　肖德勇　杨永康

主　审　白彬强

中国水利水电出版社
www.waterpub.com.cn
·北京·

内 容 提 要

本教材紧密结合职业院校计算机基础教学改革的要求，由长期从事计算机基础教学的一线教师编写。针对职业教育的特点，以典型实例为载体，以任务驱动为导向，以培养学生的实践动手能力为目标，重点突出计算机应用技能的训练，以实际工作中经常遇到的计算机基础知识和应用技能为主，突出基础性、实用性、操作性，重视对学生实践能力、创新能力、自学能力的培养。全书分为 6 章，每章由多个项目组成。主要内容包括计算机基础知识、Windows 7 操作系统、文字处理软件 Word 2010、电子表格处理软件 Excel 2010、演示文稿处理软件 PowerPoint 2010、Internet 基础及应用等。

本教材可作为职业院校计算机应用基础等课程的教材，也可作为计算机培训、计算机爱好者学习计算机基础知识和基本技能的参考书。

图书在版编目（CIP）数据

计算机基础实用教程 : Windows 7平台与Office 2010应用 / 唐翠微主编. -- 北京 : 中国水利水电出版社, 2017.8

全国高职高专“十三五”规划教材

ISBN 978-7-5170-5541-9

Ⅰ. ①计… Ⅱ. ①唐… Ⅲ. ①Windows操作系统－高等职业教育－教材②办公自动化－应用软件－高等职业教育－教材 Ⅳ. ①TP316.7②TP317.1

中国版本图书馆CIP数据核字(2017)第150010号

策划编辑：寇文杰　责任编辑：李　炎　杨庆川　加工编辑：韩莹琳　封面设计：李　佳

书　名	全国高职高专“十三五”规划教材 计算机基础实用教程（Windows 7 平台与 Office 2010 应用） JISUANJI JICHU SHIYONG JIAOCHENG (Windows 7 PINGTAI YU Office 2010 YINGYONG)
作　者	主　编　唐翠微 副主编　帅丽梅　张甫英　李家孚　肖德勇　杨永康 主　审　白彬强
出版发行	中国水利水电出版社 （北京市海淀区玉渊潭南路 1 号 D 座　100038） 网址：www.waterpub.com.cn E-mail：mchannel@263.net（万水） sales@waterpub.com.cn 电话：（010）68367658（营销中心）、82562819（万水）
经　售	全国各地新华书店和相关出版物销售网点
排　版	北京万水电子信息有限公司
印　刷	三河市鑫金马印装有限公司
规　格	184mm×260mm　16 开本　17.75 印张　437 千字
版　次	2017 年 8 月第 1 版　2017 年 8 月第 1 次印刷
印　数	0001—2500 册
定　价	38.00 元

凡购买我社图书，如有缺页、倒页、脱页的，本社营销中心负责调换

前　　言

随着计算机技术、网络技术及通信技术的迅速发展及相互融合，计算机知识与技能已不仅是一门课程，而是融入社会必备的一项技能。因此，对于职业院校的学生而言，掌握计算机基础知识，将计算机熟练地应用于工作、学习和生活，已是时代的基本要求。

“计算机基础”是职业院校的公共基础课程，旨在培养学生使用计算机解决实际问题的能力，同时，考虑到学生在校期间都有参加计算机等级考试的要求，本书根据教育部考试中心最新考试大纲的要求组织和编写。

本书针对职业院校学生动手能力强的特点，结合学生对知识和技能的认知规律，以计算机基础知识为出发点，以计算机应用能力的培养为本位，注重理论和实践的结合，自始至终贯彻“做中学，做中教”的指导思想，将计算机知识和技能融入到不同的项目中。全书主要分为6章：计算机基础知识、Windows 7操作系统、文字处理软件Word 2010、电子表格处理软件Excel 2010、演示文稿处理软件PowerPoint 2010、Internet基础及应用。在内容选择上，力求反映本学科最新成果的发展趋势；在内容编排上，以典型实例为载体，以任务驱动为导向，以培养学生的实践动手能力为目标，重点突出计算机应用技能的训练。

本教材由唐翠微主编并负责统稿，帅丽梅、张甫英、李家孚、肖德勇、杨永康任副主编，具体编写分工如下：李家孚编写第1章和第6章，肖德勇编写第2章，帅丽梅编写第3章，张甫英编写第4章，杨永康编写第5章。本书编写组织工作由李俊武担任，审定工作由白彬强、郝万强、姜为民担任，感谢他们对全书进行了认真审阅并提出了宝贵的修改建议。

因时间仓促，编者水平有限，且计算机技术发展日新月异，书中不妥之处在所难免，恳请广大读者批评指正，以便再版时修订完善。

编　者

2017年5月

目　　录

第一章　计算机基础知识

计算机（Computer），是一种能够按照事先存储的程序，自动、高速地进行大量数值计算和各种信息处理的现代化智能电子设备。随着科技的发展，人类已进入信息社会，计算机成为人们工作、生活中必不可少的工具，计算机硬件及软件的应用显得格外重要。

计算机是一种令人惊奇的机器，它能帮助用户执行许多不同的任务，无论用户想处理日常工作，还是上网查阅资料、休闲娱乐、信息共享等，它都能从不同的方面来协助用户，使它逐渐成为现代社会人们必备的工具之一。或许有人认为计算机十分复杂不易掌握，心存畏惧，其实计算机就如家中的电视机一样，用户不必掌握它的复杂工作原理，只需掌握其使用方法。本章就从计算机基础知识出发，简单介绍计算机系统的组成、如何组装计算机、计算机中数制的表示、输入法的使用等知识，为用户使用计算机打下基础。

本章学习目标：

- 了解计算机的分类和特点
- 掌握计算机系统的组成
- 了解计算机的硬件
- 掌握几种常用进制数的表示方法以及各进制之间的相互转换
- 理解数据的存储单位及字符的表示方法
- 熟悉键盘和鼠标的使用，掌握一种中英文输入法

项目一　初识计算机

任务情景

随着微型计算机的出现及计算机网络的发展，计算机的应用已渗透到社会的各个领域，并逐步改变着人们的生活方式。21世纪的今天，掌握和使用计算机成为人们必不可少的技能。那么你对计算机的了解有哪些呢？

任务分析

计算机的发展与电子技术发展密不可分，依据电子器件的发展历程，人们将计算机的发展划分为4个阶段。了解这4个阶段的划分，知道计算机发展进程中的重大事件，就可以对计算机的发展概况有一个粗略的了解。本任务中我们还会对计算机的特点，主要应用领域等作介绍。

知识准备

一、计算机的诞生及发展

世界上第一台计算机“ENIAC”于 1946 年在美国宾夕法尼亚大学诞生。美国国防部用它来进行弹道计算。这台计算机用了 18000 多个电子管构成，占地 170m^2，重达 30t，耗电功率约 150kW，每秒钟可进行 5000 次运算，这在现在看来微不足道，但在当时却是破天荒的，如图 1-1 所示。ENIAC 以电子管作为元器件，所以又被称为电子管计算机，是第一代计算机。

图 1-1　ENIAC 计算机

电子计算机的发展经历了 4 代：电子管计算机、晶体管计算机、中小规模集成电路计算机、大规模和超大规模集成电路计算机。

（一）第一代：电子管计算机（1946～1957 年）

ENIAC 是这一代计算机的代表。它采用电子管为基本元件，体积大，功耗高，运算速度慢，每秒只能运算几千次。ENIAC 是一个庞然大物，摆满一大间屋子，价格昂贵，高达几百万美元一台，只是应用在导弹、原子弹等国防技术尖端项目中的科学计算，是名符其实的计算机器。

（二）第二代：晶体管计算机（1957～1964 年）

第二代电子计算机以晶体管作为基本元件，称为“晶体管时代”。主存储器以磁芯存储器为主，辅助存储器开始使用磁盘；软件开始使用高级程序设计语言和操作系统。由于晶体管比电子管平均寿命长数千倍，耗电却只有电子管的十分之一，体积比电子管小一个数量级，机械强度也较高，所以晶体管很快取代了电子管，使计算机的体积和耗电大大减小，价格降低，计算速度加快，可靠性提高。计算机的应用得到进一步扩展，除应用于科学计算以外，已开始使用计算机进行数据处理和过程控制。这一期间的程序设计已初步采用 FORTRAN、COBOL 等高级语言编程。

（三）第三代：中小规模集成电路计算机（1964～1970 年）

第三代电子计算机以中小规模集成电路作为基本电子元件，称为“集成电路时代”。计算机的主存储器开始使用体积更小，更可靠的半导体存储器代替磁芯存储器，计算机种类开始多样化、系统化，外部设备不断增加，操作系统进一步发展和完善，提高了计算机的运行效率，使用也更加方便。由于集成电路是通过半导体集成技术将大量的分离电子元件集成在只有几平方毫米大的一块硅片上，从而使计算机的体积和耗电量进一步减小，可靠性更高，运算速度进一步加快。由于中小规模集成电路的大量使用，第三代电子计算机的总体性能比第二代电子计算机提高了一个数量级，这时电子计算机在科学计算、数据处理和过程控制方面得到更加广泛的应用。

（四）第四代：大规模和超大规模集成电路计算机（1970 年至今）

随着集成电路规模壮大，第四代电子计算机采用大规模集成电路块作元件，这一代计算机体积和功耗继续缩小和降低，运算速度迅速提高到每秒数以亿次计。计算机软件丰富，计算机应用领域和范围都大幅度增加，并和通讯技术相结合，开始出现了计算机网络化。现在人们普遍使用的台式电脑、笔记本等都属于第四代计算机。

计算机由于所使用的元器件的迅速发展经历了 4 个时代，从进入第四代以来，人们一直在期待着第五代计算机——智能计算机的出现，它是具有人的思维和判断能力的计算机，它能看、能听、能说、能思考，尽管目前还没有真正意义上的智能计算机，但智能化始终是计算机发展的方向，所以我们也可将计算机发展划分为五代。如表 1-1 所示。

表 1-1　计算机年代的划分

发展阶段	日期	逻辑元件	主存	辅存	速度（次/s）	软件	代表产品
第一代	1946～1957	电子管	水银延迟线 磁鼓	磁带	5 千～4 万	机器语言、汇编语言	UNIVAC
第二代	1957～1964	晶体管	磁芯	磁带、磁盘	几十万～几百万	高级语言、管理程序	IBM7000、UNIVACII
第三代	1964～1970	中小规模集成电路	半导体存储器	磁盘	几百万～几千万	操作系统诊断程序	IBM system/IBM-360
第四代	1970～至今	超大规模集成电路	半导体存储器	磁盘、光盘	上亿	固件、网络、数据库	Lenovo
第五代	智能机	能听、说、看、并有一定思维能力的新一代的计算机被称为智能计算机					

二、计算机的分类

（一）计算机按处理的数据信号不同分类

（1）模拟电子计算机。由模拟运算器件构成，处理的信号用连续量（如：电压、电流等）来表示，运算过程也是连续的。

（2）数字电子计算机，简称数字计算机。由逻辑电子器件构成，其变量为开关量（离散的数字量），采用数字式按位运算，运算模式是离散式的。

（3）模拟数字混合计算机。把模拟计算机与数字计算机联合在一起应用于系统仿真的计算机系统。混合计算机一般由 3 个部分组成：通用模拟计算机、通用数字计算机和连接系统。现代混合计算机已发展成为一种具有自动编排模拟程序能力的混合多处理机系统。它包括一台超小型计算机、一两台外围阵列处理机、几台具有自动编程能力的模拟处理机；在各类处理机之间，通过一个混合智能接口完成数据和控制信号的转换与传送。这种系统具有很强的实时仿真能力，但价格昂贵。

（二）计算机按功能分类

（1）专用计算机。专用计算机是为适应某种特殊需要而设计的计算机，通常增强了某些特定功能，忽略一些次要要求，所以专用计算机能高速度、高效率地解决特定问题，具有功能单一、使用面窄甚至专机专用的特点。专用计算机在军事控制系统中被广泛地使用，如飞机的自动驾驶仪和坦克上的兵器控制计算机。

（2）通用计算机。通用计算机广泛适用于一般科学运算、学术研究、工程设计和数据处理等，具有功能多、配置全、用途广、通用性强的特点，市场上销售的计算机多属于通用计算机。

（三）计算机按工作模式分类

（1）工作站。工作站是一种高档的微型计算机，通常配有高分辨率的大屏幕显示器及容量很大的内存储器和外部存储器，主要面向专业应用领域，具备强大的数据运算与图形、图像处理能力。工作站主要是为满足工程设计、动画制作、科学研究、软件开发、金融管理、信息服务、模拟仿真等专业领域而设计开发的微型计算机。

（2）服务器，也称伺服器。是提供计算服务的设备。由于服务器需要响应服务请求，并进行处理，因此服务器应具备承担服务并且保障服务的能力。服务器的构成包括处理器、硬盘、内存、系统总线等，和通用的计算机架构类似，但是由于需要提供高可靠的服务，因此在处理能力、稳定性、可靠性、安全性、可扩展性、可管理性等方面要求较高。在网络环境下，根据服务器提供的服务类型不同，服务器可分为文件服务器、数据库服务器、应用程序服务器以及WEB 服务器等。

（四）计算机按规模分类

（1）巨型计算机。巨型计算机（巨型机，SuperComputer）是一种超大型电子计算机。具有很强的计算和处理数据的能力，主要特点表现为高速度和大容量，配有多种外围设备及丰富的、高功能的软件系统。巨型计算机实际上是一个巨大的计算机系统，主要用来承担重大的科学研究、国防尖端技术和国民经济领域的大型计算课题及数据处理任务。如大范围天气预报，整理卫星照片，研究洲际导弹、宇宙飞船等，制定国民经济的发展计划，项目繁多，时间性强，要综合考虑各种各样的因素，依靠巨型计算机能较顺利地完成。

（2）大中型计算机。这种计算机也有较高的运算速度和较大的存储量并允许多用户同时使用。性能上不如巨型计算机，结构上也较巨型机简单些，价格相对巨型机要便宜，因此使用的范围较巨型机普遍，主要用于事务处理、商业处理、信息管理、大型数据库管理和数据通信等。

（3）小型计算机。小型计算机的机器规模小、结构简单、设计试制周期短，便于及时采用先进工艺技术，软件开发成本低，易于操作维护。它们已经广泛应用于工业自动控制、大型分析仪器、测量设备、企业管理、大学和科研机构等，也可以作为大型与巨型计算机系统的辅助计算机。

（4）微型计算机。大规模集成电路及超大规模集成电路的发展是微型计算机得以产生的前提。通过集成电路技术将计算机的核心部件运算器和控制器集成在一块大规模或超大规模集成电路芯片上，统称为中央处理器（CPU，Central Processing Unit）。中央处理器是微型计算机的核心部件，是微型计算机的心脏。目前微型计算机已广泛应用于办公、学习、娱乐等社会生活的方方面面，是发展最快、应用最为普及的计算机。我们日常使用的台式计算机、笔记本计算机、掌上型计算机等都是微型计算机。

三、计算机的特点

（一）运算速度快

计算机的运算速度通常是指每秒钟所执行的指令条数，一般计算机的运算速度可以达到每秒几十亿次以上。计算机的高速运算能力，为完成那些计算量大，时效性要求高的工作提供了保证。例如天气预报、导弹或其他发射装置运行参数的计算、情报、人口普查等超大量数据的检索处理等。

（二）计算精确度高

科学技术的发展特别是尖端科学技术的发展，需要高度精确的计算。计算机控制的导弹之所以能准确地击中预定的目标，是与计算机的精确计算分不开的。一般计算机可以有十几位甚至几十位（二进制）有效数字，计算精度可由千分之几到百万分之几，是任何计算工具所望尘莫及的。

（三）存储容量大

计算机不仅能进行计算，而且能把参加运算的数据、程序以及中间结果和最后结果保存起来，以供用户随时调用。计算机的存储器可以存储大量数据，这使计算机具有了“记忆”功能。随着计算机存储容量的不断增大，可存储记忆的信息越来越多。计算机的“记忆”功能是与传统计算工具的一个重要区别。

（四）具有逻辑判断能力

计算机的运算器除了能够完成基本的算术运算外，还具有对各种信息进行比较、判断等逻辑运算的功能，这种能力是计算机处理逻辑推理问题的前提。

（五）自动化程度高，通用性强

计算机内部操作是根据人们事先编好的程序自动控制进行的。用户根据解题需要，事先设计好运行步骤与程序，计算机十分严格地按程序规定的步骤操作，整个过程不需人工干预，自动化程度高，这一特点是一般计算工具所不具备的。

由于计算机采用数字化信息来表示数据（如数值、文字、图形、声音等），采用逻辑代数作为硬件设计的基本数学工具。因此，计算机不仅可以用于数值计算，而且还被广泛应用于数据处理、自动控制、辅助设计、逻辑关系加工与人工智能等非数值计算性质的处理。一般来说，凡是能将信息用数字化形式表示的，就能归结为算术运算或逻辑运算的计算，并且能够按照严格规则化工作的，都可由计算机来处理。因此计算机具有极强的通用性，能应用于科学技术的各个领域，并渗透到社会生活的各个方面。

任务实施

1．世界上第一台计算机诞生的时间、地点、名称？
2．计算机发展分哪 4 个阶段？主要电子元件各是什么？
3．计算机按规模可以分哪几类？
4．计算机有哪些特点？

项目二　认识计算机系统

任务情景

计算机的应用很广泛。例如，可以用计算机画画、写信、编排文稿等。还可以把计算机接入因特网，然后上网查找资料、听音乐、与朋友聊天……用计算机还可以帮助我们学习，例如，有很多计算机软件，可以用来帮助我们学习知识、训练技能。那么，每台计算机都由许多设备组成，这些设备你都认识吗？都能说出它的名称及作用吗？

任务分析

本任务主要介绍了计算机系统的基本概念，包括最底层的内存中的数据表示、计算机的硬件系统的组成、计算机软件系统的组成及计算机的应用等内容。本任务全面讲解了计算机系统，深入浅出地介绍了存储器、处理器、操作系统等内容。

知识准备

完整的计算机系统包括：硬件系统和软件系统。硬件系统是计算机的“躯干”，是基础。软件系统是建立在“躯干”上的“灵魂”。详细分类如图 1-2 所示。

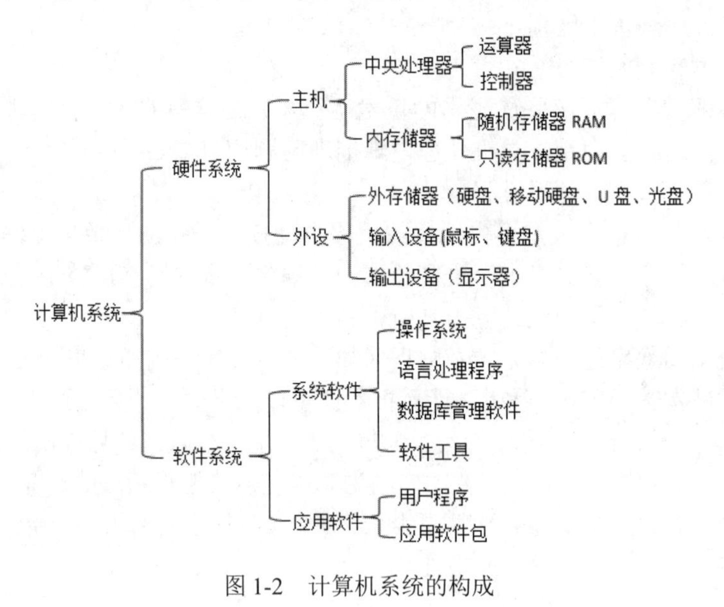

图 1-2　计算机系统的构成

一、计算机硬件系统

按照冯·诺依曼的设计思想，计算机硬盘系统从功能上划分为 5 大基本组成部分：运算器、控制器、存储器、输入设备和输出设备。明确指明计算机工作原理采用存储程序和程序控制，即把运算程序存储在机器的存储器中，程序设计员只需要在存储器中寻找运算指令，机器就会自行计算，这样就不必每个问题都重新编程，从而大大加快了运算过程。这一思想标志着自动运算的实现，成为电子计算机设计的基本原则，冯·诺依曼体系架构如图 1-3 所示。

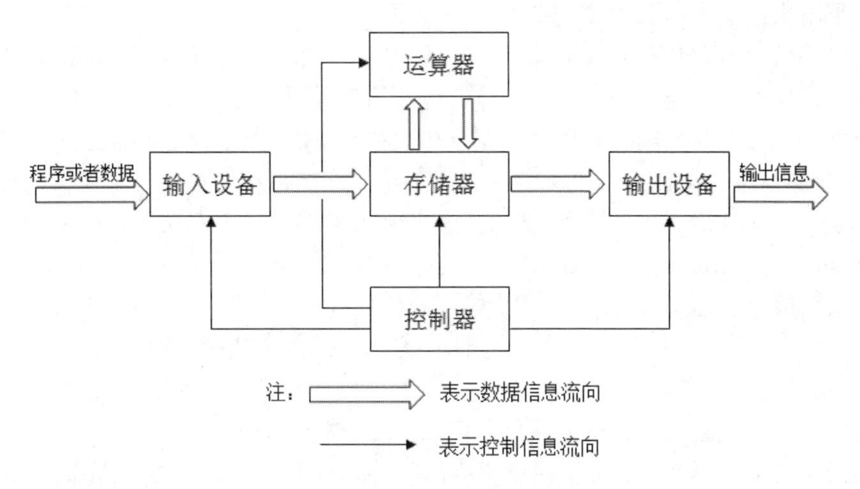

图 1-3　冯·诺依曼体系架构图

鉴于冯·诺依曼的思想在计算机发展中所起到的关键性作用，为现代计算机体系结构奠定了重要基础，他被西方人誉为“计算机之父”。

（一）运算器

运算器是计算机中处理数据的核心部件，主要由执行算术运算和逻辑运算的算术逻辑单元（Arithmetic Logic Unit，ALU）、存放操作数和中间结果的寄存器组以及连接各部件的数据通路组成，用以完成各种算术运算和逻辑运算。

在运算过程中，运算器不断得到由主存储器提供的数据，运算后又把结果送回到主存储器保存起来。整个运算过程是在控制器的统一指挥下，按程序中编排的操作顺序进行。

（二）控制器

控制器是计算机中控制管理的核心部件。主要由程序计数器（PC）、指令寄存器（IR）、指令译码器（ID）、时序控制电路和微操作控制电路等组成，在系统运行过程中，不断地生成指令地址、取出指令、分析指令、向计算机的各个部件发出操作控制信号，指挥各个部件高速协调地工作。

由于运算器和控制器在逻辑关系和电路结构上联系十分紧密，尤其在大规模集成电路制作工艺出现后，这两大部件往往制作在同一芯片上，因此，通常将它们合起来统称为中央处理器，简称 CPU（Central Processing Unit），是计算机的核心部件。如图 1-4 所示。

图 1-4　CPU 的外形

（三）存储器

存储器是用来存储数据和程序的部件。

计算机中的信息都是以二进制代码形式表示的，必须使用具有两种稳定状态的物理器件来存储信息。该物理器件包括磁芯、半导体器件、磁表面器件等。

存储器分为主存储器和辅助存储器。主存可直接与 CPU 交换信息，辅存又叫外存。

（1）主存储器。主存储器（又称为内存储器，简称主存或内存）用来存放正在运行的程序和数据，可直接与运算器及控制器交换信息。按照存取方式，主存储器又可分为随机存取存储器（Random Access Memory，RAM）和只读存储器（Read Only Memory，ROM）两种。只读存储器用来存放监控程序、系统引导程序等专用程序，在生产制作只读存储器时，将相关的程序指令固化在存储器中，在正常工作环境下，只能读取其中的指令，而不能修改或写入信息，断电后，信息不会丢失。随机存取存储器用来存放正在运行的程序及所需要的数据，具有存取速度快、集成度高、电路简单等优点，但断电后，信息将自动丢失。

主存储器由许多存储单元组成，全部存储单元按一定顺序编号，称为存储器的地址。存储器采取按地址存（写）取（读）的工作方式，每个存储单元存放一个单位长度的信息。如图 1-5 所示。

图 1-5　内存条

（2）辅助存储器。辅助存储器（又称为外存储器，简称辅存或外存）是用来存放多种大信息量的程序和数据，且可以长期保存，其特点是存储容量大、成本低，但存取速度相对较慢。外存储器中的程序和数据不能直接被运算器、控制器处理，必须先调入内存储器。目前广泛使用的微型计算机外存储器主要有硬盘、移动硬盘、光盘以及 U 盘等。

1）硬盘。硬盘是计算机不可缺少的外部存储器，用来存放需要保存的程序和数据，如图 1-6 所示。一般来说，硬盘的转速越快，存取的速度就越快。

图 1-6　硬盘

硬盘存储器主要由硬盘驱动器、硬盘控制器和硬盘组成，一般置于主机箱内。硬盘是涂有磁性材料的磁盘组件，用于存放数据。硬盘的机械转轴上排列若干个盘片，每个盘片的正反两面各有一个读/写磁头，与软盘磁头不同，硬盘的磁头不与磁盘表面接触，它们“飞”在离盘片面百万分之一英寸的气垫上。硬盘是一个非常精密的机械装置，磁道间只有百万分之几英寸的间隙，磁头传动装置必须把磁头快速而准确地移到指定的磁道上。

一个硬盘有多个盘片组成，盘片被分成许多扇形的区域，每个区域叫作一个扇区。柱面是指使盘的所有盘片具有相同编号的磁道。硬盘的容量取决于硬盘的磁头数、柱面数及每个磁道的扇区数，由于硬盘均有多个盘片，所以用柱面这个参数来代替磁道。每个扇区的容量为512B，则硬盘总容量为：512×磁头数×柱面数×每道扇区数。

目前的硬盘有两种，一种为固定式，另一种为移动式。所谓固定式就是固定在主机箱内，当容量不足时，可再扩充一个硬盘。而移动式硬盘可以轻松传输、携带、分享和存储资料，可以在笔记本和台式机之间，办公室、学校、网吧和家庭之间实现数据的传输，是私人资料保存的最佳工具。同时它还具有写保护、无驱动、无需外接电源、高速度读写、支持大容量硬盘等特点。

2）光盘和光驱。光盘是利用激光技术存储信息的存储介质，普通 DVD 光盘的存储容量达 5GB，普通 CD 光盘的容量也达 700MB。光驱是读写光盘信息的设备，分为只读型光驱（CD-ROM、DVD-ROM）和刻录机（CD-RW、DVD-RW），如图 1-7 所示。

3）U 盘。全称 USB 闪存盘，英文名“USB flash disk”。它是一种使用 USB 接口的无需物理驱动器的微型高容量移动存储产品，通过USB 接口与电脑连接，实现即插即用。U 盘连接到电脑的 USB 接口后，U 盘的资料可与电脑交换，如图 1-8 所示。

图 1-7　光驱和光盘

图 1-8　U 盘

U 盘最大的优点就是小巧便于携带、存储容量大、价格便宜、性能可靠。U 盘体积很小，仅拇指般大小，重量极轻，一般在 15 克左右，特别适合随身携带，我们可以把它挂在胸前、吊在钥匙串上、甚至放进钱包里。一般的 U 盘容量有 8GB、64GB、128GB 等。U 盘中无任何机械式装置，抗震性能极强。另外，闪存盘还具有防潮防磁、耐高低温等特性，安全可靠性很好。

（四）输入输出设备

输入输出设备（简称 I/O 设备）又称为外部设备，它是与计算机主机进行信息交换，实现人机交互的硬件设备。

1. 输入设备

输入设备用于输入需要计算机处理的数据、字符、文字、图形、图像、声音等信息，以及处理这些信息所必需的程序，并把它们转换成计算机能接受的形式（二进制代码）。常见的输入设备有鼠标、扫描仪、键盘、手写板及麦克风（输入语音）等，如图 1-9 所示。

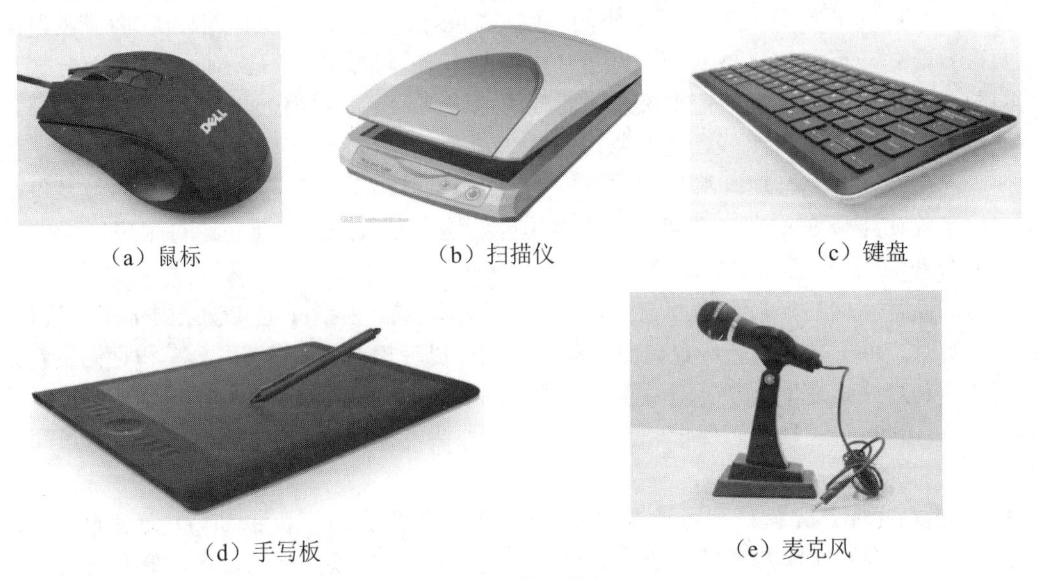

（a）鼠标　（b）扫描仪　（c）键盘

（d）手写板　（e）麦克风

图 1-9　输入设备

2. 输出设备

输出设备用于将计算机处理结果或中间结果，以人们可识别的形式（如显示、打印和绘图）表达出来。常见的输出设备有显示器、打印机、绘图仪及音响设备等，如图 1-10 所示。

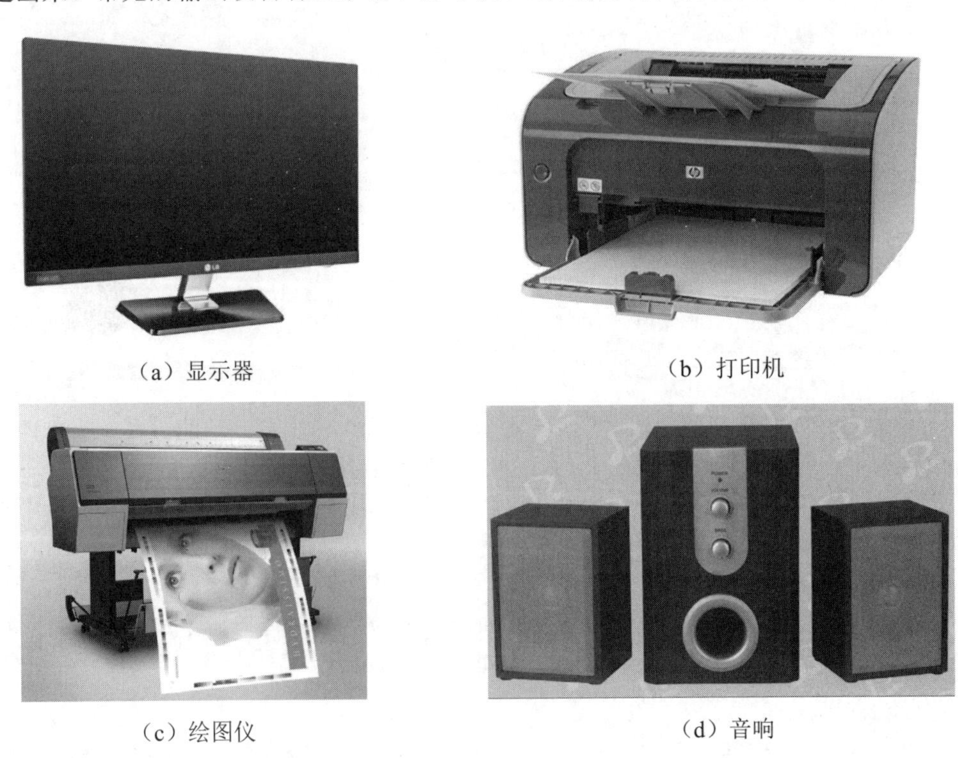

（a）显示器　（b）打印机

（c）绘图仪　（d）音响

图 1-10　输出设备

辅（外）存储器可以把存放的信息输入到主机，主机处理后的数据也可以存储到辅（外）存储器中。因此，辅（外）存储设备既可以作为输入设备，也可以作为输出设备。

二、计算机软件系统

计算机软件系统是指控制、管理和协调计算机及其外部设备，支持应用软件的开发和运行的软件总称。计算机软件系统包括系统软件和应用软件。

（一）系统软件

系统软件包括操作系统、程序设计语言、语言处理程序、各种服务程序和数据库管理系统。

1. 操作系统

操作系统是管理、控制和监督计算机软、硬件资源协调运行的程序系统，由一系列具有不同控制和管理功能的程序组成，它是直接运行在计算机硬件上的、最基本的系统软件，是系统软件的核心。操作系统是计算机发展中的产物，它的主要目的有两个：一是方便用户使用计算机，是用户和计算机的接口。比如用户键入一条简单的命令就能自动完成复杂的功能，这就是操作系统帮助的结果；二是统一管理计算机系统的全部资源，合理组织计算机工作流程，以便充分、合理地发挥计算机的效率。

2. 程序设计语言

程序设计语言是人与计算机交流的工具，是用来编制和设计程序所使用的计算机语言。程序设计语言包括机器语言、汇编语言、高级语言和第四代程序设计语言。

（1）机器语言是指用计算机能识别的机器指令表示的程序设计语言。机器语言是计算机唯一能直接识别和执行的计算机语言。用机器语言编写的程序所占的内存少、执行速度快，但它难学、难写、难检查、难修改，而且不同型号计算机的机器语言往往是不同的，设计和使用都很不方便。

（2）汇编语言是指用一些能反映指令功能的助记符来表达机器指令的符号式语言。

汇编语言（Assemble Language）是为了解决机器语言难于理解和记忆，用易于理解和记忆的名称和符号表示的机器指令。例如，加法指令 ADD，传送指令 MOV。汇编语言虽比机器语言直观，但基本上还是一条指令对应一种基本操作，对同一问题编写的程序在不同类型的机器上仍然是互不通用。汇编语言必须经过语言处理程序（汇编程序）的翻译才能被计算机识别。

（3）高级语言（High Level Language）是人们为了解决低级语言的不足而设计的程序设计语言。它是由一些接近于自然语言和数学语言的语句组成，易学、易用、易维护。但是由于机器硬件不能直接识别高级语言中的语句，因此必须经过“翻译程序”，将用高级语言编写的程序翻译成机器语言的程序才能执行。一般高级语言的编程效率高，执行速度没有低级语言高。高级语言必须经过语言处理程序（编译程序等）的翻译才能被计算机识别。目前最常用的高级语言有：C 语言、C++、Java、Delphi 等。

（4）第 4 代程序设计语言简称 4GL，是面向问题的、非过程化的程序设计语言。使用这种语言设计程序时，用户不必给出解题过程的描述，仅需要向计算机提出所要解决的问题就可以了，至于如何完成、采用什么算法和代码等则是计算机软件的问题。

3. 语言处理程序

用汇编语言和高级语言编制的源程序都不能在计算机上直接运行，而需要借助于语言处理程序“翻译”成目标代码后，才能够被机器执行。语言处理程序有汇编、编译和解释 3 种类型。

汇编程序是将汇编语言编制的源程序翻译成目标程序的工具。编译程序则是将高级语言编写的源程序整体翻译成目标程序，然后便可以反复执行。大部分高级语言都是采用编译程序进行翻译的，C 语言便是其中之一。还有一些高级语言采用解释程序，对源代码中的语句进行逐句解释并执行，产生运行结果，它不产生目标代码文件，每次执行均需要重新进行解释。其优点是易于实现人机对话，能及时帮助用户发现错误和改正错误，但运行效率低。

4. 各种服务程序

服务程序是专门为系统维护和服务的一些专用程序。常用的服务程序有：系统设置程序（如 Windows 优化大师、超级兔子）、诊断程序、纠错程序、编辑程序、文件压缩程序（如 WinRAR、WinZip）、防病毒程序（如金山毒霸、360 杀毒）等。

（二）应用软件

应用软件是为计算机在特定领域中的应用而开发的专用软件。应用软件具体可分为两类：一类为面向问题的应用程序，如现代企业管理系统、财务软件、订票系统、电话查询系统、仓库管理系统、旅馆服务系统等；另一类为用户使用而开发的各种工具软件，如诊断程序、调试程序、编辑程序、链接程序、字处理软件、图形处理软件、系统操作、维护软件等。

应用软件包含的范围是极其广泛的，可以这样说，哪里有计算机应用，哪里就有应用软件。如办公应用 Office、WPS；平面设计 Photoshop、Illustrator、CorelDRAW；视频处理 Premiere、After Effects、会声会影；网站建设 FrontPage、Dreamweaver；辅助设计 AutoCAD；三维制作 3DS Max；多媒体开发 Authorware、Flash 等。

任务实施

1. 计算机系统的构成有哪两部分？
2. 你还知道哪些输入设备和输出设备？

项目三　组装计算机

任务情景

组装电脑，行话简称“攒电脑”“配电脑”。就是根据个性需要，选择电脑所需要的兼容配件，然后把各种互不冲突的配件安装在一起，就成了一台组装电脑。自己动手（DIY）组装一台电脑，对于 DIY“老鸟”来说并不是什么难事，甚至“老鸟”们都不把装机看成是一门技术。但对于大部分刚入门的“菜鸟”而言，自己亲自动手装台电脑并不容易。当然，自己动手装电脑也不是难事，只要具备一些硬件常识，胆大心细，相信很快就能学会“攒”电脑的步骤与方法。

任务分析

本节任务让我们来学习如何自己动手组装一台电脑，连接各种常用的外部设备。同时，还需要掌握这些外部设备的使用、维护方法。

知识准备

一、计算机组装

（一）装机前的注意事项

（1）防静电。电脑里的配件比较娇贵，人体带的静电会对它们造成很大的伤害，譬如内部短路、损坏。在组装电脑之前，应该用手触摸一下良好接地的导体，把人体自带的静电导出。或是戴上绝缘手套进行安装。

（2）防潮湿。如果水分附着在电脑配件的电路上，很有可能造成短路而导致配件的损坏。

（3）防粗暴。在组装电脑时一定要防止粗暴的动作。因为电脑配件的许多接口都有防插反的防呆式设计，如果安装位置不到位，再加上用力过猛，就有可能引起配件的折断或变形。

（二）准备工具与各种硬件

1．装机必备工具

装机并不复杂，有了下面 3 种工具，装起机来就得心应手。

（1）十字形螺丝刀。组装电脑时所使用的螺丝钉都是十字形的，最好准备带磁性的螺丝刀方便吸取螺丝钉。

（2）尖嘴钳子。尖嘴钳子可以用来折断一些材质较硬的机箱后面的挡板，也可以用来夹一些细小的螺丝、螺帽、跳线帽等小零件。

（3）导热硅脂。在安装 CPU 的时候，导热硅脂是必不可少的。用它可以填充散热器与 CPU 表面的空隙，更好的帮助散热。

2．硬件准备

硬件主要包括：CPU、主板、内存、显卡、硬盘、光驱、机箱电源、键盘、鼠标、显示器、各种数据线/电源线等。

（三）开始装机

装机的步骤如下：

（1）安装 CPU 处理器。当前市场中，英特尔处理器占有较大的比重，英特尔处理器多采用了触点式设计，与 AMD 的针式设计相比，最大的优势是不用担心针脚折断的问题，但对处理器的插座要求则更高。安装步骤如下（图 1-11）：

1）稍向外/向上用力拉开 CPU 插座上的锁杆与插座呈 90 度角，以便让 CPU 能够插入处理器插座。

2）然后将 CPU 上针脚有缺针的部位对准插座上的缺口。

3）CPU 只能够在方向正确时才能够被插入插座中，然后按下锁杆。

4）在 CPU 的核心上均匀涂上足够的散热膏（硅脂）。但要注意不要涂得太多，只要均匀的涂上薄薄一层即可。

大家可以仔细观察，在 CPU 处理器的一角上有一个三角形的标识，另外仔细观察主板上的 CPU 插座，同样会发现一个三角形的标识。在安装时，处理器上印有三角标识的那个角要与主板上印有三角标识的那个角对齐，然后慢慢的将处理器轻压到位。这不仅适用于英特尔的处理器，而且适用于目前所有的处理器，特别是对于采用针脚设计的处理器而言，如果方向不对则无法将 CPU 安装到位，大家在安装时要特别的注意。

（2）安装散热器。由于 CPU 发热量较大，选择一款散热性能出色的散热器特别关键，但如果散热器安装不当，对散热的效果也会大打折扣。如图 1-12 所示是处理器的散热器。

图 1-11　安装 CPU 处理器

图 1-12　处理器的散热器

安装时，将散热器的四角对准主板相应的位置，然后用力压下四角扣具即可（图 1-13）。有些散热器采用了螺丝设计，因此在安装时还要在主板背面相应的位置安放螺母，由于安装方法比较简单，这里不作过多介绍。

图 1-13　固定散热器

固定好散热器后，我们还要将散热风扇接到主板的供电接口上。找到主板上安装风扇的接口（主板上的标识字符为 CPU_FAN），将风扇插头插入即可（注意：目前有四针与三针等几种不同的风扇接口，大家在安装时注意一下即可）。由于主板的风扇电源插头都采用了防呆式的设计，反方向无法插入，因此安装起来相当的方便，如图 1-14 所示。

图 1-14　将散热器接入主板的供电插口

（3）安装内存条。内存成为影响系统整体的最大瓶颈时，双通道的内存设计大大解决了这一问题。提供英特尔 64 位处理器支持的主板目前均提供双通道功能，因此建议大家在选购内存时尽量选择两根同规格的内存来搭建双通道。

主板上的内存插槽一般都采用两种不同的颜色来区分双通道与单通道。如图 1-15 所示，将两条规格相同的内存条插入到相同颜色的插槽中，即打开了双通道功能。

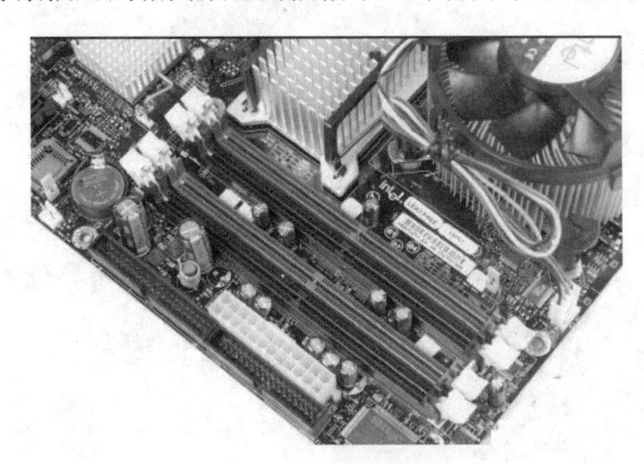

图 1-15　双通道插槽

安装内存时，先用手将内存插槽两端的卡扣打开，然后将内存平行放入内存插槽中（内存插槽也使用了防呆式设计，反方向无法插入，大家在安装时可以对应一下内存与插槽上的缺口），用两拇指按住内存两端轻微向下压，听到“啪”的一声响后，即说明内存安装到位。如图 1-16 所示。

（4）将主板安装固定到机箱中。目前，大部分主板板型为 ATX 或 MATX 结构，因此机箱的设计一般都符合这种标准。在安装主板之前，先将机箱提供的主板垫脚螺母安放到机箱主板托架的对应位置（有些机箱购买时就已经安装）。具体的安装方法如下（图 1-17）：

第一步，双手平行托住主板，将主板放入机箱中。

图 1-16　内存条安装

第二步，通过机箱背部的主板挡板确定机箱是否安放到位。

第三步，拧紧螺丝，固定好主板。在装螺丝时，注意每颗螺丝不要一次拧紧，等全部螺丝安装到位后，再将每粒螺丝拧紧，这样做的好处是随时可以对主板的位置进行调整。

图 1-17　安装主板

（5）安装硬盘。在安装好 CPU、内存之后，我们需要将硬盘固定在机箱的 3.5 寸硬盘托架上。对于普通的机箱，我们只需要将硬盘放入机箱的硬盘托架上，拧紧螺丝使其固定即可。很多用户使用了可拆卸的 3.5 寸机箱托架，这样安装起硬盘来就更加简单，如图 1-18 所示。

（6）安装光驱、电源。安装光驱的方法与安装硬盘的方法大致相同，对于普通的机箱，我们只需要将机箱 4.25 寸的托架前的面板拆除，并将光驱插入对应的位置，拧紧螺丝即可。

（7）安装显卡，并接好各种线缆。目前，PCI-E 显卡已经成为市场主力军，AGP 基本上见不到了，因此在选择显卡时 PCI-E 绝对是必选产品。

图 1-18　安装硬盘

用手轻握显卡两端，垂直对准主板上的显卡插槽，向下轻压到位后，再用螺丝固定即完成了显卡的安装，如图 1-19 所示。

图 1-19　安装显卡

（8）安装线缆接口。

1）安装硬盘电源与数据线接口，如图 1-20 所示为一块 SATA 硬盘，右边红色的为数据线，黑黄红交叉的是电源线，安装时将其按入即可。

图 1-20　硬盘上的线缆接口

2）光驱数据线安装，均采用防呆式设计，安装数据线时可以看到 IDE 数据线的一侧有一条蓝色或红色的线，这条线位于电源接口一侧，如图 1-21 所示。

图 1-21　安装光驱线缆接口

3）安装主板上的 IDE 数据线。主板供电电源接口目前大部分主板采用了 24 针的供电电源设计，但仍有些主板为 20 针，大家在购买主板时要重点看一下，以便购买适合的电源，如图 1-22 所示。

图 1-22　安装主板上的 IDE 数据线

4）CPU 供电接口。部分供电接口采用四针的加强供电接口设计，而高端的使用了 8 针设计，以提供 CPU 稳定的电压供应，如图 1-23 所示。

图 1-23　安装 CPU 供电接口

主板上 SATA 硬盘、USB 接口及机箱开关、重启、硬盘工作指示灯接口等的安装方法可以参见主板说明书。

二、计算机外部设备的连接

与计算机主机连接的常用外部设备配件有键盘、鼠标、显示器等，不少数码产品也可以通过 USB 接口与主机连接。

（一）连接显示器

显示器接口是一个 15 针 D 形 VGA 接口，通常为蓝色，用于连接显示器或投影仪等显示设备，如图 1-24 所示。

图 1-24　连接显示器

（二）连接键盘、鼠标

在机箱的背部，通常有两个 6 针的圆形 PS/2 接口，如图 1-25 所示，紫色为键盘接口，绿色为鼠标接口。键盘的插头上有向上的标记，连接时按照这个方向对准紫色圆形的插孔插好即可；鼠标以同样方法插在鼠标插孔中。一般来说键盘靠外，鼠标靠内。目前市面上的键盘、鼠标已采用 USB 接口，连接就更简单了。

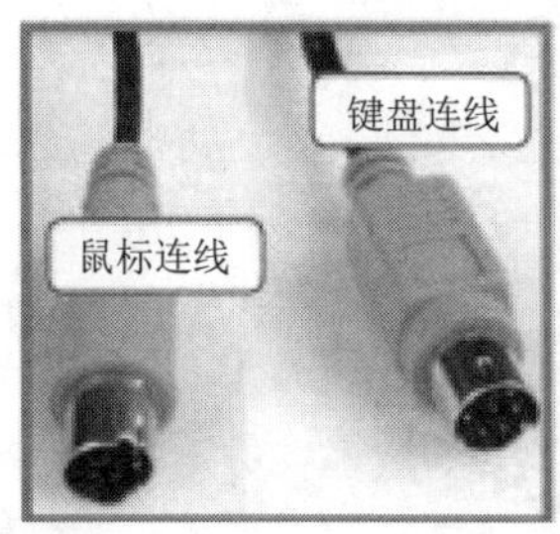

图 1-25　连接键盘、鼠标

任务实施

自己动手组装一台电脑。

项目四　计算机的信息编码

任务情景

在我们的日常生活中所用的进制数为十进制数，而计算机能够识别的进制数为二进制数，任何输入到计算机的信息都必须转换成二进制后才能被计算机处理、存储和传输。所以，我们就要掌握数制之间的相互转换，今天我们就来认识一下它们。

任务分析

本任务主要介绍数字化信息的相关术语和数制之间的转换法则，包括二进制、十进制、八进制、十六进制之间的相互转换。

知识准备

一、计算机数值信息编码

由于技术上的原因，计算机内部一律采用二进制数表示数据，而在日常生活中我们经常使用的是十进制数，有时为了方便还使用八进制数及十六进制数，因此理解如何表示不同计数制、进制数的大小以及相互转换是学习计算机的首要问题。

数制是用一组固定数字和一套统一规则来表示数目的方法，一般可分为进位计数制和非进位计数制。

（一）非进位计数制

是指表示数值大小的数码与它在数中所处的位置无关，这种数制现在很少使用。

（二）进位计数制

是指按指定进位方式计数的数制，也就是说表示数值大小的数码与它在数中所处的位置（权）有关，简称进位制。在计算机中，使用较多的是二进制、十进制、八进制和十六进制。在程序设计中，为了区分不同进制数，通常在数字后用一个英文字母为后缀以示区别：

- 十进制：数字后加 D 或不加，如 13D 或 13 或$(13)_{10}$
- 二进制：数字后加 B，如 10010B 或$(10010)_2$
- 八进制：数字后加 O，如 123O 或$(123)_8$
- 十六进制：数字后加 H，如 2A5EH 或$(2A5E)_{16}$

二、不同进位计数制及其转换

（一）二进制数

二进制数的特点是：

- 有两个数字：0、1
- 逢二进一，借一当二
- 进位基数是 2

由于二进制不符合人们的使用习惯，在平时操作中，并不经常使用。但计算机内部的数是用二进制表示的，主要原因是：

1. 简单可行，容易实现

二进制数只有 0 和 1 两个数字，对应计算机逻辑电路的两种稳定状态，如导通与截止，高电位与低电位等，因此可以很容易地用电气元件来实现且稳定可靠。

2. 运算法则简单

二进制的运算法则很简单，例如：求和法则只有 0＋0=0，0＋1=1，1＋0=1，1＋1=0 这 4

个，而十进制则要繁琐得多。

3. 适合逻辑运算

二进制的两个数字，正好代表逻辑代数中的“真”（True）和“假”（False）。因而非常适合逻辑运算。

二进制的主要缺点是数值位数长、不便于阅读和书写，因此，在技术文档中通常用十六进制来替代二进制。

（二）十进制数

十进制数的特点：

- 有 10 个数字：0、1、2、3、4、5、6、7、8、9
- 逢十进一，借一当十
- 进位基数是 10

（三）八进制数

八进制数的特点：

- 有 8 个数字：0、1、2、3、4、5、6、7
- 逢八进一，借一当八
- 进位基数是 8

（四）十六进制数（Hexadecimal notation）

十六进制数的特点：

- 有 16 个数字：0、1、2、3、4、5、6、7、8、9、A、B、C、D、E、F。16 个数字中的 A、B、C、D、E、F 六个数字，分别代表十进制数中的 10、11、12、13、14、15，这是国际通用表示法
- 逢十六进一，借一当十六
- 进位基数是 16

（五）非十进制数转换为十进制数

对于一个任意进制的数，它的任一个数字在该数中的位置叫做“权”，表示这个数字所代表的数值的大小，即这个数字在该数中所占的比重大小。我们可以按如下规律将一个任意非十进制的数“按权展开”成十进制表示的多项式，然后将这个多项式各项相加，就把该数转换成了对应的十进制数：

一个 R 进制数 X，具有 n 位整数，m 位小数，则该 R 进制数可表示为：

$$X= A_{n-1}\times R^{n-1}+A_{n-2}\times R^{n-2}+\cdots+A_1\times R^1+A_0\times R^0+A_{-1}\times R^{-1}+\cdots+A_{-m}\times R^{-m}$$

在这个表达式中，权是以 R 为底的幂。

例：将 10000.10B 按权展开并转换成十进制数。

解：$10000.10B= 1\times 2^4+0\times 2^3+0\times 2^2+0\times 2^1+0\times 2^0+1\times 2^{-1}+0\times 2^{-2}=16.5$

例：将 3A6.5H 按权展开并转换成十进制数。

解：$3A6.5H =3\times 16^2+10\times 16^1+6\times 16^0+5\times 16^{-1}=934.3125$

十进制、二进制、八进制和十六进制数的转换关系，如表 1-2 所示。

（六）十进制数转换成非十进制数

十进制数转换成 R 进制数时，整数部分的转换与小数部分的转换是不同的。

表 1-2　各种进制数码对照表

十进制	二进制	八进制	十六进制	十进制	二进制	八进制	十六进制
0	0	0	0	8	1000	10	8
1	1	1	1	9	1001	11	9
2	10	2	2	10	1010	12	A
3	11	3	3	11	1011	13	B
4	100	4	4	12	1100	14	C
5	101	5	5	13	1101	15	D
6	110	6	6	14	1110	16	E
7	111	7	7	15	1111	17	F

1．整数部分：除 R 取余，逆序排列（R 为基数）

将十进制数反复除以 R，直到商是 0 为止，并将每次相除之后所得的余数按次序记下来，第一次相除所得余数是 K_0，最后一次相除所得的余数是 K_{n-1}，则 $K_{n-1}K_{n-2}\cdots K_1K_0$ 即为转换所得的 R 进制数。

例：将十进制数 123 转换成二进制数。

解：

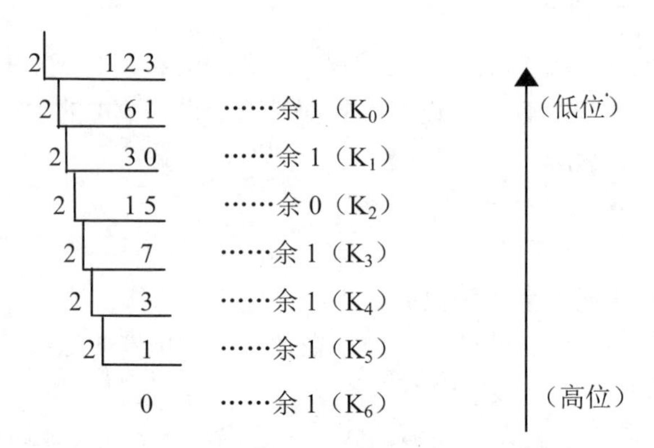

123D=1111011B

2．小数部分：乘 R 取整，顺序排列（R 为基数）

将十进制数的纯小数（不包括乘后所得的整数部分）反复乘以 R，直到乘积的小数部分为 0 或小数点后的位数达到精度要求为止。第一次乘以 R 所得的结果是 K_{-1}，最后一次乘以 R 所得的结果是 K_{-m}，则所得二进制数为 $K_{-1}K_{-2}\ \cdots K_{-m}$。

例：将十进制数 0.125 转换成二进制。

解：

取整数部分

$0.125\times2=0.25$　……0= (K_{-1})　（高位）

$0.25\times2=0.5$　……0= (K_{-2})

$0.5\times2=1.0$　……1= (K_{-3})　（低位）

0.125D=0.001B

有些小数，在乘 2 取整的过程中，小数永远不能为零，可根据题意保留一定位数的小数，如下例我们就保留 8 位小数。

例：将十进制数 0.2541 转换成二进制。

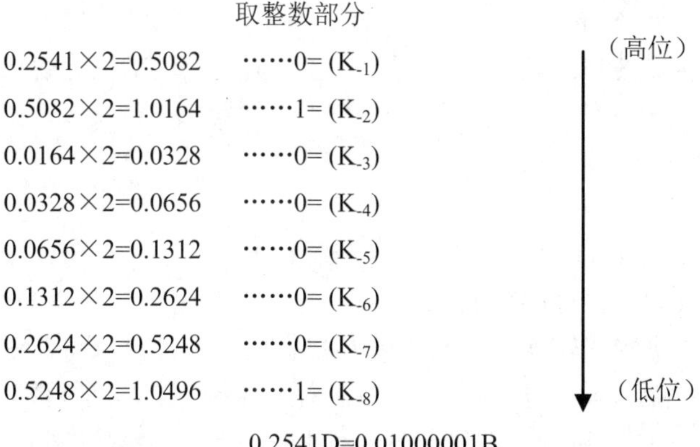

0.2541D=0.01000001B

对于一些既有整数又有小数的十进制数，可以将其整数部分和小数部分分别转换，然后再组合起来，就是所求的进制数了。

例：123D= 1111011B

0.125D=0.001B

123.125D= 1111011.001B

（七）二进制、八进制和十六进制数的相互转换（421 法、8421 法）

（1）二进制转换八进制：取三合一法，即以二进制的小数点为分界点，向左（向右）每 3 位分成一组，接着将这 3 位二进制按权相加，得到的数就是一位八进制数，然后，按顺序进行排列，小数点的位置不变，得到的数字就是我们所求的八进制数。如果向左（向右）取 3 位后，取到最高（最低）位时候，如果无法凑足 3 位，可以在小数点最左边（最右边），即整数的最高位（小数的最低位）补 0，凑足 3 位。

例：将二进制的 10110.0011 转换成八进制：

010 110.001 100

2 6.1 4

即：$(10110.011)_2 =(26.14)_8$

（2）八进制转换二进制：取一分三法，即将一位八进制数分解成 3 位二进制数，用 3 位二进制数按权相加去凑该位八进制数，小数点位置照旧。

例：将八进制的 37.416 转换成二进制数：

37 . 416

011111 . 100 001110

即：$(37.416)_8 =(11111.10000111)_2$

（3）二进制转换十六进制：取四合一法，即以二进制的小数点为分界点，向左（向右）每 4 位分成一组，接着将这 4 位二进制按权相加，得到的数就是一位十六进制数，然后，按顺序进行排列，小数点的位置不变，得到的数字就是我们所求的十六进制数。如果向左（向右）取 4 位后，取到最高（最低）位时候，如果无法凑足 4 位，可以在小数点最左边（最右边），即整数的最高位（小数的最低位）补 0，凑足 4 位。

例：将二进制数 1100001.111 转换成十六进制：

0110 0001 . 1110

6 1 . E

即：$(1100001.111)_2 = (61.E)_{16}$

（4）十六进制转换二进制：取一分四法，即将一位十六进制数分解成 4 位二进制数，用 4 位二进制数按权相加去凑该位十六进制数，小数点位置照旧。

例：将十六进制数 5DF.9 转换成二进制：

5 D F . 9

0101 1101 1111 . 1001

即：$(5DF.9)_{16} = (10111011111.1001)_2$

（5）八进制与十六进制的转换：一般不能互相直接转换，可以将八进制数（或十六进制数）转换为二进制数，然后再将二进制数转换为十六进制数（或八进制数），小数点位置不变。那么相应的转换请参照上面二进制与八进制的转换和二进制与十六进制的转换。

三、计算机非数值信息编码

计算机除了能处理数值信息外，还能处理大量的非数值信息。非数值信息是指文字、图形、声音等形式的数据，这类数据没有大小的区别，用不同的符号表示不同的含义，又称符号数据。非数值信息中的图形、声音等形式的数据有专门的表示方法，这里我们讨论文字类非数值信息的表示方法。

根据信息学原理，用一组有限的符号可以表达任意的文字类非数值信息；如用 0～9 这十个符号的组合可以表示任意数字，用 26 个英文字母加上若干标点符号可以写出千姿百态的英文文章等等。人们与计算机进行交互时使用的就是这些符号集合，然而计算机只能存储二进制，这就需要对这组符号集合逐个进行编码，人机交互时输入的各种字符由机器自动转换，以二进制编码形式存入计算机。

四、西文字符编码

（一）字符编码

字符编码就是规定用什么样的二进制码来表示字母、数字以及专门符号。

计算机系统中主要有两种字符编码：ASCII 码和 EBCEDIC（扩展的二进制－十进制交换码）。ASCII 是最常用的字符编码，而 EBCEDIC 主要用于 IBM 的大型机中。

（二）ASCII 码

ASCII 码（American Standard Code for Information Interchange）是美国信息交换标准代码的简称。主要用来对键盘上的信息进行编码。ASCII 码占一个字节，有 7 位和 8 位 ASCII 码两种，7 位 ASCII 码称为标准 ASCII 码，8 位 ASCII 码称为扩充 ASCII 码。7 位 ASCII 码表给出了 128 个不同的组合，表示了 128 个不同的字符。其中 95 个字符可以显示。包括大小写英文字母、数字、运算符号、标点符号等。另外的 33 个字符，是不可显示的，它们是控制码，编码值为 0～31 和 127。例如，回车符（CR），编码为 13，如表 1-3 所示为 ASCII 码字符编码表。

表 1-3　7 位 ASCII 码字符编码表

$b_7 b_6 b_5$ 符号 $b_4 b_3 b_2 b_1$	000	001	010	011	100	101	110	111
0000	NUL	DLE	SP	0	@	P	、	p
0001	SOH	DC1	!	1	A	Q	a	q
0010	STX	DC2	”	2	B	R	b	r
0011	ETX	DC3	#	3	C	S	c	s
0100	EOT	DC4	$	4	D	T	d	t
0101	ENQ	NAK	%	5	E	U	e	u
0110	ACK	SYN	&	6	F	V	f	v
0111	BEL	ETB	，	7	G	W	g	w
1000	BS	CAN	（	8	H	X	h	x
1001	HT	EM	）	9	I	Y	i	y
1010	LF	SUB	*	:	J	Z	j	z
1011	VT	ESC	+	;	K	[	k	{
1100	FF	S	,	<	L	\	l	|
1101	CR	GS	-	=	M	]	m	}
1110	SO	RS	.	>	N	^	n	~
1111	SI	US	/	?	O	–	o	DEL

计算机内部用一个字节存放一个 7 位 ASCII 码，最高位 b_7 置 0。扩展的 ASCII 码使用 8 位二进制表示一个字符的编码，可表示 $2^8=256$ 个不同的字符。

要确定某个数字、字母、符号或控制符的 ASCII 码，可以在表中先找到它的位置，然后确定它所在位置的相应行和列，再根据行确定低 4 位编码（$b_4 b_3 b_2 b_1$），根据列确定高 3 位编码（$b_7 b_6 b_5$），最后将高 3 位编码与低 4 位编码合在一起，就是该字符的 ASCII 码，如字母“A”的 ASCII 码为 01000001（41H），转换成十进制数是 65。

五、汉字编码

ASCII 码只解决了西文信息的编码，为了用计算机处理汉字，我们同样需要对汉字进行编码，汉字的编码分为：外码、内码、输出码和交换码等。

（一）交换码（国标码）

交换码即国标码，是计算机及其他设备之间交换信息的统一标准。

（1）国标 GB2312-80《信息交换用汉字编码字符集》：该字符集收录了 6763 个常用汉字，其中一级汉字 3755 个，二级汉字 3008 个。另外还收录了各种符号（如数字、拉丁字母、希腊字母、汉字拼音字母等）682 个，合计 7445 个。

（2）国标 GB13000.1-1993《通用多八位编码字符集（UCS）第一部分：体系结构与基本多文种平面》：又称大字符集字库 GBK，是《GB2312-80》《GB12345-90》《BIG5》等字符集标准的超集，一共收录了中、日、韩 20902 个汉字。

（3）国标 GB18030-2000《信息交换用汉字编码字符集基本集的扩充》是未来我国计算机系统必须遵循的基础性标准之一，收录了 27564 个汉字。我国政府要求在中国大陆出售的软件必须支持 GB18030-2000 编码。

国标码采用两个字节表示一个汉字。每个字节只使用了低七位，这样使得汉字与英文完全兼容。但当英文字符与汉字字符混合存储时，容易发生冲突，所以把国标码两个字节最高位置 1，作为汉字的识别码使用。

为了中英文兼容，国标 GB2312-80 规定所有汉字和字符的每个字节的编码范围与 ASCII 码表中的 94 个字符编码相一致，故其编码范围为：2121H~7E7EH。

将国标码的两个字节的最高位置 1（加 128，即 80H），得到 PC 机常用的机内码。汉字机内码双字节，最高位是 1；西文字符机内码单字节，最高位是 0。

与 ASCII 码表类似，国标码也有一张码表，这张码表是由一个 94×94 的阵列构成的二维面，行号为区号，列号为位号，区号及位号唯一标识一个汉字。表中任一汉字或符号的区号和位号的组合叫做这个汉字或符号的“区位码”。需要注意的是，汉字的区位码和国标码的值不同，但有一一对应的关系，其转换方法为，将区位码的位号和区号分别加上 32（20H），即可得到国标交换码。

例如：汉字“中”的区位码是 5448，将区号 54 转换成十六进制数为 36H，位号 48 转换成十六进制数为 30H，再将区号和位号分别加上 20H，所以“中”字的国标码是 5650H。

汉字的区位码、国标码、机内码有如下关系，用公式表示即为：

国标码=区位码+2020H

机内码=国标码+8080H

机内码=区位码+A0A0H

（二）外码（输入码）

外码是汉字的输入编码，用键盘向计算机输入汉字时，键盘上没有汉字，必须用键盘上的一组字符来对应地表示一个汉字，这就是汉字的外码。每个汉字都对应一个确定的外码，不同的输入法有不同的外码。例如：用拼音输入汉字“勇”时，它对应的外码是“yong”；用五笔字型输入时，它对应的外码是“cel”。

（三）内码

内码是汉字的内部编码。计算机为了识别汉字，必须把汉字的外码转换为汉字的内码，以便处理和存储汉字信息。在计算机系统中，通常用两个字节来存储一个汉字的内码，为了与 ASCII 码区别，汉字的内码也将两个字节的最高位置 1，如果用十六进制表示，就是把汉字的国标码的每一个字节加上一个 80H（即二进制的 10000000）。

例如：由前面内容可知“中”字的国标码是 5650H，那么，“中”字的内码就是：

“中”字的内码＝5650H＋8080H＝D6D0H

（四）汉字字形码（输出码）

汉字字形码是供显示器或打印机输出汉字用的代码，又称汉字库。汉字字形码与内码之间有一一对应的关系，输出时，先根据内码在字库中查找相应的字形码，然后将字形码显示或打印出来。

汉字字形码的编码方式有两种：点阵字形和轮廓字形。点阵字形的编码方法比较简单，它用一个 n×n 的方阵来描述一个汉字，“人”字的汉字点阵图如图 1-26 所示。

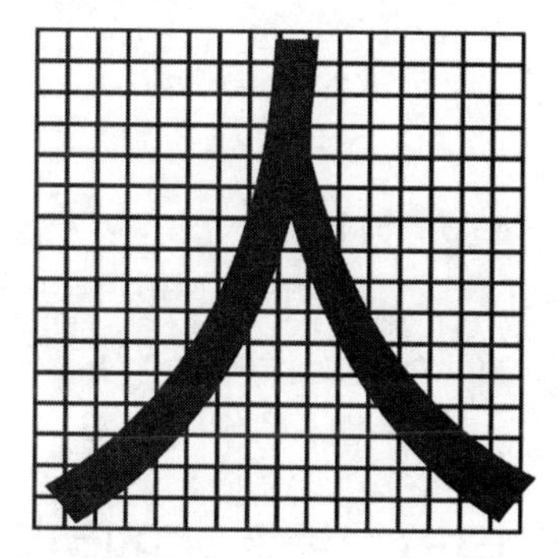

图 1-26　16×16 点阵字形

图中黑色的部分用二进制“1”来表示，白色的部分用二进制“0”来表示，这样就将一个方块汉字转换成了二进制串；显然，方阵的行、列数越多，汉字的显示质量就越好，但占用的存储空间也就越大。例如一个 16×16 点阵的汉字需要的存储空间为：16×16/8＝32 字节，而一个 32×32 点阵的汉字需要的存储空间为：32×32/8＝128 字节。常用的点阵汉字字形有 4 种：

- 简易型：16×16 点阵
- 普通型：24×24 点阵
- 精密型：32×32 点阵
- 超精密型：128×128 点阵

汉字的点阵字形的缺点是放大后会出现锯齿现象，不适合输出大型或超大型汉字。而轮廓字形则弥补了这个缺点，它采用数学方法来描述汉字的轮廓曲线，其优点是精度高、可以任意放大而不会失真，缺点是输出时必须经过复杂的数学运算处理。

六、计算机的信息单位

计算机只认识二进制数，数据的常用单位有位、字节和字。

（1）位（bit）是计算机中存储数据的最小单位，称为“比特”。它指二进制数中的一个位数，其值为“0”或“1”，n 个二进制位可以表示 2^n 个状态。

（2）字节（Byte）是计算机中存储数据的基本单位，计算机存储容量的大小是以字节的多少来衡量的。一个字节等于 8 位，即 1Byte=8bit。一个字节可以表示一个英文字母或 0～255 间的一个整数。随着计算机技术的迅速发展，计算机存储容量和计算机数据处理量也迅速增加，为了方便表示，存储容量还可用千字节（KB）、兆字节（MB）、吉字节（GB）、太字节（TB）等来表示，它们之间的换算关系如下：

1B=8 bit

1KB=2^{10}B=1024B

1MB=2^{10}KB=1024KB

1GB=2^{10}MB=1024MB

1TB=2^{10}GB=1024GB

（3）字（word）是指计算机一次并行处理的一组二进制位。它的长度叫字长，字长是衡量计算机性能的重要指标，字长越长，精度越高。

任务实施

进制数转换，要求写出步骤。

- $(63)_{10}=(\qquad)_2$　　$(100)_{10}=(\qquad)_2$
- $(0.25)_{10}=(\qquad)_2$　　$(0.3125)_{10}=(\qquad)_2$
- $(1100100101.01)_2=(\quad)_{10}=(\quad)_8=(\quad)_{16}$
- (192)D =(　　)Q =(　　)H =(　　)B

项目五　输入法的使用

任务情景

某数据处理公司到汉源县职业高级中学招聘实习生，主要工作是数据录入与处理，小红有幸被录取了。由于工作需要，每天要录入各种数据和报表，尽管在学校也经常帮学生会制作各种文件和报表，平常上网聊 QQ 输入速度也很快，但是由于工作中录入的文字，很多不是我们日常生活中所使用的常用语，无法快速打出来。而在公司实行计量工资的前提下，这样很影响工作效率与收益。因此，小红下决心苦练基本功，经过一段时间的盲打训练，输入速度有了很大的提升，工作效率也大大提高了。

任务分析

- 了解常用键盘的分布
- 熟练掌握键盘输入字符的标准手法
- 掌握一种汉字输入法

知识准备

键盘属于输入设备，是计算机接受外来信息最常用、最基本的设备。用户在使用计算机时，各种命令、数据和程序都可以通过键盘输入到计算机内部。

一、键盘

键盘的类型很多，如：104 键键盘、多媒体键盘、手写键盘、人体工学键盘和红外遥感键盘，我们通常使用的是 104 键键盘，如图 1-27 所示。

键盘分为 4 个区域：主键盘区、功能键区、编辑控制键区和数字小键盘区。

（一）主键盘区

在主键盘区，除了包含数字键和字母键外，还有下列辅助键：

- Tab：制表键。击此键可输入制表符
- Caps Lock：大写锁定键。对应此键有一个指示灯在键盘的右上角。这个键为反复键，按一下此键，指示灯亮，此时输入的字母为大写，再按一下此键，指示灯灭，输入状态变为小写

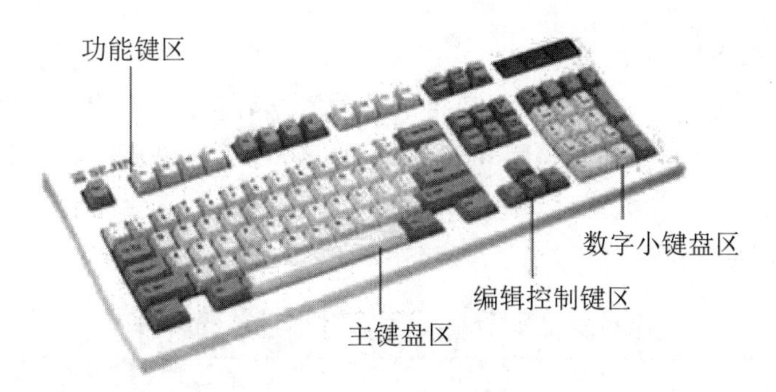

图 1-27 键盘

- Shift：换档键。在基本键盘区的下方左右各有一个 Shift 键。输入方法是按住 Shift 键，同时再按下有双字符的键，即可输入该键上方的字符。如，我们要输入一个“*”符号。按住 Shift 键，同时按下 [*/8] 键，即可输入“*”符号
- Ctrl：控制键。与其他键同时使用，用来实现应用程序中定义的功能
- Alt：辅助键。与其他键组合成复合控制键
- Enter：回车键。通常被定义为结束命令行、文字编辑中的回车换行等
- 空格键：用来输入一个空格，并使光标向右移动一个字符的位置

（二）功能键区

最上排的键被称为功能键，主要作用是：

- Esc：强行取消键，一般用来撤消某项操作
- F1～F12：用户可以根据自己的需要来定义它们的功能，F1 通常用作帮助
- Print Screen：可抓取整个屏幕的内容，存放到剪贴板上，在一定软件支持下，可将当前屏幕显示的内容送到打印机去打印，按“Alt＋Print Screen”组合键可抓取屏幕上当前激活的窗口内容，存放到剪贴板上

（三）编辑控制键区

编辑控制键区包含了 4 个方向键和若干个控制键。

- PageUp：按此键光标翻到上一页
- PageDown：按此键光标移到下一页
- Home：用来将光标移到当前行的行首
- End：用来将光标移到当前行最后一个字符的右边
- Delete：删除键。用来删除当前光标右边的字符
- Insert：用来切换插入与改写状态

（四）数字小键盘区

数字小键盘区上有一个 NumLock 键，按下此键时，键盘上的 NumLock 指示灯亮，表示此时为输入数字和运算符号的状态。当再次按下 NumLock 键时，指示灯灭，此时数字键区的功能和编辑控制键区的功能相同。

二、键盘的正确使用

键盘是使用频率极高的输入工具。因此，我们有必要掌握它的正确使用方法。

（一）指法操作

计算机键盘上的字符分布是根据字符的使用频率确定的。人的十根手指的灵活程度不一样，灵活一点的手指分管使用频率较高的键位。反之，不太灵活的手指分管使用频率低的键位。将键盘一分为二，左右手分管两边，左手食指放在“F”键上，右手食指放在“J”键上。键位的指法分布如图 1-28 所示。

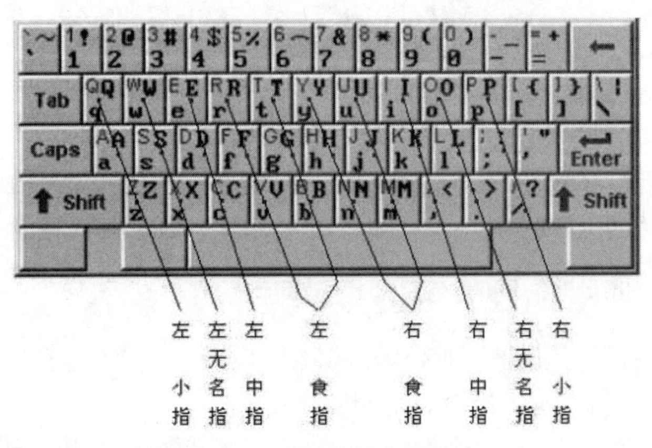

图 1-28　主键盘键位与指法

图中每根手指都负责一小部分键位。击键时，手指上下移动，这样的分工，指头移动的距离最短，错位的可能性最小，且平均速度最快。大拇指因其特殊性，最适合敲击空格键。小键盘的使用也有指法要求，如图 1-29 所示。

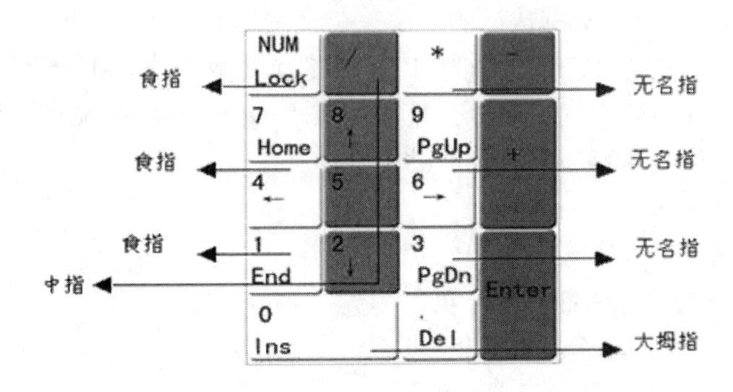

图 1-29　小键盘指法

（二）击键要求

只有通过大量的指法练习，才能熟记键盘上各个键的位置，从而实现盲打。初学者可以先从基本键位（A/S/D/F/J/K/L/;）开始练习，再慢慢向外扩展直至整个键盘。

在打字前，先记住整个键盘的结构，这样就不会因找字符而耽误时间。要想高效准确地输入字符，还要掌握击键的正确姿势和击键方法。

（1）正确的击键姿势为：

➢ 要输入的内容放在左侧，键盘稍向右放置
➢ 身体坐正，腰脊挺直
➢ 座位的高度适中，便于手指操作

- ➢ 两肘轻贴身体两侧，手指轻放在基准键位上，手腕悬空平直
- ➢ 眼睛看内容，不要盯着键盘
- ➢ 身体其他部位不要接触工作台和键盘

（2）正确的击键方法为：

- ➢ 按照手指划分的工作范围击键，是“击”键，而不是“按”键
- ➢ 手腕要平直，手臂不动
- ➢ 手腕至手指呈弧状，指头的第一关节与键面基本垂直
- ➢ 击键力量不可太重或太轻
- ➢ 指关节用力击键，胳膊不要用力，但可结合使用腕力
- ➢ 击键声音清脆，有节奏感

三、中文的录入

中文的录入可以按音码（按照汉字的读音进行编码）和形码（按照汉字的形状进行编码）输入，目前比较典型的形码输入法有五笔输入法，音码输入法有微软拼音输入法、搜狗拼音输入法、QQ 拼音输入法等，这里主要介绍音码输入法。

要提高汉字的输入速度，应尽量做到能输入句子或者词组的就输入句子和词组，切记不要一次只输入一个汉字。词组的输入可使用全拼、简拼、混拼，如表 1-4 所示。

表 1-4　音码输入示例

	汉源	职业	高级	中学
全拼	hanyuan	zhiye	gaoji	zhongxue
简拼	hy	zy	gj	zx
混拼	hany 或 hyan	zhiy 或 zye	gaoj 或 gji	zhongx 或 zxue

用汉字的读音进行编码存在一个较大的弊端，就是当遇到不认识的文字时，就无法录入。同学们可以在老师的带领下，学习形码输入法。形码输入法只按汉字的形状进行编码，无需知道汉字的读音，如五笔输入法。熟练掌握五笔输入法后，文字录入速度理论上会快很多。总之，在文字录入中，只要通过持之以恒的练习，每一位同学都能成为文字录入的佼佼者。

任务实施

1．录入英文文章 1 篇，测试英语录入速度。
2．录入中文文章 1 篇，测试中文录入速度。

习题

一、选择题

1．世界上第一台电子数字计算机采用的电子器件是（　　）。
　A．大规模集成电路　　　　B．集成电路

C．晶体管　　D．电子管

2．计算机具有很强的记忆能力的基础是（　　）。

A．大容量存储装置　　B．自动编程

C．逻辑判断能力　　D．通用性强

3．计算机最主要的工作特点是（　　）。

A．存储程序与自动控制　　B．高速度与高精度

C．可靠性与可用性　　D．有记忆能力

4．在计算机领域，客观事物的属性表示为（　　）。

A．数据　　B．数值　　C．模拟量　　D．信息

5．电子计算机按规模划分，可以分为（　　）。

A．数字电子计算机和模拟电子计算机

B．通用计算机和专用计算机

C．科学与过程计算计算机、工业控制计算机和数据计算机

D．巨型计算机、大中型计算机、小型计算机和微型计算机

6．以下选项中，（　　）不属于计算机外部设备。

A．输入设备　　B．中央处理器和主存储器

C．外存储器　　D．输出设备

7．下列各项中，（　　）是正确的。

A．计算机中使用的汉字编码和 ASCII 码是相同的

B．键盘是输入设备，显示器是输出设备

C．外存中的信息可直接被 CPU 处理

D．操作系统是一种很重要的应用软件

8．决定微处理器性能优劣的重要指标是（　　）。

A．内存的大小　　B．微处理器的尺寸

C．主频　　D．内存储器

9．在计算机内部，数据加工、处理和传送的形式是（　　）。

A．二进制码　　B．八进制码

C．十进制码　　D．十六进制码

10．下列叙述中错误的是（　　）。

A．计算机要长期使用，不要长期闲置不用

B．为了延长计算机的寿命，应避免频繁开关机

C．计算机使用几小时后，应关机一会儿再用

D．在计算机附近应避免磁场干扰

11．以下进制数最大的是（　　）。

A．$(99)_{10}$　　B．$(1100100)_2$　　C．$(142)_8$　　D．$(5F)_{16}$

12．以下换算正确的是（　　）。

A．1 KB=1000 B　　B．10 MB=10*1024 GB

C．1 GB=1024*1024 B　　D．1 TB=1024 GB

13．在计算机存储单元中，一个 ASCII 码值占用的字节数为（　　）。

A．1　　B．2　　C．4　　D．8

14．计算机系统中的硬件系统包括主机和外设，下面关于主机说法的正确是（　　）。

A．主机由 CPU、RAM 及 ROM 组成

B．主机由 CPU、内存及外存组成

C．只有在主机箱外的计算机硬件才是外设

D．只要在主机箱内的计算机硬件都不是外设

15．时至今日，计算机仍采用“存储程序”原理，原理的提出者是（　　）。

A．莫尔　　B．比尔・盖茨

C．冯・诺依曼　　D．科得（E.F.Codd）

16．下列 4 种软件中属于应用软件的是（　　）。

A．财务管理系统　　B．DOS

C．Windows XP　　D．Windows 7

二、简答题

1．简述计算机系统的构成。

2．如何组装一台电脑？组装电脑有哪些注意事项？

3．文字录入要注意哪些击键姿势和击键方法？

第二章　Windows 7 操作系统

操作系统（Operating System，OS）是计算机软件系统中最主要、最基本的系统软件，具有直接控制和管理计算机硬件、软件资源，合理组织计算机工作流程的功能。它是用户和计算机之间的桥梁，是软件和硬件之间的接口。操作系统是方便用户充分而有效地利用计算机资源的程序集合，其他软件都是在操作系统的管理和支持下运行。

操作系统有多种类型，如 Windows 系列、UNIX 系列操作系统、Linux 系列操作系统、苹果 Mac OS 系列等。随着智能手机的普及，苹果 IOS、Android 等手机操作系统也越来越多的被人们所熟知。Android 一词的本义指“机器人”，同时也是 Google 宣布的基于 Linux 平台的开源手机操作系统的名称，是为移动终端打造的真正开放和完整的移动平台系统软件。

现在个人计算机所采用的操作系统中，微软公司的 Windows 系列操作系统有着极其重要的地位，全球占有率超过 90%。Windows 常见的版本有 Windows 2000、Windows XP、Windows 2003、Windows 7、Windows 8 以及最新的 Windows 10 等。Windows 7 可供家庭及商业工作环境、笔记本电脑、平板电脑、多媒体中心等使用。2009 年 7 月 14 日 Windows 7 RTM（Build 7600. 16385）正式上线，2009 年 10 月 22 日微软于美国正式发布 Windows 7，2009 年 10 月 23 日微软于中国正式发布 Windows 7。Windows 7 扩展支持服务到期时间为 2020 年 1 月 14 日。Windows 7 延续了 Vista 的 Aero1. 0 透明式风格，并且更胜一筹。同时增加了对笔记本电脑的特有设计、基于应用服务的设计、用户个性化设置、优化娱乐设置，提高用户的易用性，是现在最流行的操作。

本章学习目标：

- 了解 Windows 7 操作界面，掌握设置桌面图标、任务栏的方法
- 熟知 Windows 7 窗口的组成，熟练使用鼠标完成对菜单、窗口和对话框等的操作
- 掌握设置 Windows 7 的个性工作环境
- 掌握资源管理器的操作
- 了解 Windows 文件系统的相关知识，掌握文件和文件夹的概念
- 能熟练使用资源管理器进行文件和文件夹的操作
- 通过资料整理，养成正确使用计算机的良好习惯
- 使用“控制面板”完成 Windows 7 的常规设置

项目一　使用 Windows 7

任务情境

学校刚购置了一批新计算机，安装的是 Windows 7 操作系统，为了尽快熟练操作计算机，完成学业，我们必须熟悉 Windows 7 操作系统，并能正确设置自己的工作环境。

任务分析

- 掌握 Windows 7 操作系统的启动及退出
- 理解桌面、图标、菜单、任务栏、工具栏、窗口和对话框等概念
- 掌握窗口、对话框、工具栏、任务栏的组成及其操作方法

知识准备

一、Windows 7 的启动与退出

Windows 7 的启动和退出操作看起来比较简单，但却关系到用户能否正常使用计算机。

（一）Windows 7 的启动

确认外部设备正常连接。按下计算机主机面板上的电源开关（Power）后，计算机开始自检，自检成功后，开始启动 Windows 7 操作系统，如图 2-1 所示。

图 2-1　Windows 7 启动画面

启动完成后会出现欢迎界面，随后显示器屏幕上出现了桌面，表示 Windows 7 启动成功。如果是单用户，计算机直接进行 Windows 7 桌面，如果设置了多个用户名，系统进入用户选择界面，提示你选择用户名和输入密码，确认无误后进入 Windows 7 桌面。至此 Windows 7 启动成功。

（二）Windows 7 的退出

关闭计算机系统前，应先关闭已经启动的软件和打开的文档（注意保存文件），再退出 Windows 7。如果强行关闭电源，有可能会破坏正在运行的应用程序和一些没有保存的文件。Windows 7 的退出通常按以下步骤进行：

（1）关闭所有正在运行的应用程序和文档。

（2）选择“开始”菜单→“关机”按钮即可。

Windows 7“开始”菜单中提供了关机、切换用户、注销、锁定、重新启动、休眠和睡眠，用户可以根据自己的需要来进行使用。操作方法为单击“开始”按钮，在弹出的开始菜单下，单击“关机”按钮右边的小三角

按钮，选择相应菜单命令执行。

- 正常关机：Window 将保存设置并关闭电源
- 切换用户：退出当前用户系统回到用户登录界面，重新选择新用户身份登录
- 注销：Windows 7 提供多个用户共同使用计算机操作系统的功能，每个用户可以拥有自己的工作环境，用户可以采用注销命令来进行用户环境的退出
- 锁定：当用户暂时不使用电脑但又不希望别人操作自己的电脑时，可以使用电脑锁定功能。用户再次使用计算机时只需输入用户密码即可重新进入系统
- 重新启动：计算机将退出 Windows 7 系统，但不关闭电源，直接重新启动
- 休眠/睡眠：Windows 7 提供了休眠和睡眠两种待机模式，它们的相同点是计算机电源都是打开的，当前系统的状态会保存下来，当需要使用计算机时进行唤醒后就可进入刚才的使用状态，在暂时不使用系统时起到省电的作用。这两种方式的不同点在于休眠模式系统的状态保存在硬盘里，而睡眠模式是保存在内存里

二、认识桌面

Windows 7 的桌面是打开计算机并登录到 Windows 7 之后显示的整个屏幕区域，就像实际的桌面一样，它是我们工作的平台。打开程序或文件时，它们便会出现在桌面上。还可以将一些项目（如文件和文件夹）放在桌面上，并且随意排列它们。桌面由桌面背景、桌面图标、任务栏、“开始”按钮等组成，如图 2-2 所示。

图 2-2　Windows 7 桌面

（一）桌面组成

1. 桌面背景

桌面背景（也称为壁纸）是指桌面图案和桌面墙纸，用户可以创建自己的个性化桌面。

2. 图标

图标是具有明确指代含义的计算机图形，是文件、程序或快捷方式的图形化表示。图标在计算机可视操作系统中扮演着极为重要的角色，它可以代表一个文档、一段程序、一张网页、一首歌曲或者一条命令。我们可以通过图标执行一条命令或打开某种类型的文档，你所要做的只是在图标上双击一下就能打开。比如图 2-2 中的图标“Microsoft Word 2010”，当双击它时，就可以打开 Microsoft Office Word 文字处理程序进行文字编辑工作了。

Windows 7 安装结束之后，安装程序默认在桌面上自动生成“回收站”图标。如果需要，用户也可以在桌面创建系统程序快捷方式图标，如“计算机”“网络”“用户的文件夹”等，也可以将常用程序如 Word、Excel、PowerPoint 等创建快捷方式图标。

（二）“开始”菜单及组成

“开始”菜单是计算机程序、文件夹和设置的主门户。之所以称之为“菜单”，是因为它提供一个选项列表，就像餐馆里的菜单那样。使用“开始”菜单几乎可以完成 Windows 操作系统的所有操作。如：启动程序、打开文档、自定义桌面、寻求帮助、搜索文件等。“开始”菜单位于桌面的左下角，可以以它为起点，通过逐级菜单启动应用程序或打开文档，如图 2-3 所示。

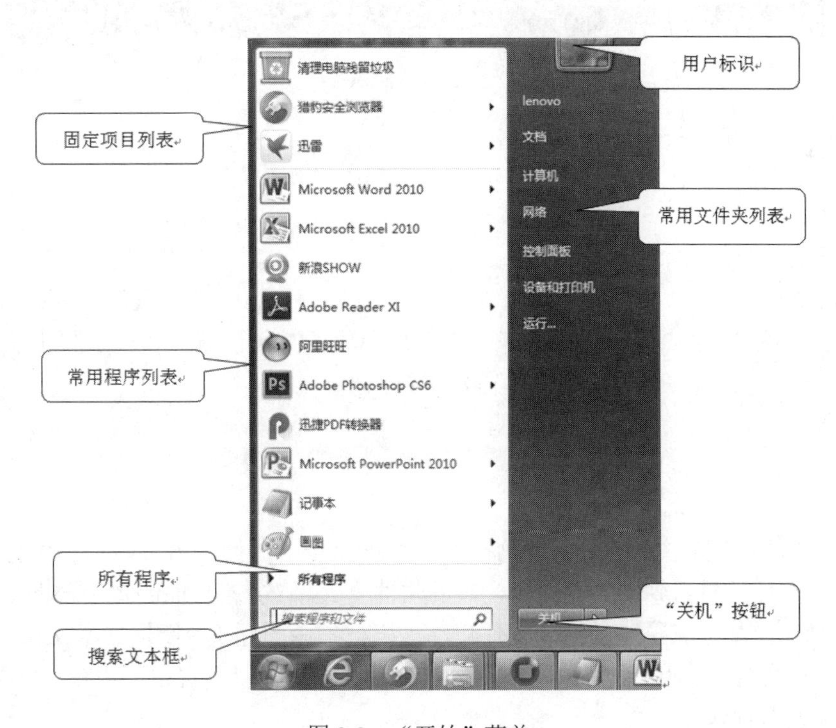

图 2-3　“开始”菜单

“开始”菜单的组成：

（1）所有程序。它包含了系统中安装的所有应用程序，打开“所有程序”菜单，展开后会有下一级子菜单，用户可选择所需要的程序启动。

（2）常用程序列表。系统自行添加已使用过的程序列表，用户也可以自行添加。

（3）固定项目列表。方便用户快速启动而固定的一些应用程序。

（4）用户标识。显示当前登录用户及图标。

（5）常用文件夹列表。常用文件夹列表包括用户文件夹、计算机、控制面板、设备和打印机、图片和音乐等常用的文件夹，方便用户快速打开这些文件夹。

（6）“关机”按钮。“关机”按钮有下级子菜单选择。

（7）搜索文本框：可在此输入程序或文件名，查找程序或文件。

（三）任务栏

任务栏是位于屏幕底部的水平长条。与桌面不同的是，桌面可以被打开的窗口覆盖，而任务栏几乎始终可见。任务栏默认位于桌面最底部（如图 2-4 所示），如果需要还可将任务栏放置在桌面顶部、左侧或右侧，并可改变宽窄。任务栏主要包括“开始”按钮、快速启动区、任务列表区、通知区。

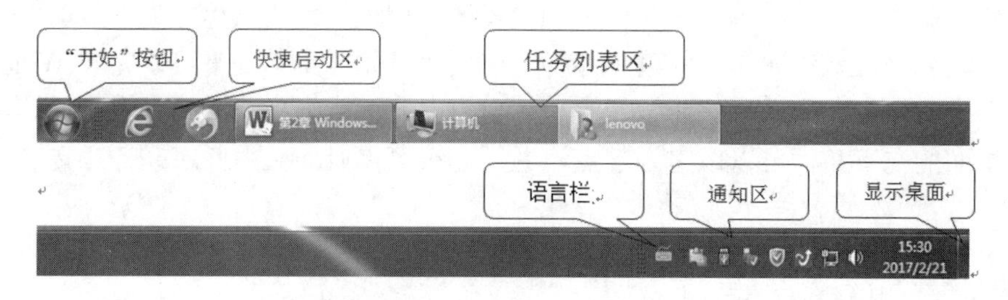

图 2-4 任务栏

1. “开始”按钮

“开始”按钮位于任务栏的最左边，单击它弹出“开始”菜单。

2. 快速启动区

单击图标可快速启动程序。

3. 任务列表区

显示已打开的程序和文件，当打开一个应用程序的时候，就会在任务栏上出现一个相应的任务按钮，通过这些按钮对应用程序窗口进行切换。

4. 语言栏

显示或设置已安装的输入法。

5. 通知区

通知区域位于任务栏的最右侧，包括一个时钟和一组图标。用于显示和设置重要信息、音量等，信息的种类与计算机的硬件和安装的软件有关。任务栏里面的每个小图标代表了一个后台运行程序，比如大家熟悉的 QQ 软件启动后就把程序图标（企鹅标志）放入通知区域，当收到聊天消息后就会显示提示信息。我们可以通过这些图标对后台程序进行查看和管理。

6. 显示桌面按钮

任何时候把鼠标移到该按钮上，会显示 Windows 桌面。

（四）更改桌面小工具

Windows 7 提供了很多小工具来供用户使用，用户可以直接在桌面上把要使用的小工具进行显示，方便用户使用。在桌面显示小工具的方法：

（1）在桌面空白处右击弹出快捷菜单，选中“小工具”项。

（2）在小工具窗口中双击自己需要的小工具或者右击弹出快捷菜单选中“添加”命令，完成小工具在桌面的添加。如图 2-5 所示。

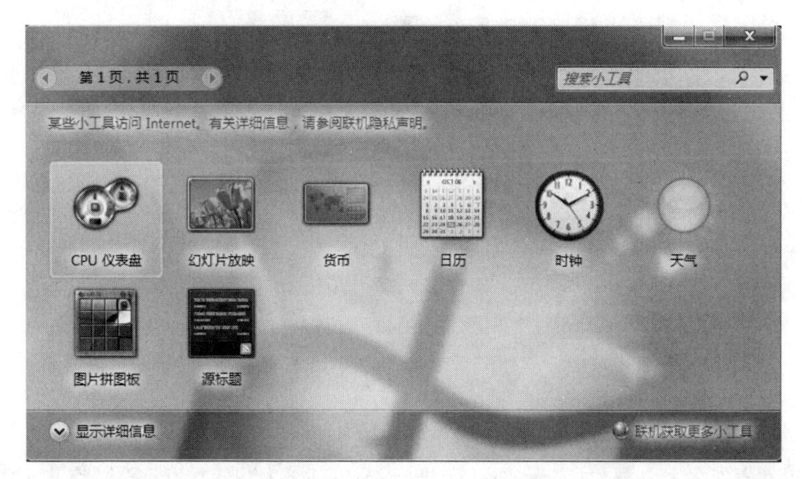

图 2-5　更改桌面小工具

（五）图标设置

1. 排序方式

拖动桌面上的图标可以把它放到桌面的任意位置。如果要对图标进行更加精确的摆放，可以右击桌面空白处打开桌面快捷菜单（如图 2-6 所示），来完成诸如查看、排序方式等设置。

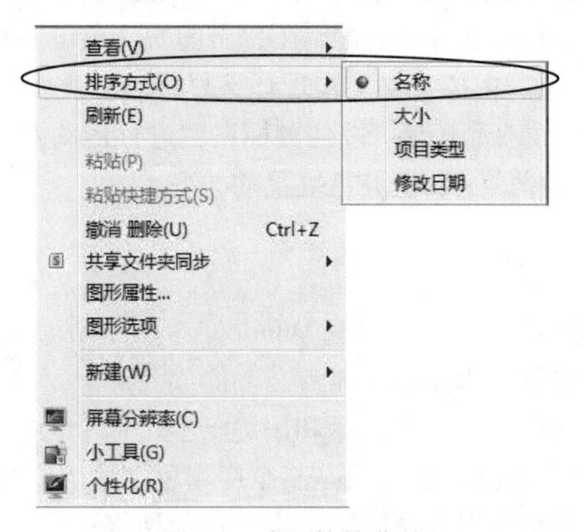

图 2-6　桌面快捷菜单

2. 显示/隐藏图标

去掉“查看”菜单下的“显示桌面图标”前的“√”，桌面上的图标全部隐藏起来，我们将看到一个干净清爽的桌面。反之，图标将重新回到桌面。

（六）任务栏设置

右击任务栏空白处，在快捷菜单中选择“属性”，弹出如图 2-7 所示对话框。

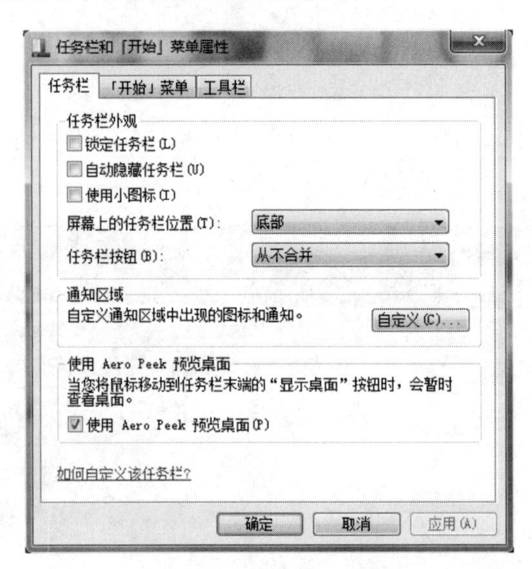

图 2-7 任务栏属性设置

- 锁定任务栏：选中表示不可以拖动任务栏来调整其位置
- 自动隐藏任务栏：选中表示当鼠标指针不在任务栏上时，任务栏将自动隐藏起来，当指针移至桌面底部时，任务栏又将自动显示
- 屏幕上的任务栏位置：任务栏位置可在下拉列表框中选择“底部”“左侧”“右侧”“顶部”
- 通知区域：自定义通知区域中出现的图标和通知

改变任务栏位置或宽度等操作必须在任务栏未被锁定的状态下才能进行。如果要查看任务栏是否被锁定，可以在任务栏空白处右击，在弹出的快捷菜单中查看“锁定任务栏”前是否有“√”，有“√”表示锁定。去掉“√”实现任务栏解锁后，将鼠标指针移到任务栏空白区域的上方区，待鼠标指针变成双箭头后，按住鼠标左键进行拖动即可改变任务栏的大小；利用鼠标拖动任务栏到任意四边释放完成任务栏位置的改变。

三、认识窗口

Windows 的中文译意就是“窗口”，所有 Windows 的操作都是在系统提供的各种窗口中进行的，因此认识窗口和掌握窗口的操作是非常必要的。

在 Windows 7 中，根据窗口组成的元素和用途一般可以分为以下 3 类窗口：

- 对话框窗口。它是 Windows 7 或是某个应用程序给用户提供用来设定选项的特殊窗口。这种窗口的大小是固定的，用户不能自行调整
- 应用程序窗口。它是启动应用程序后打开的窗口。窗口的标题栏中会显示该应用程序的名称。打开的程序不同，其对应的窗口也不同，如 Word 程序窗口
- 文档窗口。这类窗口用于显示文件夹中所包含的子文件夹和文件。如“计算机”窗口

（一）窗口组成

Windows 窗口是我们在不同的应用程序或文档中操作的基本环境，每当打开程序、文件和文件夹时，它都会在屏幕上称为窗口的框或框架中显示，同时在任务栏上产生一个任务按钮。窗口一般由标题栏、地址栏、搜索栏、滚动条、状态栏、工作区、导航窗格等部分组成。我们

以“资源管理器”为例（如图 2-8 所示），来认识 Windows 窗口的组成。

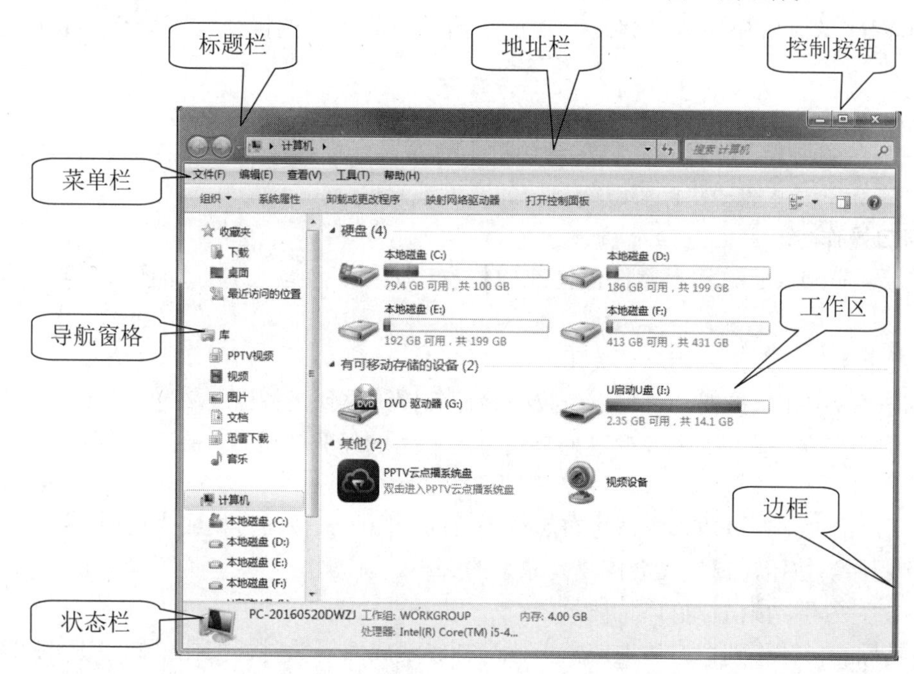

图 2-8　资源管理器窗口

1. 标题栏

显示文档和程序的名称（或者如果正在文件夹中工作，则显示文件夹的名称）。

2. 地址栏

地址栏出现在每个文件夹窗口的顶部，用于显示对象所在的地址，表现为以箭头分隔的一系列链接。在地址栏中，可以通过单击某个链接或键入位置路径来导航到不同的文件夹或库中。

3. 菜单栏

位于地址栏下，包含了当前窗口的可选用的菜单项。菜单是一组相关命令的集合，也是 Windows 应用程序接收用户命令的主要途径之一。在 Windows 环境下，每个应用程序窗口都有菜单，单击菜单将显示其下拉菜单命令供选用。

4. 控制按钮

最小化、最大化和关闭按钮。这些按钮分别可以隐藏窗口、放大窗口使其填充整个屏幕以及关闭窗口。

5. 导航窗格

可以使用导航窗格（左窗格）来查找文件和文件夹。还可以在导航窗格中将项目直接移动或复制到目标位置。

如果在已打开窗口的左侧没有看到导航窗格，请单击菜单栏中“组织”选项卡→“布局”，然后单击“导航窗格”将其显示出来。

6. 工作区

显示文件、文件夹等信息。

7. 状态栏

显示应用程序当前所处的运行状态，常提示当前所要进行的操作或下一步所要进行的操作。

8. 边框

用于标识窗口的边界，当鼠标指针移到边框上时，鼠标指针将变成水平或垂直双箭头形状，此时按住鼠标左键并拖动鼠标可改变窗口的宽度或高度。

（二）窗口操作

窗口操作是 Windows 的基本操作，包括调整窗口大小、移动窗口、切换窗口和关闭窗口等。

1. 窗口最小化、最大化、还原、关闭

（1）单击“最小化”按钮，可将窗口收缩为任务按钮放到任务栏上，这时在桌面上是看不见窗口的，但不要误认为窗口被关闭。当单击任务栏上的任务按钮时，窗口又会恢复到原来的大小。

（2）单击“最大化”按钮，窗口将布满整个桌面，同时该按钮转换成“还原”按钮。这时如果单击“还原”按钮，窗口又会恢复到原来的大小。

（3）单击“关闭”按钮，窗口将被关闭。

（4）将鼠标的指针移到窗口边框或角上，当指针变成双箭头时，按住鼠标左键并拖动鼠标可改变窗口的大小。

2. 窗口移动

将鼠标的指针移至窗口标题栏并按住左键拖动鼠标可将窗口移到桌面上的任意位置。

3. 窗口切换

Windows 7 是多任务操作系统，可以同时打开多个窗口，但同一时刻只能在其中一个进行操作，这个窗口称为活动窗口，位于桌面最前面，活动窗口的标题栏呈加亮显示。活动窗口是可以随时转换的，主要有以下 3 种方法：

（1）使用键盘激活，反复按 Alt+Tab 组合键，在所显示的图标中选择对应的应用程序，然后松开按键，被选中的应用程序将成为活动窗口。

（2）单击任务栏上窗口相应的按钮，窗口将被激活。

（3）单击需激活窗口内的任意区域。

4. 多窗口的操作

多个窗口同时打开时，通过任务栏快捷菜单，可对窗口进行排列。排列方式有 3 种：层叠窗口、堆叠显示窗口和并排窗口。

（三）对话框

对话框是 Windows 中的一种特殊窗口，由标题栏和不同的元素对象组成。对话框主要用来进行人与系统之间的信息对话，例如运行程序之前或完成任务时必要的信息输入，或者是完成对象属性、窗口环境的设置。不同对话框包含的对象不完全相同。现在就以“Internet 属性”对话框为例来介绍一下对话框中常见的控件（如图 2-9 所示）。

对话框外形与窗口非常类似，但我们还是可以很容易区别它们：一般而言，窗口的右上角有最小化、最大化/还原按钮，而对话框有帮助按钮；窗口可以改变大小，而对话框的大小是不能改变的。对话框最大的特点是它有许多称之为控件的组件，通过控件可以与 Windows 对话。

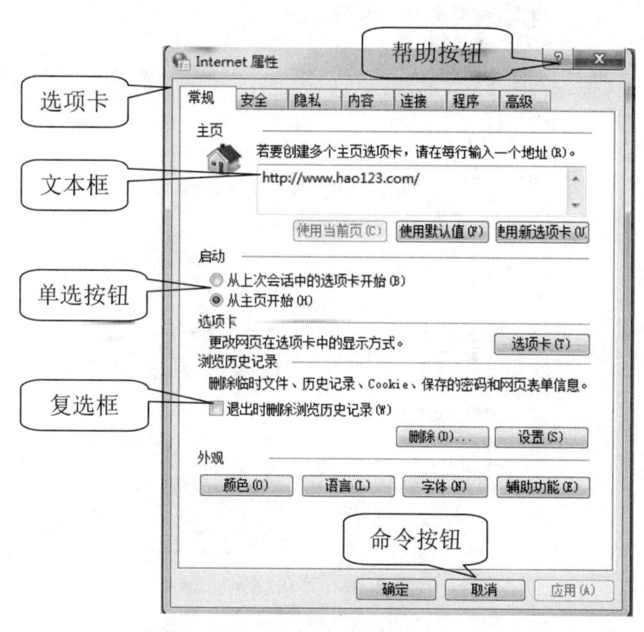

图 2-9　对话框

（四）菜单

菜单（Menu）是一组相关命令的集合，用户与应用程序进行交互的主要方式，包含了与当前窗口相关的操作命令，通过选择菜单命令来完成相应的操作。

Windows 7 中主要有 3 种菜单：“开始”菜单、下拉菜单和快捷菜单。其中第一种已作过介绍，这里学习后两种菜单。

1. 下拉菜单（也叫窗口菜单）

打开下拉式菜单的两种方式：

（1）直接单击菜单栏上的菜单名，即可打开下拉菜单。

（2）使用键盘打开：Alt+菜单名后带下划线的字母，如按 Alt+F 组合键即可打开“文件”菜单。

2. 菜单命令的选择（3 种方式）

（1）直接单击菜单中的命令。

（2）打开菜单，从键盘输入该菜单命令后的字母。一些常用命令包含组合键，比如“编辑”菜单中的“全选”命令旁边的“Ctrl+A”，表示直接按 Ctrl+A 组合键可执行“全选”命令（这时不需打开菜单）。Windows 有许多这样的组合键，记住它们可以使操作更方便。

3. 菜单约定（如图 2-10 所示）

Windows 系统下，对菜单的使用具有如下一些约定。

（1）灰色的菜单命令：表示该命令当前不可用。

（2）带“√”的菜单命令：表示当前该命令有效，再次选择该命令可以取消“√”标记，使该命令失效。

（3）分组线：将菜单分成功能相关的命令组。

（4）带“●”的菜单命令：表示同组中有效的选项，有且只能选一个。

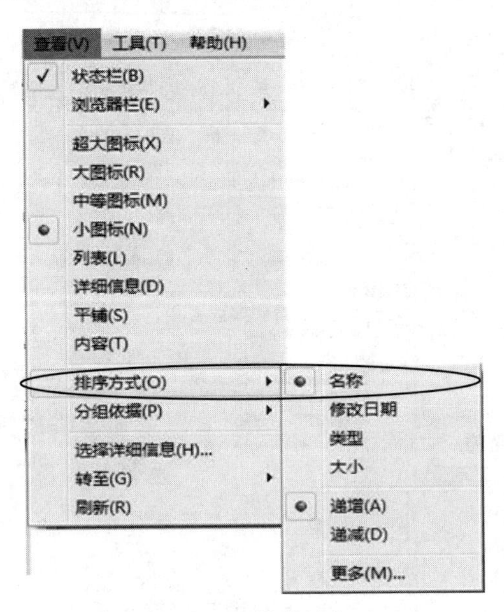

图 2-10 菜单约定

（5）带“…”的菜单命令：表示选择此命令后，将弹出相应的对话框，供我们进一步输入某种信息或改变某些设置。

（6）带指向右边的黑三角的菜单命令▸：表示该命令包含子菜单。

（7）菜单下方如果有一个双箭头¥：表示该菜单没有完全展开，当鼠标指针指向它时，会显示完整的菜单。

（五）快捷菜单

Windows 还为我们提供了一种更加便捷的菜单操作方式——快捷菜单，也称之为弹出式菜单。快捷菜单的使用频率极高，它通常包含了所选对象（如“桌面”“图标”“任务栏”）最常用的命令。要熟练操作 Windows，掌握快捷菜单的使用是必不可少的。

快捷菜单的打开：右击要操作的对象，弹出与该对象相关的快捷菜单。如图 2-11 所示是桌面和任务栏的快捷菜单，可以看出不同对象所包含的快捷菜单命令是不一样的。

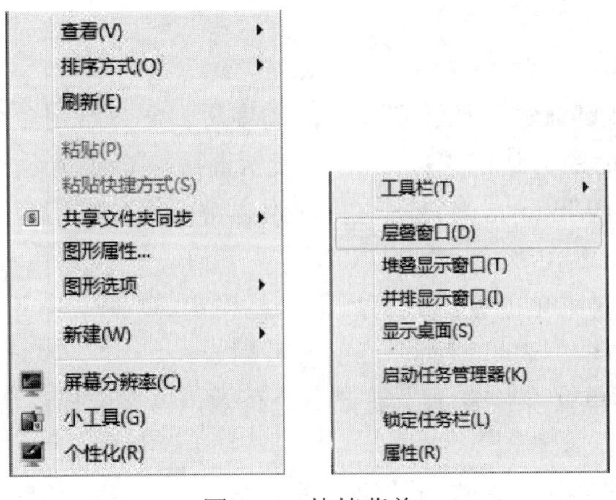

图 2-11 快捷菜单

任务实施

1. 操作桌面、图标和任务栏

（1）打开计算机，启动 Windows 7 操作系统，进入 Windows 桌面。

（2）按“名称”方式，排列桌面图标，以“大图标”显示。

（3）移动任务栏到桌面左侧，并调整任务栏高度，打开任务栏“属性”对话框，设置“任务栏”自动隐藏，设置“电源按钮操作”为“重新启动”。

（4）尝试将“计算机”窗口添加到任务栏的快速启动区域中。

（5）尝试添加快捷方式图标到桌面。

（6）设置桌面图标为：大图标。

2. 操作“开始”菜单

（1）尝试打开“开始”菜单的 3 种方式，填入表 2-1 中。

表 2-1　打开“开始”菜单的 3 种方式

使用鼠标操作	
使用键盘操作	
使用一个键操作	

（2）尝试修改“开始”菜单中显示的最近打开的文件数为 8 个。

（3）打开“画图”程序。

3. 操作窗口与对话框

（1）打开“计算机”窗口，熟悉窗口各部分名称，将窗口最小化；用鼠标调整窗口大小；移动窗口位置。

（2）在桌面上打开“计算机”“网络”和“回收站”3 个窗口，按“并排显示窗口”排列；设置“计算机”为活动窗口。

（3）打开“计算机”窗口，单击“工具”，打开“文件夹选项”命令，打开“文件夹选项”对话框，尝试进行大小调整，位置调整。尝试操作对话框中的各按钮。

4. 操作菜单

（1）打开“计算机”窗口，单击“查看”→“详细信息”命令，观察窗口内容变化。

（2）在“计算机”窗口中，使用 Alt+T 快捷键，观察菜单变化；

（3）在“计算机”窗口中，先按 Alt 键，观察菜单变化，按 V 键，再按 R 键，观察窗口内容变化。

5. 操作快捷方式

（1）打开桌面的快捷图标。

（2）右击桌面上的“Microsoft Word 2010”程序快捷方式，在弹出的快捷菜单中选择“属性”，观察文件位置。

6. 应用 Windows 7 的帮助系统

单击桌面空白处，再按 F1 键，打开帮助系统。尝试使用帮助系统，学习系统操作。

项目二　管理文件和文件夹

计算机中的数据是以文件的形式存储在外部存储器上，文件可以是可执行的应用程序或不可执行的文档，如程序、文字、图像、声音、数据等。而文件夹就像我们平时工作学习中使用的文件袋一样，起到分类并便于管理的作用。文件和文件夹的管理在 Windows 操作系统中是很重要的一个部分。Windows 7 系统主要通过“资源管理器”和“计算机”窗口对计算机文件和文件夹等资源进行管理，如移动文件与文件夹、复制文件与文件夹、映射网络驱动器、维护磁盘等。

任务情境

通过计算机实训课的学习，要求每个学生管理好自己所做的文件，按照类别放入不同的文件夹中存放，对文件进行规范化的整理，以方便今后使用。

任务分析

- 认识文件和文件夹
- 掌握文件和文件夹的命名规则
- 掌握资源管理器的结构
- 能够熟练使用资源管理器对文件和文件夹进行复制、移动和删除等操作
- 通过资料整理，养成正确使用计算机的良好习惯

知识准备

一、文件

在计算机中，文件是数据的一种组织形式，是具有文件名的一组相关信息的集合。程序、数据和各种信息都是以文件形式存放在计算机的外部存储器中。文件可以是一个应用程序，如文字处理程序（记事本、写字板）、图形处理程序（画图），或由应用程序创建的数据文件，如 Word 文件、Excel 文件等。一首 mp3 歌曲、一张图片、一部动画、一部电影等都可以是文件。文件具有名字、大小、类型、创建和修改时间等特性。

二、文件夹

文件夹是操作系统中用来放置文件与子文件夹的容器，是用来组织和管理计算机存储器上文件的一种组织结构，文件夹也称目录。每个文件都存储在文件夹或“子文件夹”（文件夹中的文件夹）中。可以通过单击资源管理器中的“计算机”来访问磁盘上的所有文件夹。

文件夹的大小由系统自动分配。用户不仅可以通过文件夹来组织管理文件，还可以用文件夹管理如硬盘、键盘、显示器等各种计算机资源。

文件夹中不仅包含文件，还可以包含文件夹，我们称之为子文件夹，方便分类查找和使用，例如“高一 1 班”文件夹中还有 3 个子文件夹：“学生成绩”“考勤统计”和“操行评定”，分别存放相关类别资料文件。

几乎所有流行的操作系统如 Windows、UNIX、Linux，都采用树状结构的文件夹系统。用户通过盘符、文件夹和文件名查找到文件所在位置，这种存储位置的表示方法称为文件的路径，这种路径为树形目录结构，如 D：\高一 1 班\学生成绩\半期成绩.docx，其结构如图 2-12 所示。

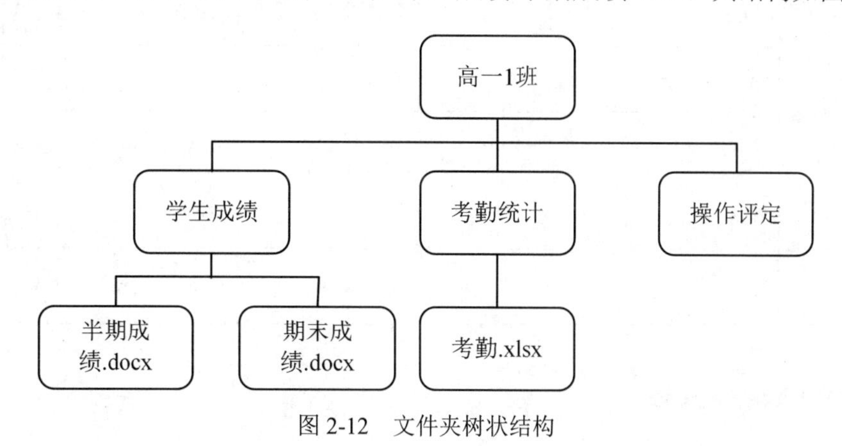

图 2-12　文件夹树状结构

三、文件和文件夹命名

计算机系统中每个文件都对应一个文件名，文件名的格式如下：文件名.扩展名。其中文件名一般用于表述文件的内容，尽量既能表达该文件内容又方便记忆，而扩展名则表示文件的类型。文件名和扩展名之间用英文“.”隔开，当文件名包含多个“.”时，最后一个“.”右面的部分为扩展名。如“学习计划.docx”，其中“学习计划”为文件名字，而“.docx”则为扩展名，一般文件名由用户定义，而扩展名则由创建文件的应用程序自动创建，如 Word 2010 文件的扩展名为“.docx”。

在 Windows 系统中，文件和文件夹的命名规则如下：

（1）文件名、文件夹名中不能使用以下字符：/（斜线）、\（反斜线）、|（竖线）、:（冒号）、*（星号）、?（问号）、“”（双引号）、<（小于号）、>（大于号）。

（2）在同一文件夹中不能有同名的文件或文件夹（主文件名与扩展名全相同），在不同文件夹中文件名或文件夹名则可以相同。

（3）文件名和文件夹名不能超过 255 个字符（1 个汉字相当于 2 个字符）。文件夹通常没有扩展名。

（4）文件名不区分英文字母的大小写。

（5）文件名中可以有多个分隔符，该文件类型由最后一个扩展名决定

在“资源管理器”窗口中，文件名一般是可见的，而扩展名则被隐藏，如果需要显示，可以在“资源管理器”窗口中设置显示文件扩展名。

四、文件类型

在 Windows 中，文件可以划分为许多类型，文件类型是根据它所含信息类型的不同来分类的，不同类型的文件具有不同的扩展名和图标。了解文件扩展名对文件的管理和操作具有重要的作用。表 2-2 列出了常见文件类型的扩展名和图标。

表 2-2　常见文件的扩展名和图标

类型	扩展名	图标	类型	扩展名	图标
位图文件	.bmp		压缩文档	.rar、.zip	
图片文件	.jpg、.jpeg		文本文件	.txt	
可执行文件	.com、.exe		Word 文档	.docx、.doc	
系统文件	.sys		Excel 文档	.xlsx、xls	
动态链接文件	.dll		网页文件	.htm、.html	

五、文件和文件夹属性

文件和文件夹有两种基本属性如下：

- “只读”属性，具有该属性的文件或文件夹只能打开、浏览内容，不能修改其中的内容
- “隐藏”属性，具有该属性的文件或文件夹在窗口中不会显示出来

六、资源管理器的使用

在 Windows 中，计算机的各类资源主要是通过“资源管理器”来进行管理。资源管理器窗口与一般文件夹窗口相比，最主要的区别在于窗口左侧多了“文件夹”窗格，在其中可以看到树状的目录结构，便于文件和文件夹操作。本节将着重介绍“资源管理器”的功能和使用方法。

（一）启动 Windows 7 “资源管理器”的常用方法

（1）使用“开始”菜单启动“资源管理器”，即：单击“开始”→“所有程序”→“附件”→“Windows 资源管理器”菜单命令。

（2）使用鼠标右键法启动“资源管理器”，即：右击“开始”按钮，弹出快捷菜单，选择命令“资源管理器”。

（3）资源管理器程序（explorer.exe）还可以在运行中直接打开，输入 explorer 并运行即可。

（二）设置资源管理器风格

每个用户在使用“资源管理器”时，都可以设置自己喜欢的界面风格。主要包括以下几方面的设置：

1. 显示项目的方式

在打开文件夹或库时，可以更改文件在窗口中的显示方式。选择如图 2-13 所示的菜单命令，可以让窗口中的图标以不同的方式显示。还可单击工具栏中的“视图”按钮，在 5 个不同的视图间循环切换：大图标、列表、称为“详细信息”的视图、称为“图块”的小图标视图以及称为“内容”的视图。如果单击“更改您的视图”按钮右侧的箭头则还有更多选项。向上或向下移动滑块可以微调文件和文件夹图标的大小。随着滑块的移动，可以查看图标更改大小。如图 2-14 所示。

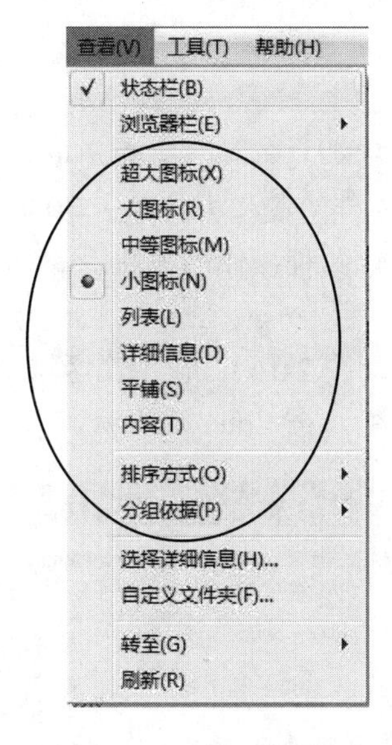

图 2-13　图标显示样式

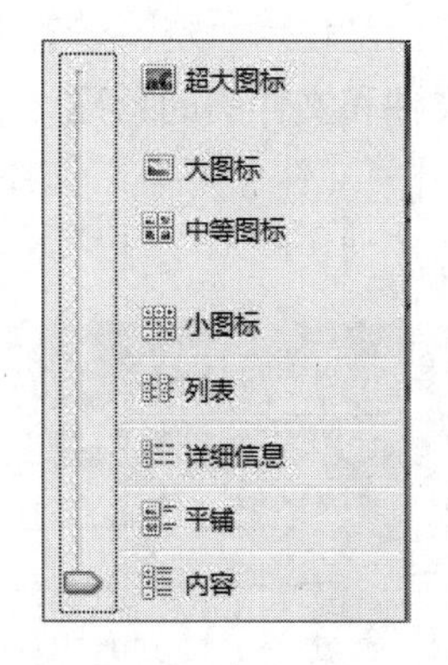

图 2-14　图标显示样式

2. 状态栏设置

当“状态栏”命令前的“√”显示时（如图 2-15 所示），表示选中状态栏，则窗口下边的状态栏显示出来，单击取消“√”，则隐藏状态栏。

3. 图标排序方式设置

（1）使用菜单命令，如图 2-15 所示。

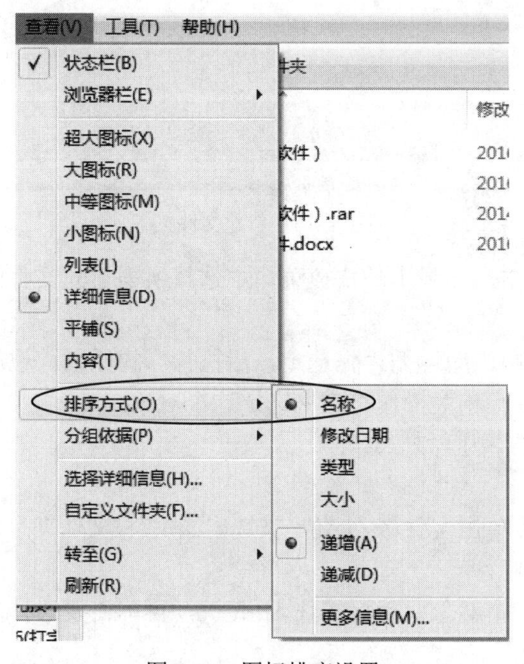

图 2-15　图标排序设置

（2）右击弹出快捷菜单，选择“排序方式”，弹出子菜单，可选择图标的排序方式。

七、文件和文件夹的操作

使用“资源管理器”可以对文件夹或文件进行建立、移动、复制、删除及重命名等操作，此外，它还具有查找文件夹或文件的功能。由于文件夹和文件的操作方式是一致的，因此不再分别介绍。下面是使用“资源管理器”对文件夹或文件进行各种操作的方法。

（一）文件和文件夹的新建

（1）打开“文件”菜单，选择“新建”→“文件夹”（图 2-16）；在工作区域中出现一个名为“新建文件夹”的新文件夹，在文本框中输入文件夹名，按 Enter 键确认。

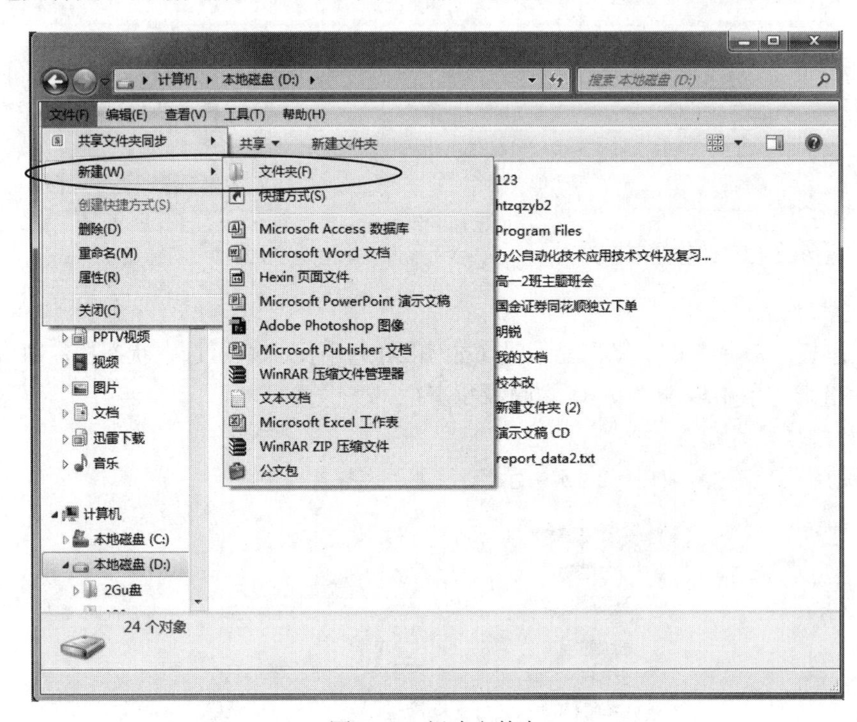

图 2-16　新建文件夹

（2）在工作区域右击，在弹出的快捷菜单中选择所需建立文件的类型，即可新建文件。

（二）对象的选定

在 Windows 的操作中，应遵循“先选定，后执行”的原则，也就是说如果要对某个对象（如文件夹、文件等）进行相关操作，应先选定这个对象。

对象的选定主要分以下几种方式：

1. 选定单个对象

在文件夹内容框直接单击文件/文件夹，被选定的文件/文件夹呈反白显示。

2. 选定相邻的多个对象

先单击要选定的第一个对象，然后按住 Shift 键，再单击要选择的最后一个对象，最后释放 Shift 键。如图 2-17 所示。

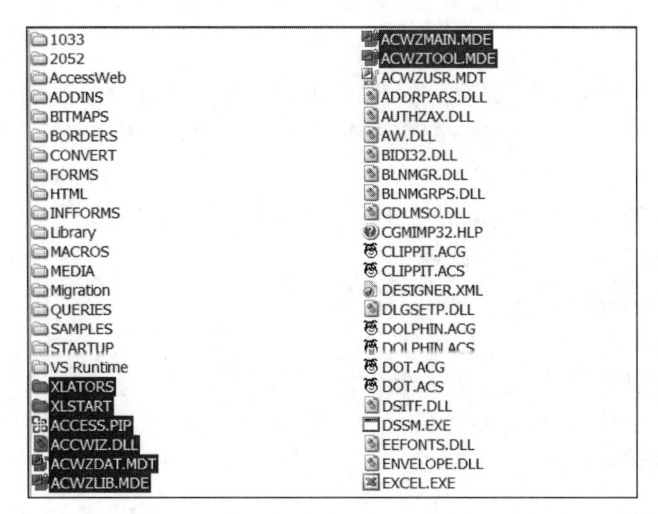

图 2-17　相邻对象选定

3. 选定不相邻的多个对象

先单击要选定的第一个对象，然后按住 Ctrl 键，再逐个单击要选定的对象，最后释放 Ctrl 键。如图 2-18 所示。

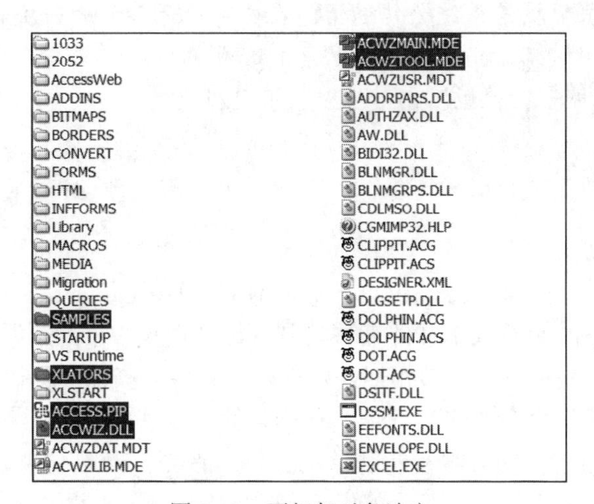

图 2-18　不相邻对象选定

4. 取消选定对象

单击窗口空白处可取消对文件或文件夹的选取。

5. 全部选定

选择“编辑”→“全选”命令，或使用快捷键：Ctrl+A。

（三）重命名

我们经常需要对文件/文件夹进行重命名，步骤如下：

（1）选定要重命名的文件或文件夹。

（2）选择“文件”→“重命名”命令；或直接右击文件/文件夹，在快捷菜单中选择“重命名”命令；或单击“组织”工具栏下的“重命名”命令。

（3）待要更名的文件/文件夹名呈方框蓝底显示，在方框中输入新名，按 Enter 键确认。

（四）复制

复制文件/文件夹是将一个文件夹下的文件或子文件夹复制一份到另一文件夹，复制后将在目标位置产生同名文件或文件夹，原来位置的文件或文件夹依然保留。操作步骤如下：

（1）选定要复制的文件/文件夹。

（2）执行“复制”命令，有 4 种方式，可选择如下任何一种：

- 选择“编辑”→“复制”命令
- 右击选择快捷菜单中的“复制”命令
- 快捷键 Ctrl+C
- “组织”工具栏下的“复制”命令

（3）打开文件/文件夹要复制到的地方——目标文件夹，执行“粘贴”命令，有 4 种方式，可选择如下任何一种：

- 选择“编辑”→“粘贴”命令
- 右击选择快捷菜单中的“粘贴”命令
- 快捷键 Ctrl+V
- “组织”工具栏下的“粘贴”命令

剪贴板是系统为传递信息在内存中开辟的的一块临时区域，它相当于一个中转站。当我们执行“复制”或“剪切”命令时，其实就是将内容放入剪贴板。“粘贴”实际上是将剪贴板里的内容“粘”到目的地。剪贴板里的内容可多次“粘贴”，直到被新的内容替代或被清空。当关机或重启后，剪贴板中的信息会丢失。

（五）剪切（移动）

如果要改变文件与文件夹的存储位置，需要对其进行移动操作。剪切（移动）文件/文件夹就是将一个文件夹下的文件或子文件夹移动到目标文件夹中，原来位置的文件或文件夹下将不再保留，操作步骤与复制操作非常相似，只是在第 2 步由执行“复制”命令改为“剪切”命令，要注意的是“剪切”命令的快捷键是 Ctrl+X，第 3 步和复制完全相同。

也可使用称为“拖放”的方法复制和移动文件。首先打开包含要移动的文件或文件夹的文件夹。然后，在其他窗口中打开目标文件夹。将两个窗口置于桌面上，以便于查看它们的内容。接着，从第一个文件夹将要复制的文件或文件夹拖动到目标文件夹。

如果在存储于同一个硬盘上的两个文件夹之间拖动某个项目，则是移动该项目，这样就不会在同一位置上创建相同文件或文件夹的副本。如果将项目拖动到其他位置（如网络位置）中的文件夹或 U 盘之类的可移动媒体中，则会复制该项目。

（六）删除

如果不再需要某个文件或文件夹，应该将其从计算机中删除，以便留出磁盘空间供其他文件使用。

（1）删除文件/文件夹操作步骤如下：

1）选定要删除的文件/文件夹。

2）执行“删除”命令，“删除”命令有 5 种方式，可任选其一：

- 选择“文件”→“删除”命令

➢ 右击选择快捷菜单中的“删除”命令
➢ 快捷键 Ctrl+D
➢ “组织”工具栏下的“删除”命令
➢ 键盘上的 Delete 键。

在弹出的“删除文件夹”确认对话框中单击“是”按钮，则文件/文件夹移至“回收站”，单击“否”按钮则取消删除操作。如图 2-19 所示。

图 2-19 “删除文件夹”确认对话框

（七）撤消

当我们执行了诸如重命名、复制、移动、删除之类的操作后，如果发现是误操作，可以选择“撤消”命令撤消操作。“撤消”的顺序与之前操作的顺序正好相反，也就是最后的操作最先被撤消，以此类推。

“撤消”命令有 3 种方式：

➢ 选择“编辑”→“撤消”命令
➢ 快捷键 Ctrl+Z
➢ “组织”工具栏下的“撤消”命令

（八）回收站

“回收站”是个特殊的文件夹，默认在每个硬盘分区根目录下的 RECYCLER 文件夹中，当用户删除文件或文件夹时，系统并不立即将其删除，而是将其放入回收站，这些文件或文件夹需要时可恢复。只有将“回收站”里的文件删除，或清空“回收站”才能使文件（文件夹）真正删除。但“回收站”的容量是有限的，通常只占磁盘的 10%，当“回收站”内的文件总量超过这个比例时，“回收站”会自动清空部分文件。

“回收站”的操作主要包括“还原”“删除”和“清空回收站”。

（1）还原文件或文件夹，步骤如下：

1）打开“回收站”。

2）选定要还原的文件或文件夹。

3）执行“文件”菜单或快捷菜单中的“还原”命令。

4）被选定的文件或文件将回到原来的文件夹中。

（2）当不再需要“回收站”内的所有文件或文件夹时，可清空“回收站”。操作如下：

1）打开“回收站”，执行“文件”→“清空回收站”命令。也可不打开“回收站”，直接在“桌面”上右击“回收站”，在快捷菜单中选择“清空回收站”命令。

2）如果删除文件后执行了清空“回收站”命令，或者使用 Shift+Delete 快捷键删除，那么被删除的文件就无法恢复了。从移动存储器（移动硬盘、U 盘等）中删除的文件或文件夹不进入回收站，直接删除。

八、对象属性

在 Windows 中，各种对象都有自己的属性，用户可以查看并对其中一些属性进行设置。

（一）磁盘驱动器属性

右击磁盘驱动器，在快捷菜单中选择“属性”命令，弹出驱动器属性对话框，如图 2-20 所示。

（1）常规：可以查看和修改驱动器的卷标，也可查看磁盘已用空间和剩余空间。

（2）工具：包含了“查错”“碎片整理”和“备份”3 个磁盘实用工具。

（3）硬件：显示计算机中安装的驱动器的设备列表。

（4）共享：可用于设置高级共享。

（二）文件/文件夹属性

每一个文件或文件夹都有一定的属性信息，并且对于不同的文件类型，其“属性”对话框中的信息也各不相同。

右击要查看属性的文件或文件夹，在快捷菜单中选择“属性”，弹出文件或文件夹属性对话框（如图 2-21 所示），在“属性”选项组中，选择不同的选项可以更改文件的属性。

图 2-20 驱动器属性

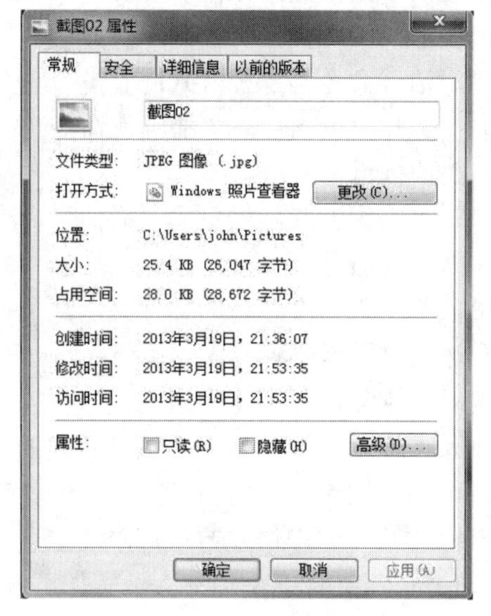

图 2-21 文件属性

在此我们可以查看类型、文件或文件夹所在的路径（位置）、大小、占用空间、创建时间、修改时间、访问时间和属性。属性包括“只读”和“隐藏”。如果“只读”前面复选框显示“√”，表示只能读取该文件，但不能修改，可以保护文件中的数据。如果“隐藏”前面复选框显示“√”，表示文件将被隐藏，在通常情况下看不见该文件。

九、快捷方式

当我们要访问某个对象（如文件、文件夹、程序等）时，总是要先知道它的路径，然后逐级打开文件夹，如果路径级数较多，那将是一件很麻烦的事情。而 Windows 提供的快捷方式是指向计算机上某个项目（例如文件、文件夹或程序）的链接，使用它可以方便、快速地访问有关的资源。创建快捷方式后将其放置在方便的位置，例如桌面上或文件夹的导航窗格（左窗格）中，可以方便地访问快捷方式链接到的项目。如果把快捷方式图标放在桌面上，那么在桌面上直接双击它就可以访问这个对象了。快捷方式图标上的箭头可用来区分快捷方式和系统原始图标。

要创建一个对象的快捷方式图标，要先找到这个对象。我们以 Word 应用程序为例来讲解如何创建一个快捷方式图标，步骤如下：

（1）右击要建立快捷方式的文件 WINWORD.EXE。

（2）在快捷菜单中选择“创建快捷方式”命令，则会在该文件所在的文件夹中创建一个此文件的快捷图标，快捷图标的左下角有一个小箭头（如图 2-22 所示）。

（3）将此快捷图标复制到桌面上即可。

图 2-22　创建快捷方式

也可以右击该文件，在快捷菜单中选“发送”→“桌面快捷方式”。

十、文件夹选项设置

选择“工具”菜单→“文件夹选项...”命令（如图 2-23 所示），弹出“文件夹选项”对话框（如图 2-24 所示）。

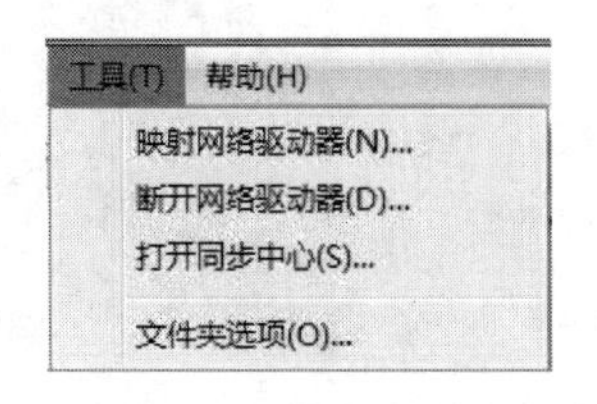

图 2-23　“文件夹选项”命令

“查看”选项卡中的“隐藏已知文件类型的扩展名”复选框：对于 Windows 中的有些文件，不用显示扩展名，用户也可以从图标上看出其文件类型。选中该复选框时，系统会隐藏文件的扩展名。如图 2-24 所示。

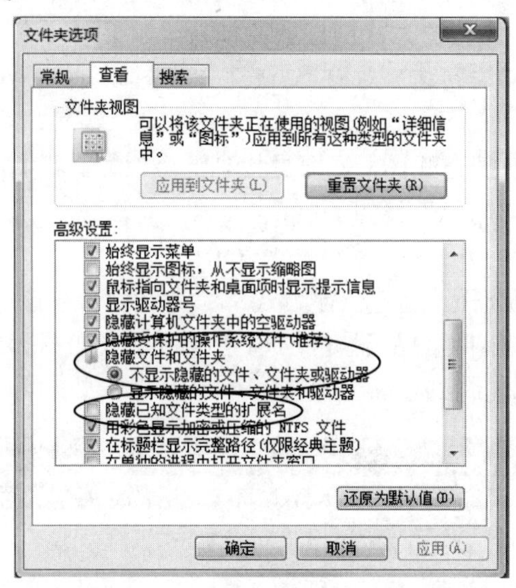

图 2-24 “文件夹选项”对话框

“查看”选项卡中的“隐藏文件和文件夹”选项：当选择“不显示隐藏的文件、文件夹或驱动器”时，隐藏的文件、文件夹或驱动器将不显示，起到防止系统文件和重要文件被更改或删除的作用；当选择“显示隐藏的文件和文件夹和驱动器”单选按钮时，指定所有文件（包括隐藏和系统文件）都显示在文件列表中，隐藏文件将呈浅色显示，如图 2-25 所示。

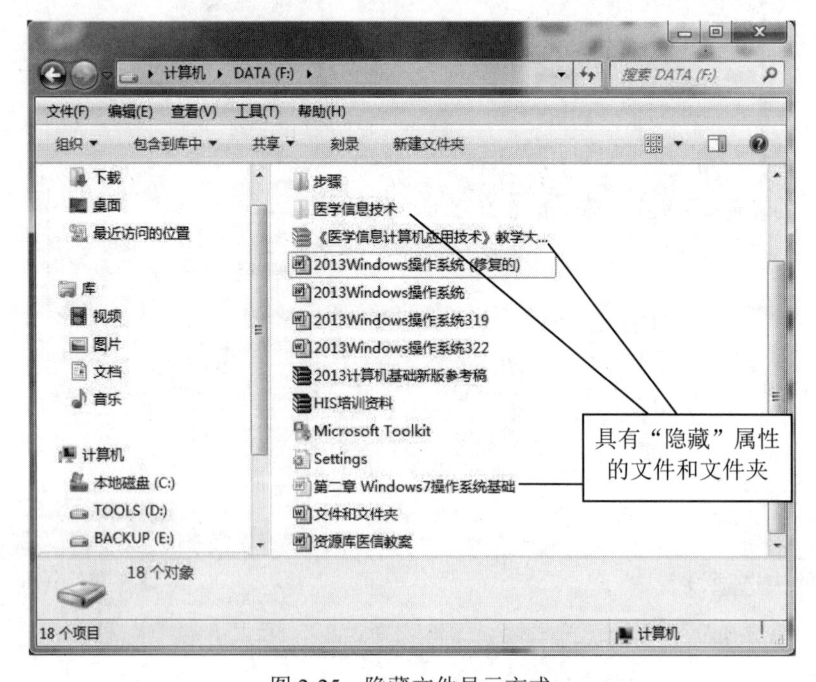

图 2-25 隐藏文件显示方式

十一、查找

Windows 具有强大的搜索功能，可以搜索文件、文件夹、网络上的计算机等，这里介绍文件和文件夹的搜索。

（一）通配符

Windows 支持模糊搜索，使用通配符来实现模糊搜索文件。通配符是一种特殊语句，包括“?”和“*”，在查找文件或文件夹时，可以使用它来代替一个或多个具体的字符。

“?”代替任意一个字符；

“*”代替任意多个字符。

在搜索中使用通配符可以缩小搜索范围。

例：有以下 7 个文件。

①ABC.TXT；②WHY.DOC；③MYDOC.BC；④PIC.BMP；⑤WIN.INI；⑥TEST.TXT；⑦ADC.TXT

A?C.TXT：表示搜索主文件名第 1、3 个字符分别是 A、C，第 2 个字符可是任意字符，扩展名是.TXT 的文件，结果是 ABC.TXT、ADC.TXT。

*.TXT：表示搜索主文件名是任意多个字符，扩展名是.TXT 的文件，结果是 ABC.TXT、TEST.TXT 和 ADC.TXT。

*.B?：表示搜索主文件名是任意多个字符，扩展名是两个字符，其中第 1 个是字符 B，第 2 个是任意字符的文件，结果是 MYDOC.BC。

*.???：表示搜索主文件名是任意多个字符，扩展名是任意 3 个字符的文件，结果是 ABC.TXT、WHY.DOC、PIC.BMP、WIN.INI、TEST.TXT 和 ADC.TXT

.：搜索表示主文件名和扩展名都是任意多个字符的文件，即搜索所有文件。

（二）常规查找

我们可以通过以下方式打开搜索窗口。

（1）在“开始”菜单的搜索框中输入内容，如图 2-26 所示。

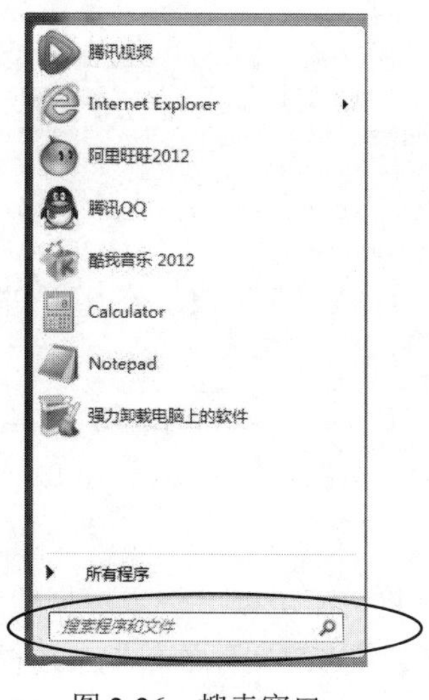

图 2-26 搜索窗口

（2）任何打开的窗口顶部的搜索框中搜索。

搜索框位于窗口的顶部。它根据所输入的文本筛选当前视图。搜索将查找文件名和内容中的文本，以及标记等文件属性中的文本。开始输入时，搜索将自动开始。窗口如图 2-27 所示。

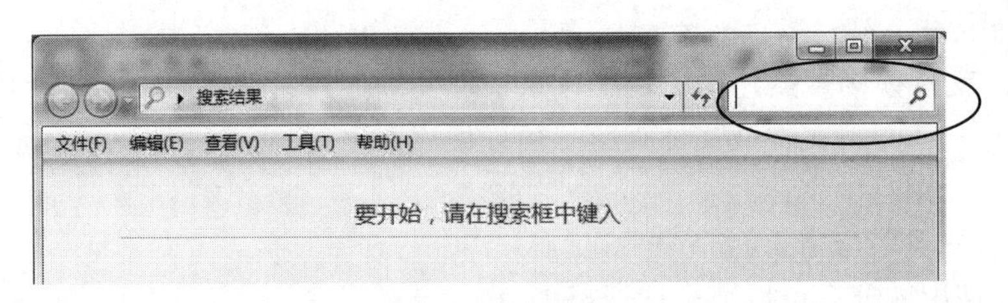

图 2-27　搜索窗口

使用搜索框搜索文件或文件夹的步骤如下：

在搜索框中输入字词或字词的一部分。输入时，系统会自动筛选文件夹或库的内容，以反射输入的每个连续字符。看到需要的文件后，即可停止输入。

搜索结果将显示在窗口右侧，包括文件的名称，所在文件夹（路径）等信息。窗口如图 2-28 所示。

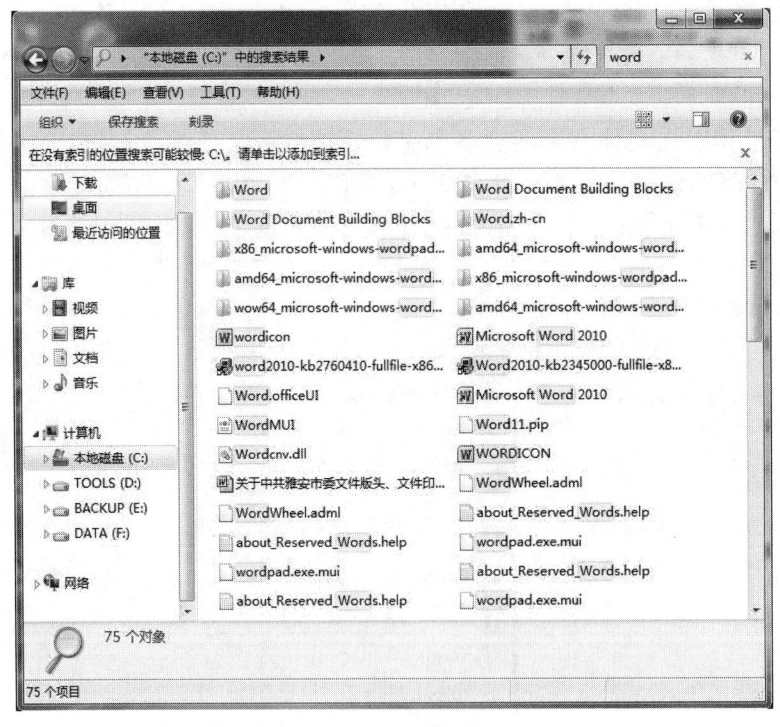

图 2-28　搜索结果窗口

（三）高级查找

除了上述介绍的搜索方式，我们还可以进一步增加搜索条件，进行精确查找。如果要基于一个或多个属性（例如标记或上次修改文件的日期）搜索文件，则可以在搜索时使用搜索筛选器指定属性，如图 2-29 所示。

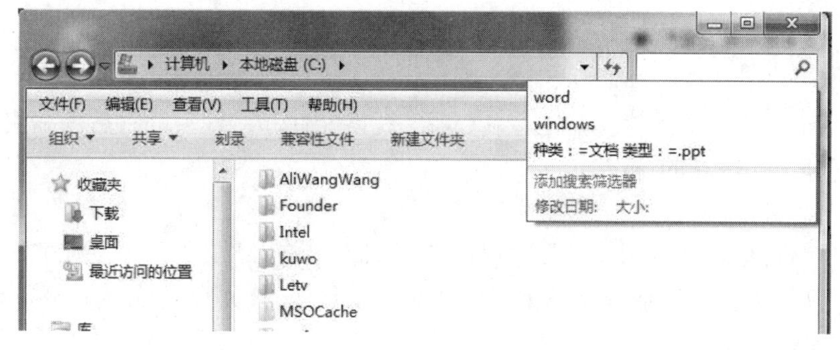

图 2-29　高级搜索窗口

在库或文件夹中，单击搜索框，在弹出的选择框中选择搜索筛选器。（例如，若要筛选 PPT 文件，请单击“文档”搜索筛选器，根据单击的搜索筛选器，选择一个值，如 PPT。）

可以重复执行这些步骤，以建立基于多个属性的复杂搜索。每次单击搜索筛选器或值时，都会将相关字词自动添加到搜索框中，如图 2-30 所示。

图 2-30　搜索窗口

盘符是 Windows 操作系统对于磁盘存储设备的标识符。一般使用 26 个英文字符加上一个冒号（:）来标示。由于历史原因，早期的计算机一般安装有两个软盘驱动器，所以“A:”和“B:”两个盘符就用来表示软驱，硬盘设备是从“C:”开始到“Z:”，光驱的盘符一般为最后一个硬盘盘符后面的字母。硬盘在使用之前一般都要进行分区及格式化操作，分区是指逻辑上独立的存储区，也可以用不同的盘符表示。因此，盘符不一定对应物理上独立的驱动器。

任务实施

1．打开 Windows 7 资源管理器，选中 C 盘，观察文件和文件夹的存放和命名。打开 C 盘，观察导航窗格和工作区域的情况。

2．新建文件和文件夹

（1）打开 Windows 7 资源管理器，双击 D 盘打开，单击“文件”→“新建”→“文件夹”，在新出现的“新建文件夹”输入文件夹名称“高一 1 班”，按回车确认。用同样方法新建“高一年级”文件夹。

（2）打开“高一 1 班”文件夹，用快捷菜单新建下列文件夹：“学生基础信息管理”“班级考勤管理”“学生成绩”“操行评定”等文件夹。

（3）打开“高一 1 班”文件夹，单击“文件”→“新建”→“文本文档”，输入文件名“文件夹目录”。按回车确认。

（4）打开“高一 1 班”文件夹，打开“学生成绩”文件夹，单击“文件”→“新建”→“新建 Microsoft Excel 工作表”，输入文件名“成绩汇总”。按回车确认。用同样方法新建下列 Excel 文件：语文、数学、英语和专业

（5）打开“学生成绩”文件夹，选中“成绩汇总”文件，重命名为“期末成绩”。

3．复制、移动和删除文件及文件夹

（1）打开 Windows 7 资源管理器，双击 D 盘打开，把“高一 1 班”文件夹复制到“高一年级”文件夹中。

（2）打开“学生成绩”文件夹，把“语文、数学、英语”3 个文件复制到“学生基础信息管理”文件夹中。

（3）打开“学生成绩”文件夹，把“专业”文件移动到 D 盘“高一年级”文件夹中的“学生成绩”文件夹中，注意观察出现的对话框，并选择执行命令。

（4）删除 D 盘中的“高一年级”文件夹。

4．查看“语文”文件的属性，并设置为“只读”。

5．创建“高一 1 班”文件夹的快捷方式到桌面。

6．设置文件夹选项，让系统显示文件扩展名。

7．利用系统搜索功能，搜索“语文”文件。

项目三　控制面板

任务情境

学校为每个办公室添置一台新计算机，几名教师共同使用，每个教师都希望拥有自己的“私人空间”，其操作界面、功能各不相同，如何才能实现这样的需要呢？我们可以通过系统中的“控制面板”来实现。

任务分析

- 认识控制面板

- 正确设置输入法
- 正确设置个性化桌面：桌面主题、桌面背景、屏幕保护程序
- 正确设置输入法，设置鼠标和键盘
- 掌握添加删除程序的方法，掌握添加打印机的方法
- 掌握用户账户添加和设置

知识准备

Windows 7 是一个庞大且复杂的操作系统，可以控制和设置的功能实在太多，为了便于使用和维护，将所有有关系统设置的工具都集中在一个称之为“控制面板”的文件夹中。“控制面板”的打开可通过单击“开始”菜单→“控制面板”命令，也可以从“计算机”窗口中打开，如图 2-31 所示。

图 2-31　控制面板

控制面板有 3 种查看方式：类别、大图标和小图标。系统默认以“类别“显示。用户可根据自己的习惯更改显示方式。

一、外观和个性化

功能：允许用户改变计算机显示设置，如桌面壁纸、屏幕保护程序、显示分辨率等的显示属性窗口。

在“控制面板”中单击“外观和个性化”→“显示”，出现“显示属性”窗口。这时就可以对 Windows 7 的桌面进行外观、个性化的设置，桌面设置主要包括主题设置、背景设置、屏幕保护程序设置、更改桌面小工具、图标设置、任务栏设置等。

（一）桌面主题设置

Windows 7 系统提供了良好的个性化设置方式，能够满足不同用户的喜好。设置桌面主题的方法：

（1）在桌面空白处点击鼠标右键弹出快捷菜单，选中“个性化”命令。

（2）在弹出的“更改计算机上的视觉效果和声音”窗口中，根据用户的需要在窗口中选择相应主题即可完成主题设置。如图 2-32 所示。

图 2-32　桌面主题窗口

（二）桌面背景设置

Windows 7 系统提供了桌面背景设置功能。设置桌面背景的方法：

（1）打开“更改计算机上的视觉效果和声音”窗口，选择“桌面背景”命令。

（2）弹出“选择桌面背景”窗口，在存有各类图片的文件夹中选择所需图片。

（3）利用“图片位置”按钮设置适合的选项，如“填充”“平铺”等。

（4）单击“保存修改”按钮即可完成设置。

若要选择用户自己的图片可以在刚才的窗口中单击“浏览”按钮，选中所需图片完成设置。另外还可以先找到需要设置为桌面背景的图片，点击鼠标右键弹出快捷菜单，选择“设置为桌面背景”命令，即可完成桌面背景的设置。如图 2-33 所示。

（三）屏幕保护程序的设置

在计算机使用的过程中设置屏幕保护程序可以起到减少耗电，保护电脑显示器和保护个人隐私等作用。在 Windows 7 中设置屏幕保护程序的方法是：

（1）打开“更改计算机上的视觉效果和声音”窗口，选择“屏幕保护程序”选项。

（2）在弹出的对话框中根据用户需要可以选择系统自带的屏幕保护程序，如变幻线、彩带等。

（3）设置好等待时间之后单击“确定”按钮即完成屏幕保护程序的设置。

Windows 7 也提供用户利用个人图片来进行屏幕保护程序设置的功能，在“屏幕保护程序”下拉框中选中照片，单击“设置”按钮，通过浏览选择所需图片，通过幻灯片放映速度的选择完成屏幕保护程序图片放映的速度，最后单击“确定”按钮完成设置，如图 2-34 所示。

图 2-33　桌面背景窗口

图 2-34　屏幕保护

二、输入法设置

Windows 包含了多种输入法，如果将所有的输入法都显示出来显然是没有必要的，只需安装自己需要的输入法即可。

（一）添加输入法

单击“控制面板”中的“时钟、语言和区域”下的“更改键盘或其他输入法”，打开“键盘和语言”选项卡，单击“更改键盘”按钮，如图 2-35 所示，弹出“文字服务和输入语言”对话框，如图 2-36 所示。

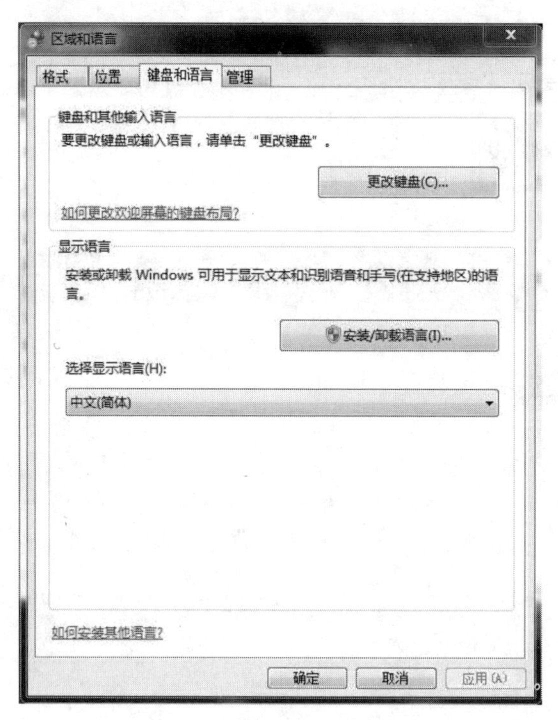

图 2-35　“区域和语言”对话框

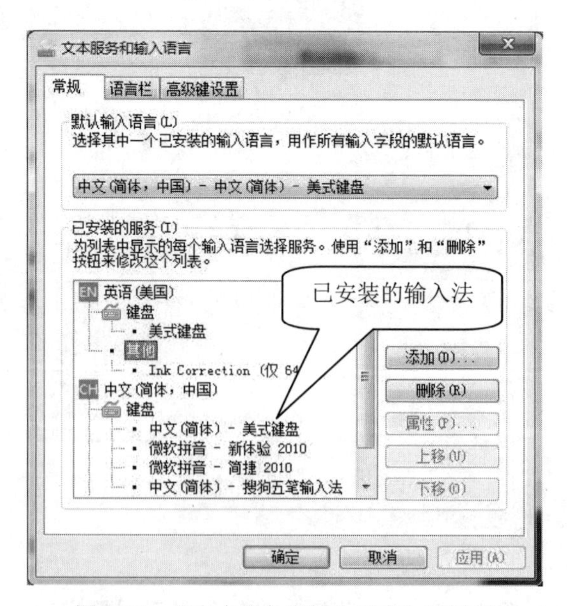

图 2-36　“文本服务和输入语言”对话框

在“默认输入语言”下拉列表框中选择默认输入法。单击“添加”按钮，弹出“添加输入语言”对话框，可在下面的下拉列表框中选择需安装的输入语言，单击“确定”按钮。

（二）删除输入法

在“已安装的服务”列表框中显示的是已经安装的输入法，选择其中之一，单击“删除”按钮即可删除。

三、日期/时间设置和区域设置

在 Windows 的“控制面板”窗口中，单击“时钟、语言和区域”图标，打开如图 2-37 所示“时钟、语言和区域”窗口，选择“区域和语言”下的“更改日期、时间或数字格式”，打开如图 2-38 所示的“区域和语言”对话框，单击“其他设置”按钮，完成数字、货币、时间和日期的显示设置。

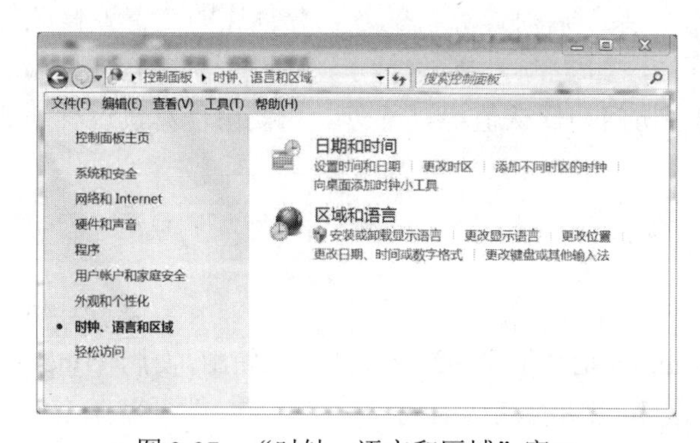

图 2-37 “时钟、语言和区域”窗口

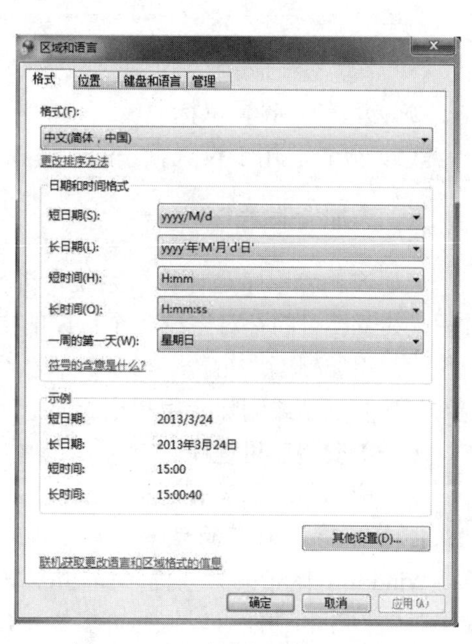

图 2-38 “区域和语言”对话框

四、键盘和鼠标设置

（一）键盘设置

在 Windows 的“控制面板”窗口中，选择“硬件和声音”→“设备和打印机”→“设备管理器”→“键盘”，弹出“键盘属性”对话框，如图 2-39 所示。

（二）鼠标设置

选择“硬件和声音”→“设备和打印机”→“鼠标”，弹出“鼠标属性”对话框，如图 2-40 所示。

（1）鼠标键。勾选“切换主要和次要的按钮”复选框，可使鼠标左右键功能互换。可调整双击响应速度。勾选“启用单击锁定”复选框，可不用一直按住鼠标就能实现突出显示或拖动。

（2）指针。设置鼠标形状。

（3）指针选项。设置鼠标移动速度、轨迹等。

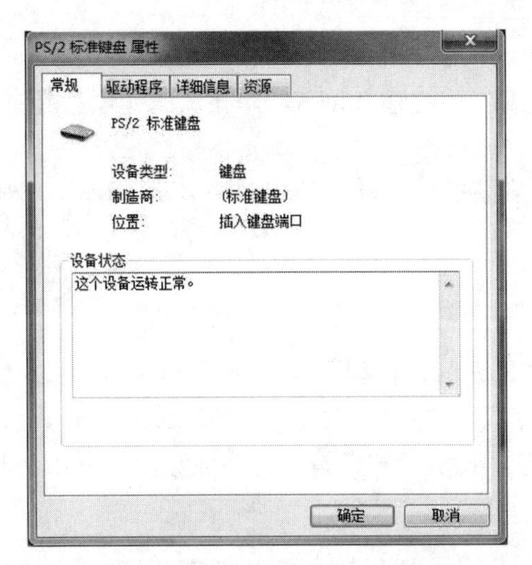

图 2-39 “键盘属性”对话框

图 2-40 “鼠标属性”对话框

（4）滑轮。设置鼠标滚轮滚动的行数。

（5）硬件。用于设置有关的硬件属性。

五、添加/删除程序

添加或删除程序是计算机系统在进行装入系统后对计算机的各部分程序的完善或修改的过程。其主要目的是对系统各个程序的更新（添加/删除）。它包括了：更改或删除程序，添加新程序，添加/删除 Windows 组件，设定程序访问和默认值等几部分。在使用计算机过程中我们常常需要安装或删除应用程序。

（一）安装应用程序

安装应用程序一般有两种方式：

1. Windows 自带的程序

Windows 附带的某些程序和功能（如 Internet 信息服务）必须打开才能使用。使用 Windows 中附带的程序和功能可以执行许多操作，某些其他功能默认情况下是打开的，但可以在不使用它们时将其关闭。如图 2-41 所示。

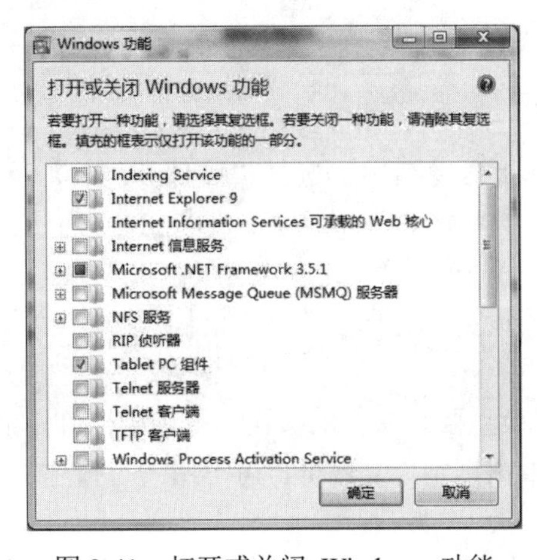

图 2-41 打开或关闭 Windows 功能

若要打开或关闭 Windows 功能，请按照下列步骤操作：依次单击“控制面板”→“程序”→“打开或关闭 Windows 功能”。如果系统提示输入管理员密码或进行确认，请输入登陆密码或提供确认。

若要打开某个 Windows 功能，请选择该功能前的复选框。若要关闭某个 Windows 功能，请清除该复选框。单击“确定”按钮。

2. 其他应用程序

其他应用程序包括 Office、各种游戏软件等。这类应用程序一般都自带有安装程序，安装程序的文件名一般为 setup.exe、install.exe 等，直接双击运行它们就可进行软件安装。

（二）删除应用程序

删除应用程序也有两种方式：

（1）打开“控制面板”→“程序”，选择“卸载程序”，在“卸载或更改程序”列表框中选择要删除的程序，单击“卸载”按钮即可，如图 2-42 所示。

（2）很多应用程序都自带卸载程序，从“开始”菜单中找到它们（一般卸载程序名是“Uninstall”，或“卸载×××”），直接运行就可卸载，如图 2-43 所示。

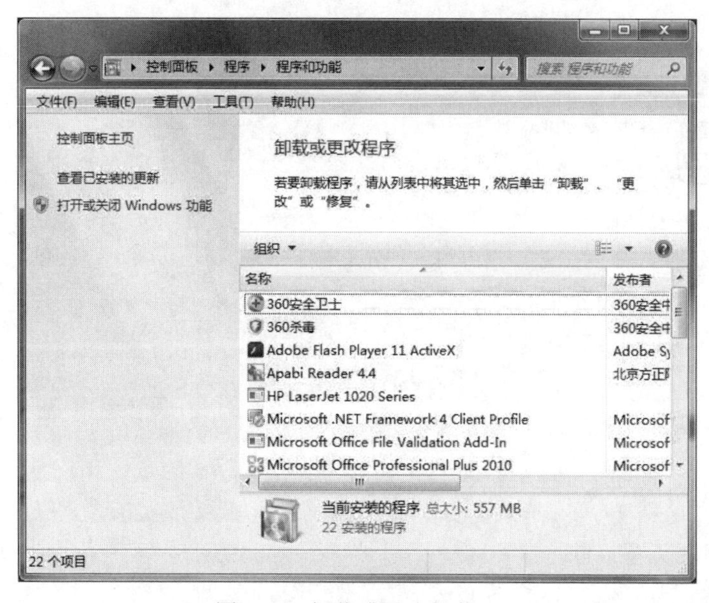

图 2-42 卸载或更改程序

图 2-43 卸载程序

六、添加打印机

一般情况下，Windows 7 自动安装硬件的驱动程序，但当新添加的硬件设备系统无驱动程序时，则需要硬件自带的驱动程序来安装，硬件设备都会附送驱动光盘，安装时将光盘放入光驱，操作系统会自动读取安装信息，按提示安装即可。

安装系统自带驱动的打印机步骤如下：

（1）打开“控制面板”→“硬件和声音”→“查看设备和打印机”，如图 2-44 所示。

（2）进入如图 2-45 所示窗口，选择“添加打印机”，按屏幕提示选择“厂商”和“打印机”型号，进行安装。

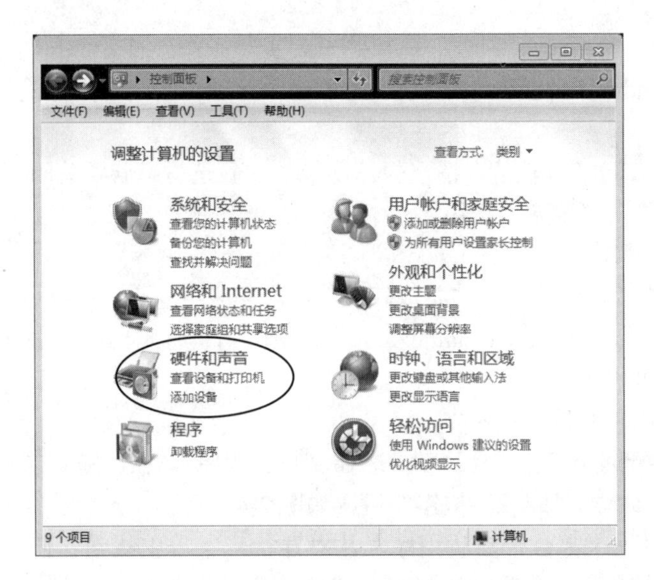

图 2-44　硬件和声音

图 2-45　添加打印机

七、管理用户账户

用户账户是用户通知 Windows 可以访问哪些文件和文件夹，可以对计算机和个人首选项（如桌面背景或屏幕保护程序）进行哪些更改的信息集合。通过用户账户，用户可以在拥有自己的文件和设置的情况下与多人共享计算机。每个人都可以使用自己的用户名和密码访问其用户账户。

（一）Windows 7 账户

Windows 7 有 3 种不同类型的账户，分别是管理员账户、标准用户账户和来宾账户。每种类型为用户提供不同的计算机控制级别：

（1）管理员账户（Administrator）可以对计算机进行最高级别的控制，Windows 7 默认状态下不显示这个账户，只有在需要高级管理时启用，一般不应该作为日常登录账户。计算机管理员账户是专门为可以对计算机进行全系统更改、安装程序和访问计算机上所有文件的人而设置的。只有拥有计算机管理员账户的人才拥有对计算机上其他用户的完全访问权。该账户具有的特点：

1）可以创建和删除计算机上的用户。

2）可以为计算机上其他用户账户创建账户密码。

3）可以更改其他人的账户名、图片、密码和账户类型。

（2）标准账户适用于日常使用。可防止用户做出对该计算机所有用户或计算机安全造成影响的更改，从而保护计算机系统。

（3）来宾账户（Guest）主要针对需要临时使用计算机的用户。

（二）新建用户

（1）打开“控制面板”→“用户账户和家庭安全”→“添加或删除用户账户”，如图 2-46 所示。

图 2-46　添加或删除用户账户

（2）进入更改账户窗口，选择“创建一个新账户”，如图 2-47 所示。

（3）按屏幕提示，输入账户名称，选择账户类型，单击“创建账户”即可。如图 2-48 所示。新的账户将出现在登录界面中。

任务实施

1．打开“控制面板”，熟知“控制面板”的 3 种查看方式。

2．设置个性化桌面：根据自己的爱好，设置桌面主题、桌面背景、屏幕保护程序。

3．按自己的喜好设置鼠标和键盘。

4．安装搜狗拼音输入法。

图 2-47　创建一个新账户

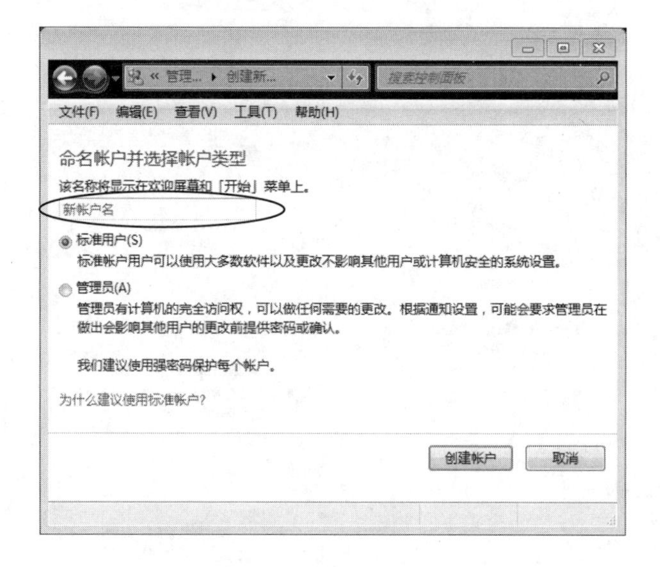

图 2-48　命名账户并选择账户类型

5．下载并安装金山杀毒软件，并对自己的计算机进行病毒查杀。

6．删除 WinRAR 软件。

7．安装 Epson LQ1600 驱动程序，并设置成共享打印机。

8．添加 HZG 为用户名的标准账户，选择账户图标，设置密码。

项目四　使用系统自带工具

任务情境

当我们在使用计算机过程中，需要制作一些简单的图片或文档时，由于没有安装专门的应用软件，我们可以使用 Windows 7 中自带的小程序完成相关工作。

任务分析

- 理解多媒体的概念，掌握常见多媒体文件的格式
- 掌握记事本的使用方法
- 掌握计算器的使用方法
- 了解录音机的使用和 Windows Media Player 的播放功能

知识准备

Windows 7 的“附件”程序为用户提供了许多使用方便而且功能强大的工具。如“计算器”“画图”“录音机”等工具程序，“磁盘碎片整理程序”等系统维护工具。

一、记事本

“记事本”是一个简单的文本编辑器，适用于编写备忘录、便条等纯文本文档。

（一）创建新文件

单击“开始”→“所有程序”→“附件”→“记事本”按钮，进入记事本程序，并自动新建一个空白的“无标题-记事本”文档，编辑窗口如图 2-49 所示。

图 2-49　“记事本”窗口

（二）打开一个文件

双击已有的文本文件（.TXT）或把文本文件拖放到记事本窗口，都会自动打开这个文件。

（三）保存文件

已保存过的文件编辑后重新保存，只要单击“文件”菜单中的“保存”命令即可。如是一个未存过盘的新文件，还需要输入文件名，系统自动添加扩展名.TXT。

在编辑过程中，可以选定文本块，进行剪切、复制、粘贴等操作。

记事本只能记录纯文本，利用这点可以将网上复制来的东西（可能包括文本、图片、表格等）中的非文本信息滤除掉，而使用 Word 会发现表格、人工分行符、段落格式标记等等一系列的琐碎问题非常多，手工删除又特别麻烦。如果只是想复制文本，那么可以先将网页中的内容复制到记事本中以过滤图片等多余信息，然后再从记事本中将文本复制到 Word 做进一步的编辑，这样就可以获得真正纯净的文本了。

二、画图

“画图”是一种位图程序，可以对各种位图格式的图片进行编辑，用户可以自己绘制图画，也可对已有的图片进行编辑。

单击“开始”→“所有程序”→“附件”→“画图”，进入画图程序，并自动新建一个空白的“无标题-画图”窗口，如图 2-50 所示。

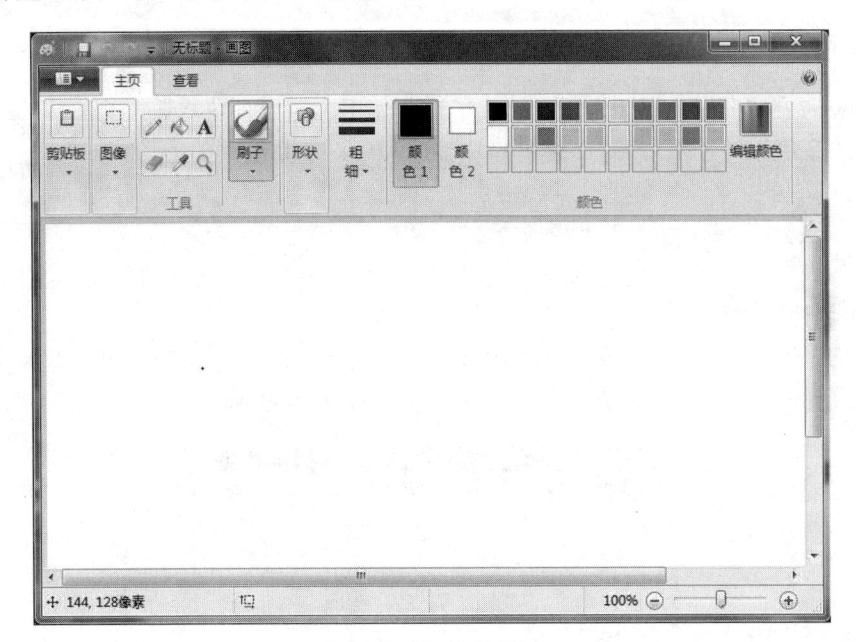

图 2-50 “画图”窗口

在“画图”窗口，工作空间也称为画布，在此可以绘制图片。画布的上方是工具框和颜料盒等。要绘制时，选择一种画图工具，设置颜色及线宽，然后就可在画布上开始绘制。

窗口复制和桌面复制：当需要把某个窗口的内容复制到另一个文档或图像中去，可按 Alt+PrintScreen 组合键将整个窗口放入剪贴板，再进入“画图”窗口，进行“粘贴”，剪贴板中存放的窗口内容粘贴到这个文件中。如果想复制整个桌面的内容，则是按 PrintScreen 键即可。

三、计算器

单击“开始”→“所有程序”→“附件”→“计算器”命令，就能启动计算器程序，如图 2-51 所示。

计算器有“标准型”“科学型”和“程序员”等多种类型，单击“查看”菜单中的“标准型”“科学型”和“程序员”可以进行类型选择。标准型计算器用于进行一般的加、减、乘、除算术运算，程序员计算器可以进行二进制、八进制、十进制、十六进制间的转换等操作。程序员模式只是整数模式，小数部分将被舍弃。运算结果可以复制到剪贴板上，然后在另一应用程序或文档中粘贴使用这一结果。

四、录音机

“录音机”是用于录音的多媒体附件。它不仅可以录制、播放声音，还可以对声音进行编辑及特殊效果处理。在录制声音时，需要一个麦克风，大多数声卡都有麦克风插孔，将麦克风插入声卡就可以使用“录音机”了。

启动“录音机”的方法是单击“开始”→“所有程序”→“附件”→“录音机”命令，如图 2-52 所示。

图 2-51　“计算器”窗口

图 2-52　录音机

五、Windows Media Player

Windows Media Player 是一个通用的播放器，可用于播放当前最流行格式制作的音频、视频和混合型多媒体文件。Windows Media Player 不仅可以播放本地的多媒体类型文件，而且可以播放来自 Internet 或局域网的流式媒体文件。它可以播放扩展名为 AVI、RMI、WAV、WMA、MPG、MP3、MID、RMI 的多媒体类型文件。

启动“Windows Media Player”的方法是选择“开始”→“所有程序”→“Windows Media Player”命令，打开窗口如图 2-53 所示。

图 2-53　Windows Media Player

任务实施

1．打开“画图”程序，把当前桌面粘贴到窗口中，设置画面大小，并旋转 90°，加入文字“我的图画”。

2．使用“记事本”录入一段话，设置为“宋体”、小四号字。

3．使用“计算器”进行加、减、乘、除运算，把二进制 01100110 转换成十进制。

4．使用“录音机”录入一段话。

习题

一、填空题

1．在安装 Windows 7 的最低配置中，内存的基本要求是________GB 以上。

2．Windows 7 有 4 个默认库，分别是视频、图片、________和音乐。

3．Windows 7 是由________开发的，具有革命性变化的操作系统。

4．要安装 Windows 7，系统磁盘分区必须是________格式。

5．在 Windows 7 中 Ctrl+________是“复制”命令的快捷键。

6．在 Windows 7 中 Ctrl+X 是________命令的快捷键。

7．在 Windows 7 中排列窗口的命令有________、________和并排显示窗口。

8．在 Windows 7 中，桌面背景图片的位置显示方式有________、________、________、________和居中 5 种。

9．Windows 7 中有 3 种不同的账户，分别是管理员、________和来宾账户。

10．任务栏主要由________、________、应用程序列表区、通知区等组成。

11．写字板是 Windows 7 自带的一种________程序，不但可以输入并设置文字，还可以插入________和绘图等操作。

12．在 Windows 7 操作系统中，文件名的命名是________扩展名。

13．剪贴板是________的一块区域。

14．控制面板提供了类别、________和小图标 3 种查看方式。

15．________是 Windows 7 用来存放临时删除文件的空间。

16．Windows 7 中有两个通配符，分别是________和________。

二、单选题

1．Windows 7 是（　　）。

A．单用户多任务操作系统　　B．分布式操作系统

C．实时操作系统　　D．多用户多任务操作系统

2．系统启动后，操作系统常驻（　　）。

A．光盘　　B．硬盘　　C．软盘　　D．内存

3．以下文件名，不符合命名规则的是（　　）。

A．AB D.doc　　B．A1<2>.Abd

C．A1 + 2.abc　　D．A1_1.abd

4．识别文件类的依据是（　　）。

A．文件的扩展名　　B．文件的大小

C．文件的用途　　D．文件的存放位置

5．启动 Windows 7 系统时，要想直接进入最小系统配置的安全模式，按（　　）。

A．F7 键　　B．F8 键　　C．F9 键　　D．F10 键

6．在“记事本”窗口中，对当前编辑的文档进行存储，可以用（　　）快捷键。

A．Alt+F　　B．Alt+S　　C．Ctrl+S　　D．Ctrl+F

7．Windows 7 的目录结构采用的是（　　）。

A．树形结构　　B．线形结构　　C．层次结构　　D．网状结构

8．在 Windows 7 中，如果想同时改变窗口的高度或宽度，可以通过拖放（　　）来实现。

A．窗口边框　　B．窗口角　　C．滚动条　　D．菜单栏

9．在 Windows 7 中有两个管理系统资源的程序组，它们是（　　）。

A．“计算机”和“控制面板”　　B．“资源管理器”和“控制面板”

C．“计算机”和“资源管理器”　　D．“控制面板”和“开始”菜单

10．控制面板的主要作用是（　　）。

A．调整窗口　　B．设置系统配置

C．管理应用程序　　D．设置高级语言

11．下列带有通配符的文件名，能表示文件 ABC.TXT 的是（　　）。

A．*BC.?　　B．A?．*　　C．?BC.*　　D．?．?

12．Windows 7 中，当屏幕上有多个窗口时，那么活动窗口（　　）。

A．可以有多个窗口　　B．只能是固定的窗口

C．是没有被其他窗口盖住的窗口　　D．是有一个标题栏颜色与众不同的窗口

13．对 Windows 7 应用程序窗口快速重新排列[层叠或堆叠]的方法是（　　）。

A．可通过工具栏按钮实现　　B．可通过任务栏快捷菜单实现

C．可用鼠标调整和拖动窗口实现　　D．可通过“开始”菜单下的“设置”命令实现

14．在 Windows 中关于查找文件，下列说法中不正确的是（　　）。

A．可以按作者查找文件　　B．可以按日期查找文件

C．可以按大小查找文件　　D．可以按文件名中包含的字符查找文件

15．在 Windows 7 中欲关闭应用程序，下列操作中，不正确的是（　　）。

A．使用文件菜单中的退出　　B．单击窗口的关闭按钮

C．单击窗口的最小化按钮　　D．在窗口中使用 Alt+F4 键

16．在资源管理器中，使用鼠标选取不连续的文件的配合按键是（　　）。

A．Shift　　B．Ctrl　　C．Alt　　D．Caps Lock

17．具有管理计算机全部硬件资源、软件资源功能的软件系统是（　　）。

A．编译系统　　B．操作系统

C．资源管理器　　D．网页浏览器

18．利用 Windows 7 附件中的记事本保存的文件，其扩展名一般是（　　）。

A．.txt　　B．.doc　　C．.xls　　D．.bmp

19．下列关于回收站的叙述正确的是（　）。

A．回收站中的文件不能恢复

B．回收站中的文件可以被打开

C．回收站中的文件不占有硬盘空间

D．回收站用来存放被删除的文件或文件夹

20．在选定文件或文件夹后，将其彻底删除的操作是（　）。

A．用 Delete 键删除

B．用 Shift+Delete 键删除

C．用鼠标直接将文件或文件夹拖放到回收站中

D．用窗口中文件菜单中的删除命令

21．目前计算机上使用最广泛的操作系统是（　）。

A．Windows　B．Dos　C．Netware　D．Linux

22．在 Windows 7 中，鼠标的单击是指（　）。

A．移动鼠标使鼠标指针出现在屏幕上的某个位置

B．按住鼠标左键，移动鼠标把鼠标指针移到某个位置后释放左键

C．按下并快速地释放鼠标左键

D．快速连续地两次按下并释放鼠标左键

23．在 Windows 7 资源管理器窗口左部显示的文件夹图标前带有加号+则表示该文件夹（　）。

A．含有下级文件夹　B．仅含有文件

C．是空文件夹　D．没有具体含义

24．在 Windows 7 系统中，删除一个文件夹后，该文件夹下的（　）。

A．文件被删除而文件夹保留

B．文件夹被删除而文件保留

C．所有文件和文件夹均被删除

D．只读文件被保留而其他文件或文件夹均被删除

25．在桌面上创建一个文件夹，步骤为：①在桌面上空白处右击；②输入新名字；③选择新建菜单中的文件夹菜单项；④按回车键。正确的操作步骤为（　）。

A．①②③　B．②③④　C．①②③④　D．①③②④

三、判断题

1．将 Windows 7 应用程序窗口最小化后，该程序将立即关闭。（　）

2．菜单后面如果带有组合键的提示，比如“Ctrl+P”，表明直接按组合键也可执行相应的菜单命令。（　）

3．菜单名字前带有“√”符号的话，表明单击该选项就可以在两种状态之间进行切换。（　）

4．记事本与写字板都可以进行文字编辑。（　）

5．文件夹中只能包含文件。（　）

6．程序、文档、文件夹、驱动器都有其对应的图标。（　）

7．在 Windows 7 下，当前活动窗口仅有一个。（　）

8．灰色命令项表示当前条件下该命令不能被执行。（　）

9．快捷方式只是指向对象的指针，其图标左下角有一个小箭头。（　）

10．设定了屏幕保护，那么在指定等待时间内未操作鼠标，屏幕就会进入保护状态。（　）

11．用鼠标移动窗口，只需在窗口中按住鼠标左键不放，拖动鼠标，使窗口移动到预定位置后释放鼠标即可。（　）

12．磁盘上不再需要的软件卸载，可以直接删除软件的目录及程序文件。（　）

13．在 Windows 7 的“资源管理器”同一驱动器中的同一目录中，允许文件重名。（　）

14．在 Windows 7 中如果多人使用同一台计算机，可以自定义多用户桌面。（　）

15．当改变窗口的大小，使窗口中的内容显示不下时，窗口中会自动出现垂直滚动条或水平滚动条。（　）

16．Windows 7 的任务栏只能位于桌面的底部。（　）

17．在 Windows 7 资源管理器中，单击第一个文件名后，按住 Shift 键，再单击最后一个文件，可选定一组连续的文件。（　）

18．在 Windows 7 资源管理器中，创建新的子目录，可以选择“文件”菜单→“新建”→“文件夹”命令。（　）

19．在 Windows 7 资源管理器中，当删除一个或一组子目录时，该目录或该目录组下的所有子目录及其所有文件将被删除。（　）

20．在 Windows 7 中，按住鼠标左键在不同驱动器不同文件夹内拖动某一对象，结果是复制该对象。（　）

21．菜单中若某命令项后边有符号“▸”，说明选中此命令后会出现对话框。（　）

22．如果要将整个屏幕的信息以位图形式复制到剪贴板中，一般可以按 Print Screen 键。（　）

23．对话框除了有标题栏、控制图标等与程序窗口相同的部分以外，还可能或多或少具有以下部分：若干命令按钮和 5 种类型的矩形框文本框、列表框、下拉式列表框、单选框和复选框。（　）

24．在 Windows 7 中，当某个应用程序不再响应用户的操作时，可以按 Del+Ctrl+Alt 组合键，打开“任务管理器”，在弹出的对话框中选择所要关闭的应用程序，单击“结束任务”按钮退出该应用程序。（　）

25．在 Windows 7 中，将剪贴板中内容粘贴到当前位置的快捷键是 Ctrl+V。（　）

26．在 Windows 7 以及它的各种应用程序中，获取联机帮助的快捷键是 F1 功能键。（　）

27．要显示“计算机”中有关文档和文件夹目录的详细情况，可在查看菜单中选择详细资料命令。（　）

28．在 Windows 7 中，一般情况下，不显示具有隐藏属性的文档的目录资料。（　）

29．要设置和修改文件夹或文档的属性，可右击该文件夹或文档的图标，再选择“属性”命令。（　）

30．在 Windows 7 中，要删除已经安装好的应用程序，可在控制面板中选择“添加/删除程序”命令。（　）

31．对话框和普通窗口一样可以调整大小。（　）

32．在 Windows 7 的“附件”中，可以通过“画图”软件来创建、编辑和查看图片。（　）

33．启动 Windows 7 后，出现在屏幕的整个区域称为桌面。（　）

34．在 Windows 7 中，删除桌面上的快捷方式图标，则它所指向的项目同时也被删除。（　）

四、多选题

1．在 Windows 7 中，桌面是指（　）。

A．电脑桌

B．活动窗口

C．窗口、图标和对话框所在的屏幕背景

D．AB 都不对

2．安装应用程序的途径有（　）。

A．“资源管理器”中运行　　B．“我的电脑”中的“打印机”中运行

C．用软件光盘安装　　D．“控制面板”中的“添加/删除程序”

3．在 Windows 7 附件中，下面叙述正确的是（　）。

A．记事本可以含有图形　　B．画图是绘图软件，不能输入汉字

C．写字板可以插入图形　　D. 计算器可以将十进制转换成二进制或十六进

4．在多个窗口中切换的方法是（　）。

A．在“任务栏”上，单击任一个窗口的任务提示条

B．按 Alt+Tab 组合键选择

C．单击非活动窗口的任一未被遮蔽的可见位置

D．右击

5．Windows 7 中可以完成窗口切换的方法是（　）。

A．Alt+Tab　　B．Win+Tab

C．单击要切换窗口的任何可见部位　　D．单击任务栏上要切换的应用程序按钮

五、实操题

1．设置切换到微软拼音 2010 输入法的键盘快捷键为 Ctrl+Shift+5。

2．在 LP2 端口上安装 Epson Laser LP-7700 打印机，打印机的名称为“LP-7700”，共享名为“LP-7700”，设置为默认打印机，允许 Administrator 具有打印、管理打印机和管理文档及查看服务器的权限。

3．设置系统显示隐藏文件和系统文件。

4．将“库/文档”中的文件以“类型”方式排列。

5．设置屏幕保护为“三维文字”，并设置显示文字为“早上好，各位！!”。

6．设置系统在待机 60min 后关闭显示器，设置屏幕分辨率为 1620×900。

7．在桌面新建一个以自己名字命名的“文本文档”，并在该文档中写下自己的基本资料：姓名、民族、班级等，并保存。关闭该文档，将该文件复制到 D 盘自己的文件夹下。然后设置该文档的属性为“只读”。

六、简述题

1．简述改变桌面背景的方法。
2．简述复制文件或文件夹的方法。
3．屏幕保护程序的作用是什么？
4．简述在 Windows 7 中添加新的“标准账户”的方法。

七、操作题

1．根据自己的需求，设置 Windows 7 的个性化桌面，包含主题、背景、桌面小工具和快捷图标，自定义任务栏，设置好后，复制到“画图”程序中保存。

2．在 D 盘新建“汉源县职业高级中学”文件夹，在此文件夹中新建“办公室”“教务处”“德育处”和“学生会”文件夹，在“教务处”子文件夹中新建“学生基本信息”Word 文档、“考试成绩”Excel 文档，并在桌面创建“学生基本信息”Word 文档快捷方式。

3．把上述“学生基本信息”Word 文档复制到“办公室”子文件夹中，把“考试成绩”Excel 文档创建快捷方式，并把此快捷方式移动到“学生会”子文件夹中。

第三章　文字处理软件 Word 2010

Microsoft Office 是目前最流行的办公自动化软件，它包括了 Word、Excel、PowerPoint、Access、Outlook 等常用软件。微软公司在 Microsoft Office 2010 系列软件中，对工作界面进行了较大的改进，简化了沿用多年的菜单命令，取而代之的是选项卡、功能区，在功能区上集成了绝大部分功能按钮，给用户带来了更好的操作体验。

Word 2010 是 Microsoft 公司开发的 Office 办公组件之一，主要用于文字录入与排版、图文混排、表格处理与数据处理、邮件合并等。使用它可创建专业水准的文档，用户可以更加轻松地与他人协同工作并在任何地点访问文件。同时，它也是很好的文档格式设置工具，利用它可以更轻松、高效地组织和编写文档。

本章知识目标

- 掌握 Word 2010 的基本操作
- 熟练掌握 Word 2010 文档的简单编辑功能
- 熟练掌握 Word 2010 文档的修饰
- 掌握 Word 2010 文档图文混排
- 掌握 Word 2010 的表格处理功能
- 掌握 Word 2010 邮件合并功能

项目一　Word 2010 的基本操作

任务情景

汉源县职业高级中学进行招生宣传，需要制作招生宣传资料，学校的概况是其中一部分，需要制作成一个文档。

任务分析

- Word 文档的启动和退出
- 认识 Word 窗口
- 文档的新建、打开、保存和关闭方法
- 文档的保护

知识准备

一、Word 2010 的启动

启动 Word 2010 有多种方法，常用的方法有两种：

（1）单击“开始”菜单→“所有程序”→“Microsoft Office ”→“Microsoft Office Word 2010”，如图 3-1 所示。

图 3-1　开始菜单下的 Word 2010

（2）双击桌面上建立的 Word 2010 快捷图标启动，如图 3-2 所示。

图 3-2　桌面 Word 2010 快捷图标

二、Word 2010 的退出

退出 Word 2010 的常用方法有：

（1）单击“文件”按钮→“退出”命令，如图 3-3 所示。

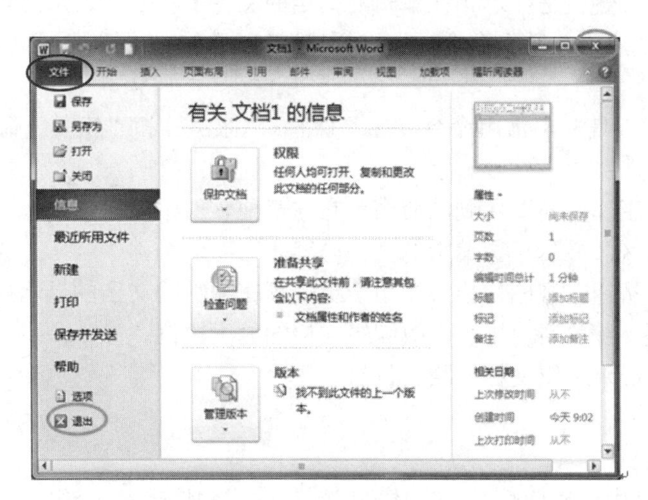

图 3-3　文件按钮退出

（2）单击窗口右上角的关闭按钮，如图 3-4 所示。

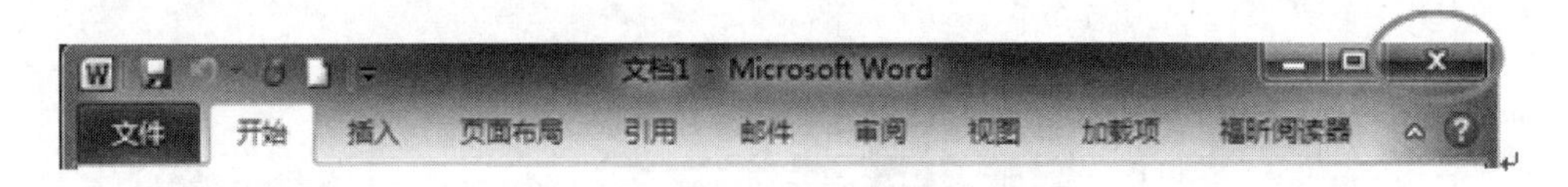

图 3-4　关闭按钮

（3）快捷键 Alt+F4。

三、认识 Word 窗口

（一）Word 2010 窗口

进入 Word 后所看到的就是 Word 2010 的工作窗口，如图 3-5 所示。

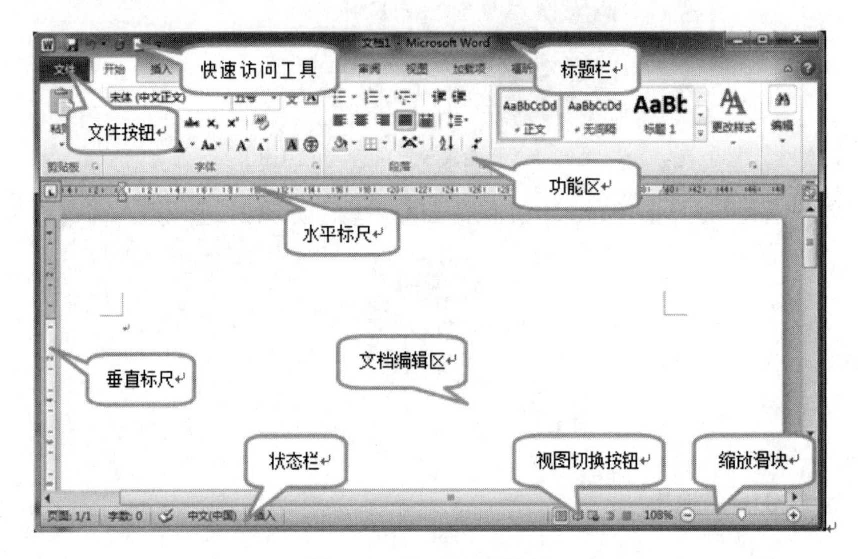

图 3-5　Word 2010 窗口

（1）标题栏。标题栏是显示正在编辑的文档的文件名以及所使用的软件名。

（2）“文件”选项卡。基本命令，如“新建”“打开”“关闭”“另存为”和“打印”等命令位于此处。

（3）快速访问工具栏。常用命令，如“保存”“撤消”和“恢复”命令，也可以添加个人常用命令。

（4）功能区。工作时需要用到的命令，它与其他软件中的“菜单”或“工具栏”相同。

（5）文档编辑区。显示正在编辑的文档内容。

（6）视图切换按钮。视图切换按钮用于更改正在编辑的文档的显示视图。

（7）缩放滑块。缩放滑块用于更改编辑文档的显示比例。

（8）状态栏。显示编辑文档的相关信息。

（二）功能区

1．“开始”功能区

“开始”功能区中包括剪贴板、字体、段落、样式和编辑 5 个组，该功能区主要用于帮助用户对 Word 2010 文档进行文字编辑和格式设置，是用户最常用的功能区，如图 3-6 所示。

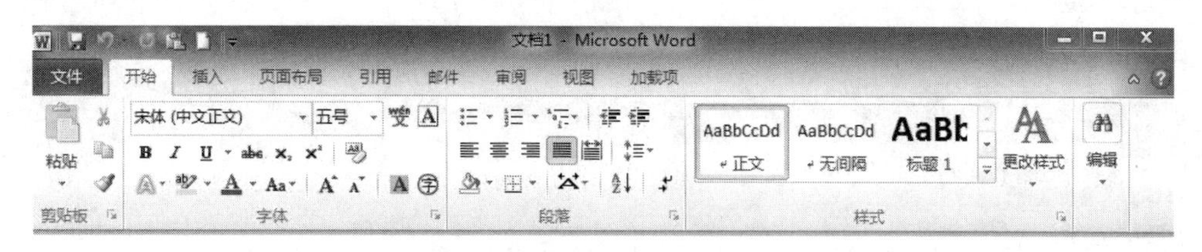

图 3-6　Word 2010 编辑窗口

2. “插入”功能区

“插入”功能区包括页、表格、插图、链接、页眉和页脚、文本、符号 7 个组，主要用于在 Word 2010 文档中插入各种元素，如图 3-7 所示。

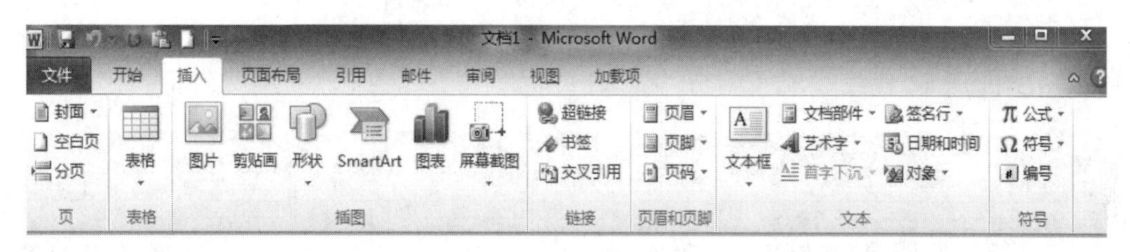

图 3-7　“插入”功能区

3. “页面布局”功能区

“页面布局”功能区包括主题、页面设置、稿纸、页面背景、段落、排列 6 个组，用于帮助用户设置 Word 2010 文档页面样式，如图 3-8 所示。

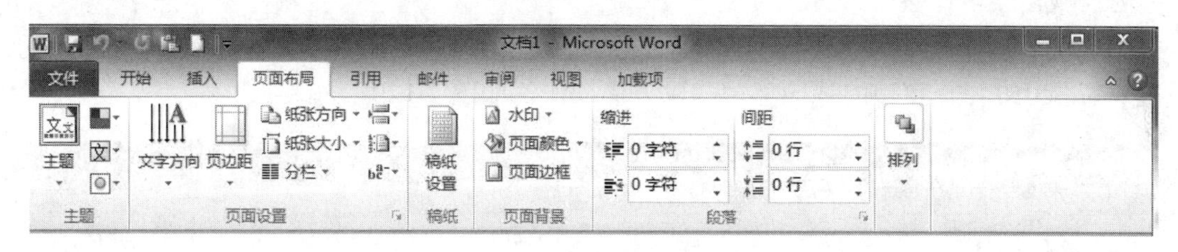

图 3-8　“页面布局”功能区

4. “引用”功能区

“引用”功能区包括目录、脚注、引文与书目、题注、索引和引文目录 6 个组，用于实现在 Word 2010 文档中插入目录等比较高级的功能，如图 3-9 所示。

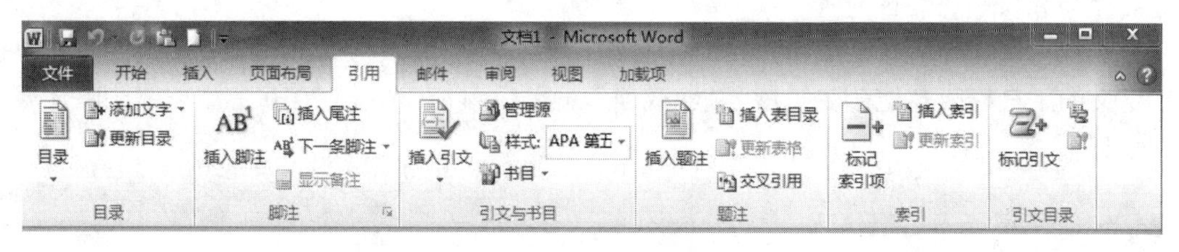

图 3-9　“引用”功能区

5. “邮件”功能区

“邮件”功能区包括创建、开始邮件合并、编写和插入域、预览结果和完成 5 个组，该功能区的作用比较专一，专门用于在 Word 2010 文档中进行邮件合并方面的操作，如图 3-10 所示。

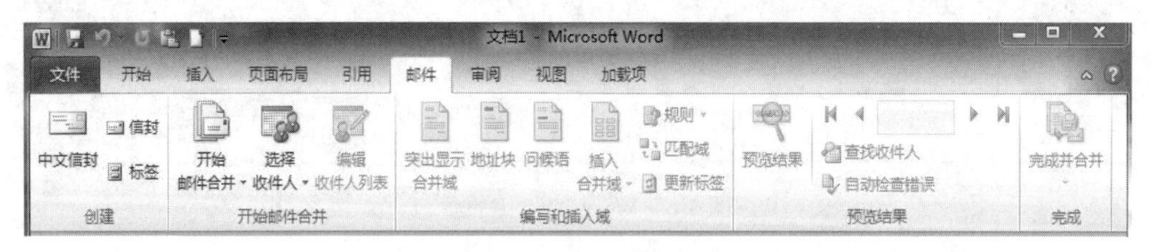

图 3-10 “邮件”功能区

6. “审阅”功能区

“审阅”功能区包括校对、语言、中文简繁转换、批注、修订、更改、比较和保护 8 个组，主要用于对 Word 2010 文档进行校对和修订等操作，适用于多人协作处理 Word 2010 长文档，如图 3-11 所示。

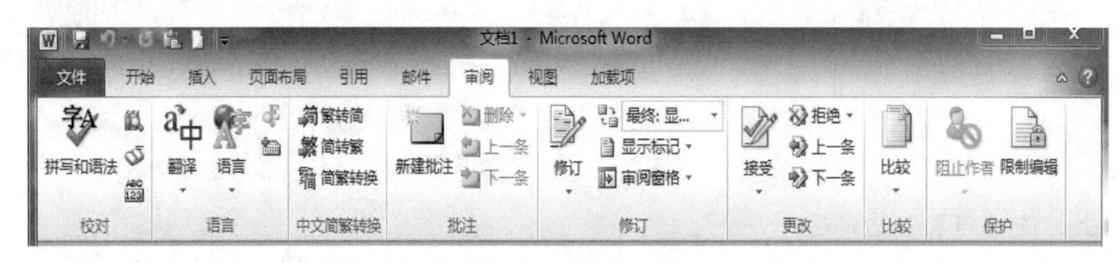

图 3-11 “审阅”功能区

7. “视图”功能区

“视图”功能区包括文档视图、显示、显示比例、窗口和宏 5 个组，主要用于帮助用户设置 Word 2010 操作窗口的视图类型，以方便操作，如图 3-12 所示。

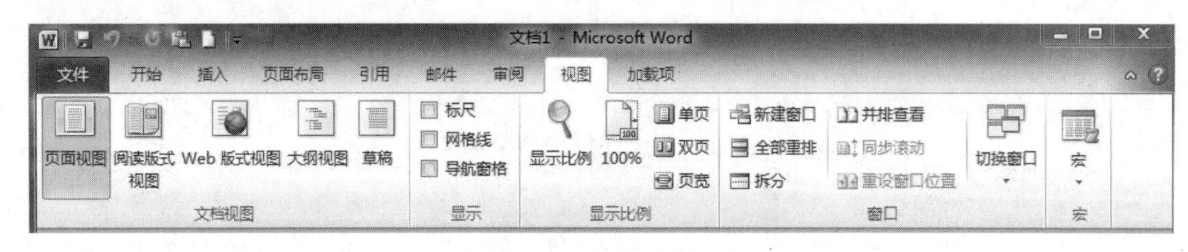

图 3-12 “视图”功能区

8. “加载项”功能区

“加载项”功能区包括菜单命令一个分组，加载项是可以为 Word 2010 安装的附加属性，如自定义的工具栏或其他命令扩展。“加载项”功能区可以在 Word 2010 中添加或删除加载项，如图 3-13 所示。

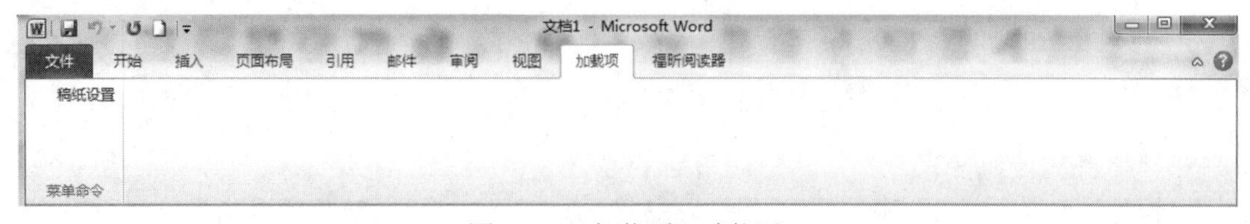

图 3-13 “加载项”功能区

Ctrl+F1 组合键可以快速显示或隐藏功能区。

（三）Word 2010“快速访问工具栏”中添加常用命令

Word 2010文档窗口中的“快速访问工具栏”用于放置命令按钮，使用户快速启动经常使用的命令。默认情况下，“快速访问工具栏”中只有“保存”“撤消”“恢复”命令，用户可以根据需要添加多个自定义命令，操作步骤如下所述：

（1）打开 Word 2010 文档窗口，单击“文件”→“选项”命令，打开 Word 选项对话框，如图 3-14 所示。

图 3-14 “Word 选项”对话框

（2）在打开的“Word 选项”对话框中切换到“快速访问工具栏”选项卡，然后在“从下列位置选择命令”列表中单击需要添加的命令，并单击“添加”按钮即可，如图 3-15 所示。

（3）重复步骤（2）可以向 Word 2010 快速访问工具栏添加多个命令，依次单击“重置”→“仅重置快速访问工具栏”按钮将“快速访问工具栏”恢复到原始状态。

四、文档的基本操作

（一）新建文档

文档是 Word 操作的主要对象，用于编辑的结果都以文档的形式存放。

（1）自动新建 Word 文档。启动 Word 2010 后，系统会自动创建一个名为“文档 1”的空白文档，用户可直接在文档窗口进行编辑工作。

（2）单击快速访问工具栏中的“新建”按钮，如图 3-16 所示。

图 3-15　选择添加的命令

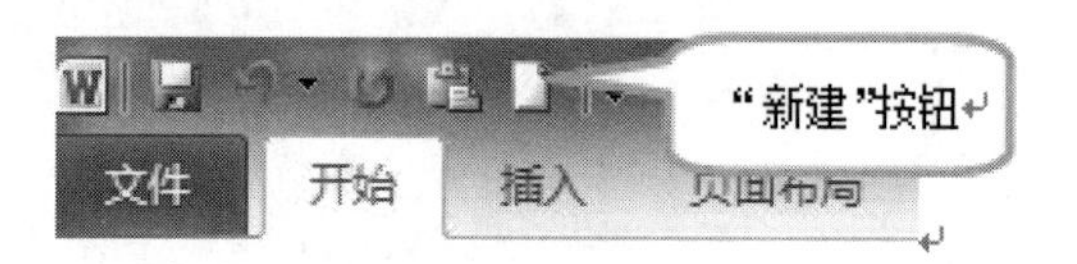

图 3-16　新建文档按钮

（3）执行“新建”命令来新建文档。单击“文件”→“新建”命令，或直接按组合键 Ctrl+N。系统会在编辑区的右边显示“可用模板”，选择“空白文档”选项，单击“创建”即可创建空白文档，如图 3-17 所示。

图 3-17　新建文档窗口

（二）打开文档

（1）通过“打开”对话框。单击“文件”→“打开”命令，打开“打开”对话框，选择要打开的文件，单击“打开”按钮打开选定的文件，如图 3-18 所示。

图 3-18　“打开”对话框

（2）双击文件图标直接打开。

（3）打开最近使用过的文档。单击“文件”→“最近所用文件”，单击要打开的文件。

（三）关闭文档

（1）单击“文件”→“退出”命令，如图 3-19 所示。

图 3-19　“文件”选项卡下的“退出”按钮

（2）单击标题栏右侧的“关闭”按钮，如图 3-19 所示。

（四）保存文档

文档输入完后，此文档的内容还驻留在计算机内存之中。为了永久保存所建立的文档，在退出 Word 之前应将它作为磁盘文件永久保存起来。保存文档的方法有如下几种：

（1）单击“文件”→“保存”命令，如图 3-20 所示。

（2）单击快速访问工具栏中的“保存”按钮，如图 3-21 所示。

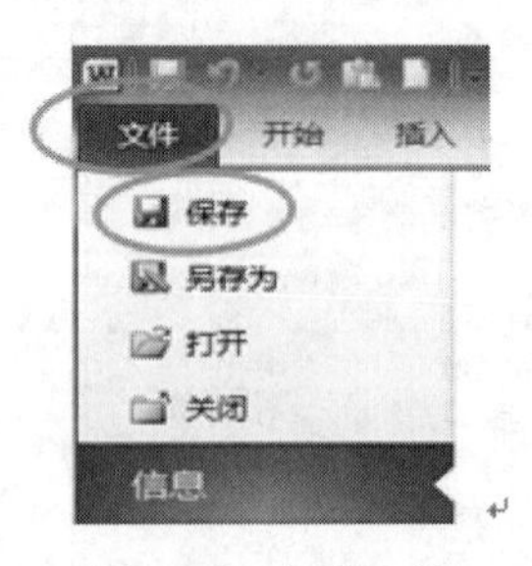

图 3-20　保存文档

图 3-21　“保存”按钮

（3）快捷键 Ctrl+S。当对新建的文档第一次进行“保存”操作时，此时的“保存”命令相当于“另存为”命令，打开如图 3-22 所示的“另存为”对话框，设置好“保存位置”“文件名”“保存类型”，单击“保存”按钮即可。

图 3-22　“另存为”对话框

（4）为了避免因意外原因使文档丢失，还可以利用系统提供的自动保存文档功能来保存文档。其操作步骤如下：

1）单击“文件”→“选项”命令，打开“Word 选项”对话框。

2）在“选项”对话框中，单击“保存”选项卡，如图 3-23 所示。

3）在“保存文档”选择区域中，设置自动保存的时间间隔值。

4）设置完参数后，单击“确定”按钮。

图 3-23　“Word 选项”对话框

经过这样的设置，在以后的文档输入或编辑过程中，达到设定的时间间隔，系统将正在编辑输入的文档自动保存一次。

（五）文档的保护

在 Word 2010 中，提供了各种文档保护措施。可以对自己的文档进行加密，或者根据浏览者的不同权限，对文档的修改进行一定的限制，或者只允许指定的用户查看文档内容。

（1）单击“文件”→“信息”命令，在“权限”组中单击“保护文档”按钮，打开下拉列表，如图 3-24 所示。

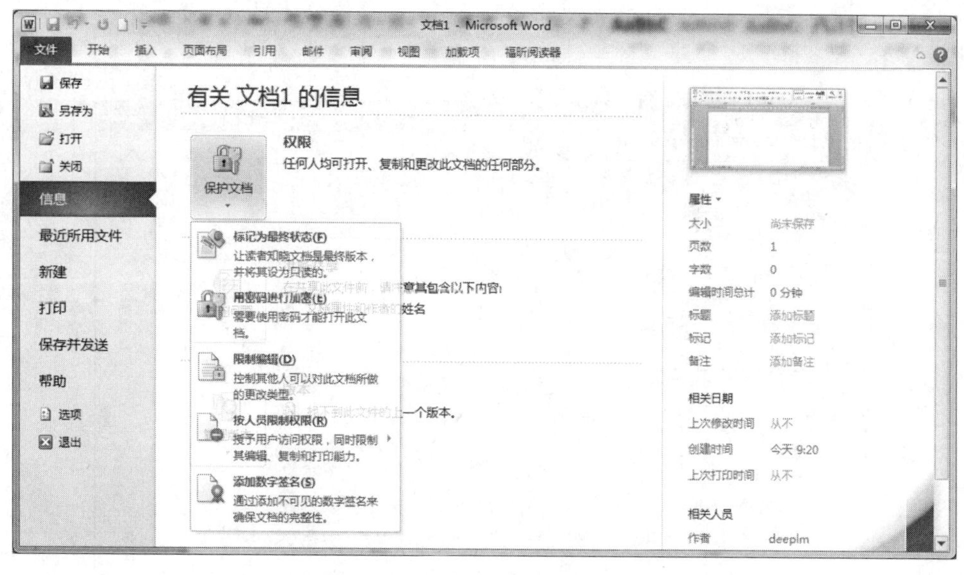

图 3-24　“保护文档”下拉列表

（2）单击“限制编辑”命令，打开“限制格式和编辑”任务窗格，如图 3-25 所示。也可以在“审阅”选项卡中实现该功能。

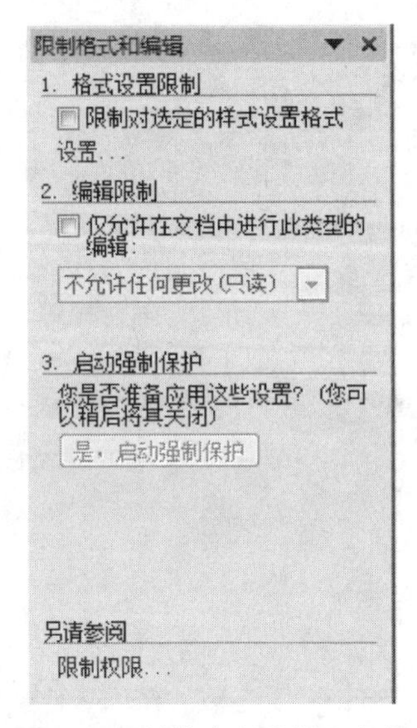

图 3-25 “限制格式和编辑”任务窗格

（3）在“限制格式和编辑”任务窗格，进行相应的设置即可。

补充：文档加密的其他方法：单击 “文件” → “另存为” 命令，打开“另存为”对话框，在“另存为”对话框中，单击“工具” → “常规选项”，在“常规选项”对话框中进行设置。

任务实施

新建招生宣传资料“学校概况”文档。

（1）打开 Word 文档。

（2）保存在学生盘下，文件名为“学校概况”，如【样文】所示。

【样文】：

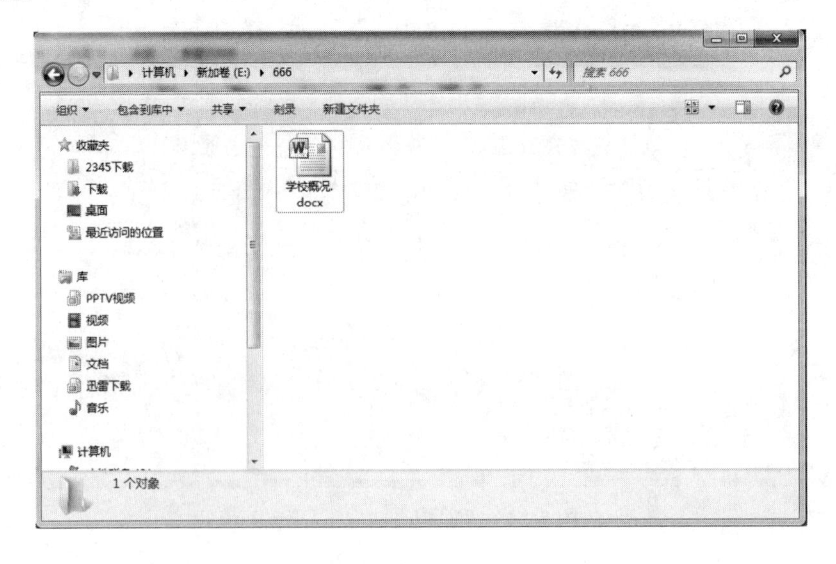

项目二　Word 2010 文档的编辑

任务情景

在“学校概况”文档中录入学校介绍的内容。

任务分析

- ➢　文本的录入、特殊符号的插入
- ➢　文本的编辑、查找和替换方法

知识准备

一、输入文本

在使用 Word 2010 进行文字处理时，经常需要输入中文字符、英文字符、数字和特殊符号，输入时需要在文本编辑区中定位光标，然后即可输入。输入字符时，如果输入的内容一行显示不完，不用按 Enter 键，Word 会自动换行。只有当一个段落的内容输入完后，才需要按 Enter 键。按一次 Enter 键，产生一个段落，输入的字符从下一行开始显示。

（一）符号及特殊符号的插入

在录入文本时，有些符号通过键盘和小键盘无法输入，需要在 Word 中插入符号及特殊符号。可单击“插入”选项卡→“符号”组→“符号”下拉菜单中的“其他符号”，打开“符号”对话框，如图 3-26、图 3-27 所示。

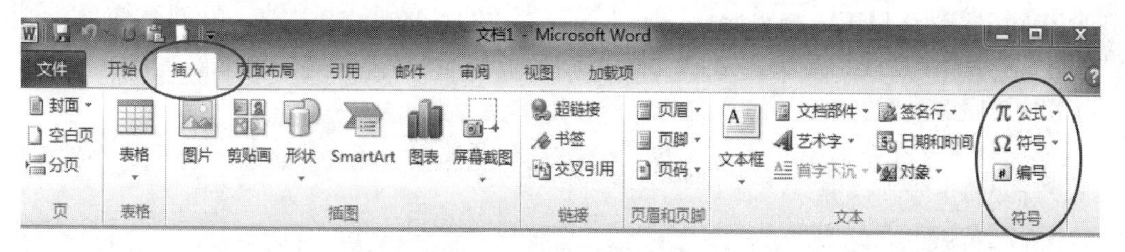

图 3-26　插入符号工具栏

图 3-27　“符号”对话框

选择“符号”选项卡中相应“字体”下的相应字符或“特殊字符”选项卡中的特殊字符。

（二）日期、时间的输入

在 Word 文档中，可以直接键入日期和时间，也可以单击“插入”选项卡→“文本”组→“日期和时间”按钮，打开“日期和时间”对话框，如图 3-28 所示，选择需要的日期和时间格式即可。

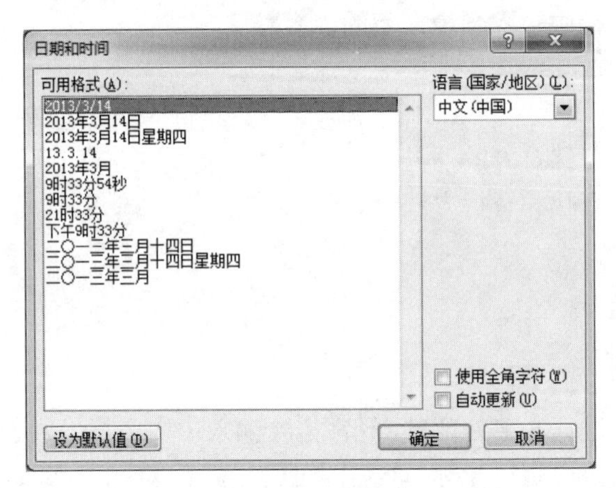

图 3-28　日期格式

二、编辑文本

Word 文档编辑的基本操作包括定位光标、选择文本、插入与删除文本、复制与移动文本、查找与替换文本等。

（一）定位光标

在 Word 文档窗口中，编辑操作通常在当前光标的位置进行。因此，在执行插入、删除、复制、移动等操作之前，需要先定位光标。定位光标就是移动光标到指定位置。

1. 使用鼠标定位光标

鼠标指针在文档窗口中一般显示为“I”形，在文档窗口中单击鼠标可以定位光标。

2. 使用键盘定位光标

光标键功能如表 3-1 所示。

表 3-1　光标键作用

按键	功能	按键	功能
←或→	向左或向右移动一个字符	↑或↓	向上或向下移动一行
Home	移至行首	End	移至行尾
PgUp	向上移动一屏	PgDn	向下移动一屏
Ctrl+PgUp	移到上页第一行	Ctrl+PgDn	移到下页第一行
Ctrl+Home	移到文档开头	Ctrl+End	移到文档末尾

3. 使用定位命令

单击“开始”选项卡→“编辑”组→“查找”下拉菜单→“替换”命令，打开“查找和替换”对话框，如图 3-29 所示，在“定位”选项卡中确定定位目标，然后输入目标参数，单击“定位”按钮，可快速定位位置。

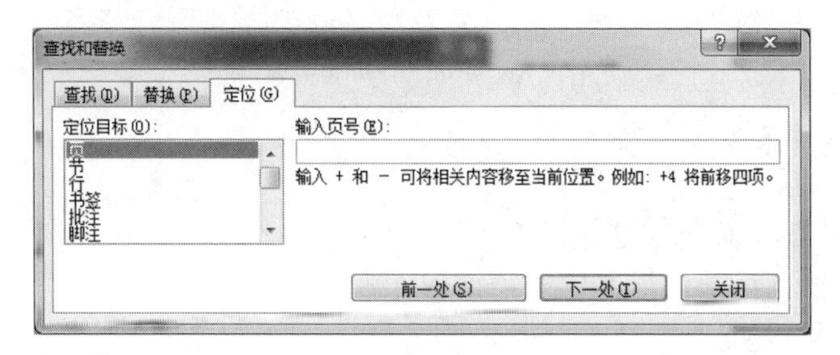

图 3-29　定位对话框

（二）选定文本

要对文本进行格式编辑和格式设置，必须先选定文本。选定文本的方法可以用鼠标拖动选定，也可以使用键盘选定。被选定的文本内容一般以反白（即蓝底白字）方式显示在屏幕上，如图 3-30 所示。

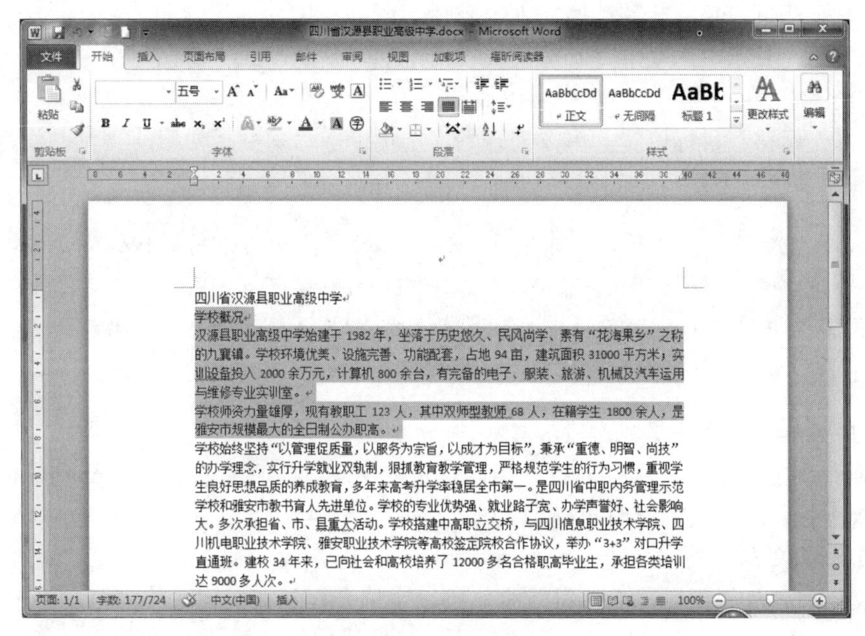

图 3-30　选定文本

1. 使用鼠标选定文本

（1）拖动选定。将鼠标指针指向要选择区域的起点，拖动鼠标至选择区域的终点后松开鼠标。

（2）单击选定。单击选定栏（文档页面最左边的空白区域称为选定栏），选定一行文本。

（3）双击选定。双击选定栏，选定一段；在文本中双击选定一个词语。

（4）三击选定。三击选定栏，选定全文；在文本中三击选定该段。

2. 使用键盘选定文本

（1）选定单个字。将光标定位于待选汉字的左边，同时按下 Shift 键及右方向键→，或将光标定位于待选汉字的右边，同时按下 Shift 键及左方向键←。

（2）选定一行文本或多行文本。将光标定位于行首，同时按下 Shift 键及下方向键↓，连续按下方向键，则选定多行文档。

（3）选定全部文本。组合键 Ctrl+A。

3. 鼠标和键盘结合选定文本

（1）结合 Ctrl 键，可选定不连续的文本。

（2）结合 Shift 键，可选定连续的文本。

（3）按住 Alt 键并拖动鼠标，可选定矩形文本区域。

（三）复制和移动文本

当文档中有重复的内容时，可以使用复制文本的方法以减少录入的工作量。如果编辑文档时需要把某些内容从一个地方移到另一个地方，则应该使用移动文本的方法。

复制文本是将选定的文本复制至新位置，原来位置上的内容不变。移动文本则是将选定的文本移动到新位置，原来位置上的内容消失。可以使用鼠标拖动法和剪贴板复制或移动文本。

1. 使用剪贴方式复制文本

（1）选定要进行复制或移动的文本内容。

（2）单击“开始”选项卡→“剪贴板”组中的“复制”或“剪切”命令，也可按组合键 Ctrl+C 或 Ctrl+X。

（3）将光标移到目标位置，单击“开始”选项卡→“剪贴板”组→“粘贴”命令或按组合键 Ctrl+V，即可将剪贴板中的内容粘贴（即复制或移动）到目标位置。

单击“开始”选项卡下的“剪贴板”组右下角的按钮，可以打开“剪贴板”任务窗格。在 Word 2010 中，剪贴板可以保存多达 24 次的剪贴内容，并能在各应用程序中共享剪贴内容。当复制或剪切的次数超过 24 次时，Word 会自动清除最先保存的内容，保存当前剪切或复制的内容。

2. 使用鼠标拖动方式复制或移动文本

选定要移动的文本，再将鼠标指针指向选定的文本，然后直接拖动鼠标到目标位置。复制文本，则需按住 Ctrl 键的同时再拖动鼠标。

（四）删除文本

编辑文档时，如果要删除的字符较少，可以定位光标到需要删除的字符，再按 Delete 键或 Backspace 键删除字符。按 Delete 键可以删除光标后面的字符；按 Backspace 键可以删除光标前面的字符。如果要删除的内容较多，可以先选定要删除的内容，再做删除操作；如果选定文本后，再输入字符，则既删除所选文本，又在所选文本处插入新的字符。

（五）撤消与恢复

对于文本的删除、复制或移动等操作，Word 会自动记录下每一次操作以及内容的改变情况。通过这样的操作记录，用户利用 Word 的“撤消”和“恢复”功能，可以灵活方便地放弃现有的修改操作，恢复出以前某一次操作时的原来内容。

1. 撤消操作

利用 Word 撤消功能，可逐次放弃用户最近对文本所做的修改，而回到以前的文本状态。当输入、修改或编辑文本内容时，如果一不小心误删除了文本内容，可单击快速访问工具栏上的“撤消”按钮，或按组合键 Ctrl+Z，即可迅速将其撤消以恢复成修改之前的内容。

2. 恢复操作

“恢复”的功能刚好与“撤消”相反。如果想取消已做的“撤消”操作，可单击快速访问工具栏上的“恢复”按钮，或按组合键 Ctrl+Y，即可恢复出被撤消的内容。

（六）插入与改写方式

在 Word 文档窗口，可以使用“插入”和“改写”方式编辑文本。启动 Word 后，系统默认是“插入“方式，若要更改状态，可以单击状态栏中“插入”按钮或者按键盘上的 Insert 键。

“插入”方式下，在光标处输入的字符会插入到文本中；“改写”方式下，在光标处输入的字符会依次覆盖插入点后的字符。

（七）文本的查找与替换

在一个文档中要查找某些文字，或者对查找到的内容用其他内容进行替换，是用户在编辑排版过程中常见的操作之一。查找与替换的对象主要包括：文字、短语或词组，指定的格式，特殊字符等。

1. 查找

利用“查找”功能，可以在文档中快速找到指定的内容，并确定其出现的位置。其操作步骤如下：

（1）单击“开始”选项卡→“编辑”组→“查找”下拉菜单→“高级查找”命令，或按组合键 Ctrl+F，打开“查找和替换”对话框，如图 3-31 所示。

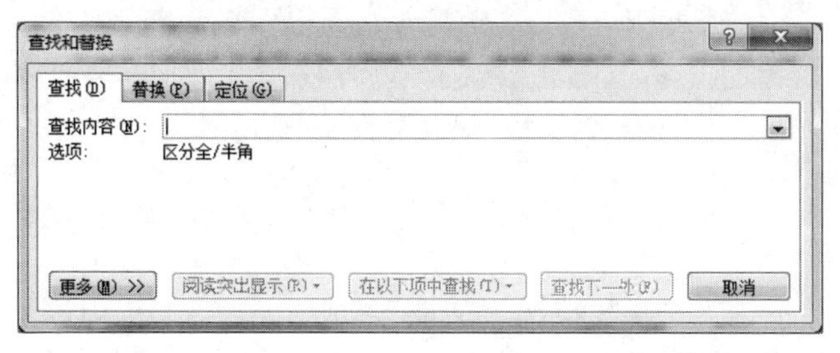

图 3-31 “查找和替换”对话框的“查找”选项卡

（2）在“查找内容”输入框中输入需要查找的内容。

（3）单击“查找下一处”按钮。于是，Word 将从当前光标所在位置开始向下搜索，然后将光标定位到已找到的指定内容第一次出现的位置，并将其内容反白显示。

如果需要继续查找，单击“查找下一处”按钮即可。

2. 替换

利用“替换”功能，可以快速方便的用指定内容替换已查找到的内容。

其操作步骤如下：

（1）单击“开始”选项卡→“编辑”组→“替换”按钮，或按组合键 Ctrl+H，打开“查找和替换”对话框。

（2）在“查找内容”和“替换为”输入框中分别输入查找内容和替换内容，如图 3-32 所示。

（3）单击“替换”按钮或“全部替换”按钮，以实现不同的“替换”操作。

若要查找的文本对象或替换后的文本内容带有指定的特殊格式，则须使用“查找和替换”对话框中的“更多”按钮操作来实现，如图 3-33 所示。

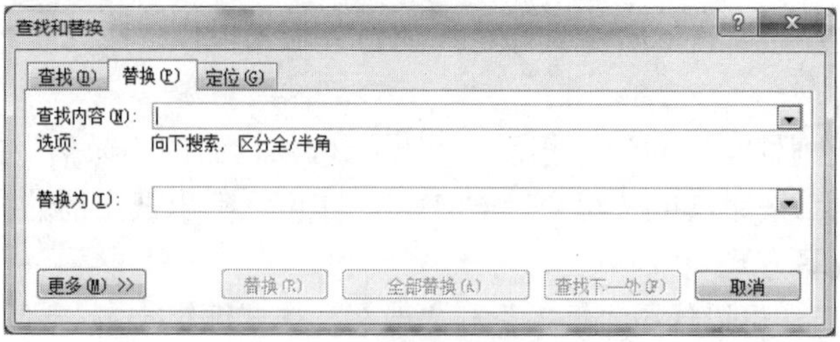

图 3-32 “查找和替换”对话框的“替换”选项卡

图 3-33 替换中的高级选项

任务实施

1．打开保存在学生盘的“学校概况”文档。

2．录入【样文】，如下所示。

【样文】：

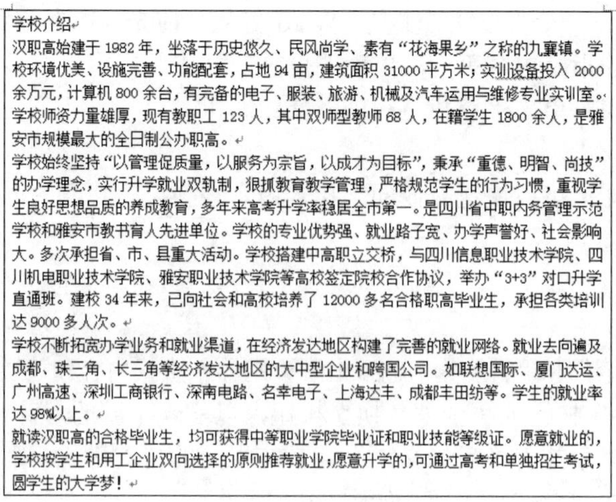

学校介绍

汉职高始建于 1982 年，坐落于历史悠久、民风尚学、素有“花海果乡”之称的九襄镇。学校环境优美、设施完善、功能配套，占地 94 亩，建筑面积 31000 平方米；实训设备投入 2000 余万元，计算机 800 余台，有完备的电子、服装、旅游、机械及汽车运用与维修专业实训室。学校师资力量雄厚，现有教职工 123 人，其中双师型教师 68 人，在籍学生 1800 余人，是雅安市规模最大的全日制公办职高。

学校始终坚持“以管理促质量，以服务为宗旨，以成才为目标”，秉承“重德、明智、尚技”的办学理念，实行升学就业双轨制，狠抓教育教学管理，严格规范学生的行为习惯，重视学生良好思想品质的养成教育，多年来高考升学率稳居全市第一。是四川省中职内务管理示范学校和雅安市教书育人先进单位。学校的专业优势强、就业路子宽、办学声誉好、社会影响大。多次承担省、市、县重大活动。学校搭建中高职立交桥，与四川信息职业技术学院、四川机电职业技术学院、雅安职业技术学院等高校签定院校合作协议，举办“3+3”对口升学直通班。建校 34 年来，已向社会和高校培养了 12000 多名合格职高毕业生，承担各类培训达 9000 多人次。

学校不断拓宽办学业务和就业渠道，在经济发达地区构建了完善的就业网络。就业去向遍及成都、珠三角、长三角等经济发达地区的大中型企业和跨国公司。如联想国际、厦门达运、广州高速、深圳工商银行、深南电路、名幸电子、上海达丰、成都丰田纺等。学生的就业率达 98%以上。

就读汉职高的合格毕业生，均可获得中等职业学院毕业证和职业技能等级证。愿意就业的，学校按学生和用工企业双向选择的原则推荐就业；愿意升学的，可通过高考和单独招生考试，圆学生的大学梦！

3．使用“改写”方式，把第 2 段中的“介绍”改为“概况”。
4．任意删除一块文本，使用“撤消”或“恢复”，观察屏幕显示结果。
5．将文档中的“汉职高”更改为“汉源县职业高级中学”。
6．保存修改过的文档。

项目三 Word 2010 文档的修饰

任务情景

设计一篇美观的文档，除了输入和编辑之外，还有一项重要的工作就是对文档排版。“学校概况”文档的内容已写好，还需要对整个文档进行美化。

任务分析

- 字符格式的设置
- 段落格式的设置
- 项目符号和编号的设置
- 边框和底纹的设置
- 分栏的方法

知识准备

为了使文档更加美观，还需对文档进行格式化操作。格式化包括设置文字格式、段落格式和页面格式。通常用户不满足于 Word 的默认格式，需要进行重新设置。如设置文字的字体、字号与颜色及段落文本的对齐方式等。

一、设置字符格式

在 Word 中，字符可以是一个汉字、一个字母、一个数字或一个单独的符号。设置字符格式包括设置字符的字体、字号、字形、颜色和字符间距等。字体指定字符的书写风格；字号指定字符的大小；字形指定字符笔画的粗细、字符的倾斜度等。

（一）设置字体和字号

1．“字体”组中设置

在对文字格式化之前，必须首先选定要改变格式的文字。“开始”选项卡下“字体”组中提供了与字体相关的格式设置工具，如图 3-34 所示，在字体和字号下拉列表直接设置字体和字号。

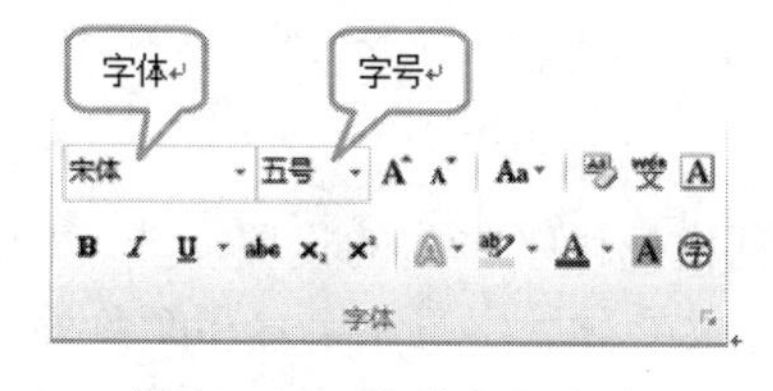

图 3-34 “字体”组命令

2. “字体”对话框中设置

在 Word 2010 中，默认的字体为“宋体”，默认的字号为“五号”，可以按下述操作来改变字体和字号：

（1）选定要改变字体和字号的文本。

（2）单击“开始”选项卡→“字体”组右下角的按钮，打开“字体”对话框，如图 3-35 所示。

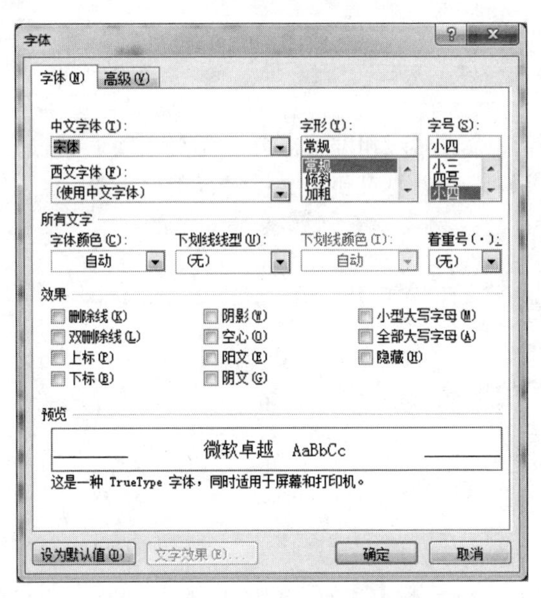

图 3-35 “字体”对话框

（3）选择“字体”选项卡，然后在“中文字体”和“字号”下拉列表框中分别设置字体和字号。

（4）单击“确定”按钮，完成设置。

（二）设置字形和颜色

在默认状态下，字符不倾斜，也没有下划线。“字体”组中提供了对文本设置“加粗”“倾斜”“下划线”“字符边框”“字符底纹”“字符缩放”“上标”“下标”“删除线”“带圈字符”和“字体颜色”等按钮。若要对已选定的文本设置“加粗”“倾斜”等效果，只要单击相应的按钮即可，如图 3-36 所示。也可在“字体”对话框中设置。

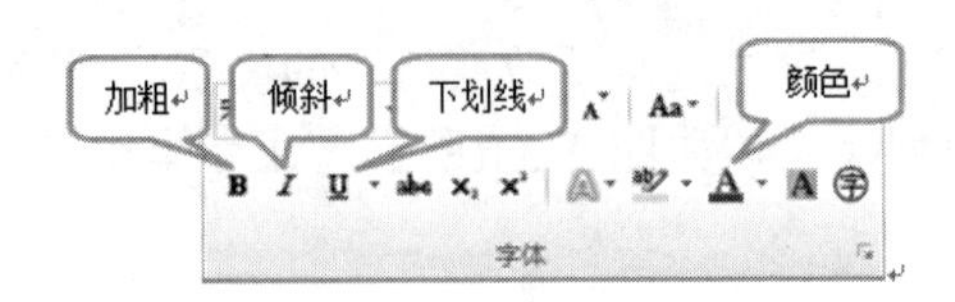

图 3-36 “字体”组命令

（三）特殊格式的设置

Word 2010 的“字体”对话框提供了丰富的设置功能。“字体”对话框下的“字体”选项卡中除了可以设置中文字体、西文字体、字形、字号和颜色外，还可以设置文字特殊效果，如设置阴影、空心、阳文、阴文以及其他效果；在其“字符间距”选项卡中，可以进行“缩放”

“间距”“位置”等设置。

1. 设置缩放、间距和位置

（1）选定要进行设置的文本内容。

（2）单击“开始”选项卡→“字体”组右下角的按钮，打开“字体”对话框。

（3）在对话框中，单击“高级”选项卡。如图 3-37 所示。

图 3-37　“字体”对话框“高级”选项卡

（4）设置适当的缩放、字符位置与间距值。

（5）单击“确定”按钮。

缩放大于 100%则文字变宽，小于 100%则文字变窄。间距有标准、加宽、紧缩 3 类。位置有标准、提升、降低 3 类。

2. 设置文字特殊效果

（1）选定要设置特殊效果的文本内容。

（2）单击“开始”选项卡→“字体”组右下角的按钮，打开“字体”对话框。

（3）在对话框中，单击“字体”选项卡。

（4）在效果选择区内，选中某种效果。

（5）单击“确定”按钮。

如图 3-38 所示为一部分文字特殊效果。

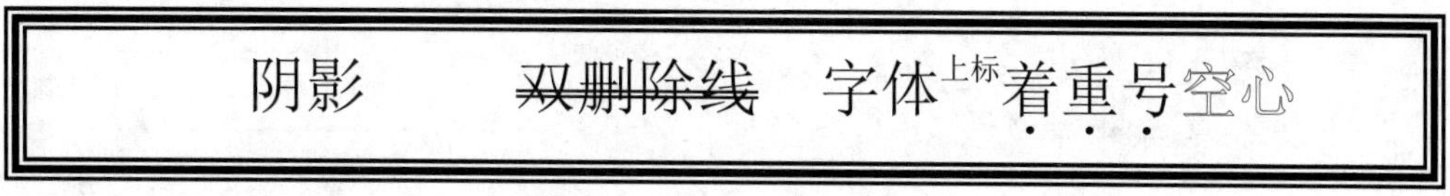

阴影　~~双删除线~~　字体上标　着重号　空心

图 3-38　设置文字特殊效果

二、设置段落格式

对文档排版的另一个重要工作就是设置段落的格式。设置段落格式包括对齐方式、缩进方式、段落间距和行距等。

设置段落格式时，通常先选定段落，再设置段落格式。如果没有选定段落，那么设置对光标所在的段落起作用。设置某个段落的格式后，如果在该段落末尾按 Enter 键，则新增段落的格式和上一段落的格式相同。

（一）设置段落的对齐方式

Word 2010 提供了 5 种段落对齐方式，即：左对齐、右对齐、两端对齐、居中对齐、分散对齐。效果如表 3-2 所示。

表 3-2　段落的对齐方式

对齐方式	效果
左对齐	汉源县职业高级中学
居中对齐	汉源县职业高级中学
右对齐	汉源县职业高级中学
两端对齐	汉源县职业高级中学
分散对齐	汉　源　县　职　业　高　级　中　学

Word 默认的段落对齐方式是“两端对齐”。段落设置的方法有以下两种：

（1）单击“开始”选项卡→“段落”组中的命令来设置，如图 3-39 所示。

（2）单击“开始”选项卡→“段落”组右下角的按钮，打开“段落”对话框，在“缩进与间距”选项卡下设置“对齐方式”，如图 3-40 所示。

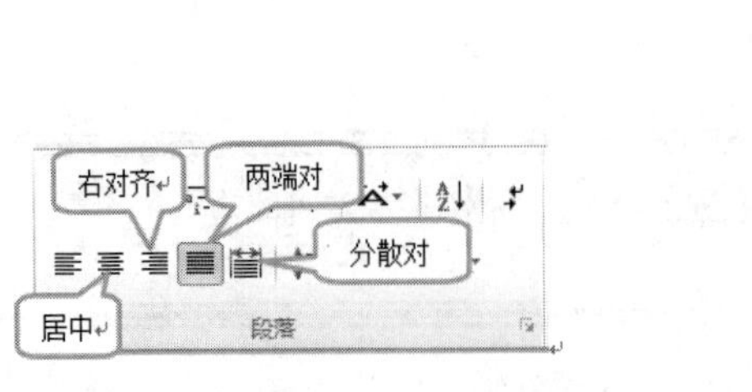

图 3-39　“段落”组命令

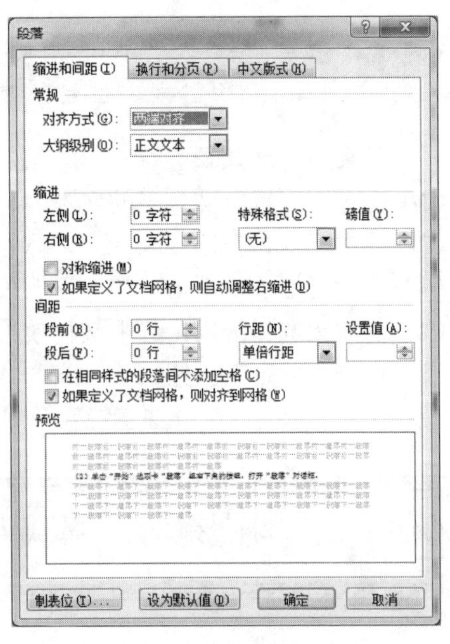

图 3-40　“段落”对话框

（二）设置段落缩进方式

段落缩进方式有左缩进、右缩进、首行缩进和悬挂缩进 4 种。左缩进是段落的左边界缩进；右缩进是段落的右边界缩进；首行缩进是段落的第一行缩进，其余各行不缩进；悬挂缩进是段落的第一行不缩进，其余各行缩进。其效果如图 3-41 所示。

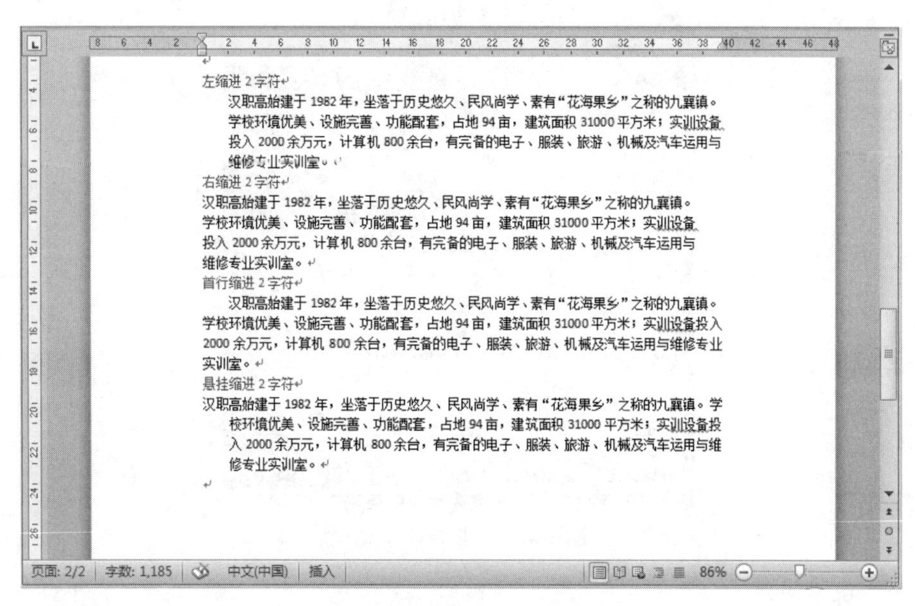

左缩进 2 字符

汉职高始建于 1982 年，坐落于历史悠久、民风尚学、素有“花海果乡”之称的九襄镇。学校环境优美、设施完善、功能配套，占地 94 亩，建筑面积 31000 平方米；实训设备投入 2000 余万元，计算机 800 余台，有完备的电子、服装、旅游、机械及汽车运用与维修专业实训室。

右缩进 2 字符

汉职高始建于 1982 年，坐落于历史悠久、民风尚学、素有“花海果乡”之称的九襄镇。学校环境优美、设施完善、功能配套，占地 94 亩，建筑面积 31000 平方米；实训设备投入 2000 余万元，计算机 800 余台，有完备的电子、服装、旅游、机械及汽车运用与维修专业实训室。

首行缩进 2 字符

汉职高始建于 1982 年，坐落于历史悠久、民风尚学、素有“花海果乡”之称的九襄镇。学校环境优美、设施完善、功能配套，占地 94 亩，建筑面积 31000 平方米；实训设备投入 2000 余万元，计算机 800 余台，有完备的电子、服装、旅游、机械及汽车运用与维修专业实训室。

悬挂缩进 2 字符

汉职高始建于 1982 年，坐落于历史悠久、民风尚学、素有“花海果乡”之称的九襄镇。学校环境优美、设施完善、功能配套，占地 94 亩，建筑面积 31000 平方米；实训设备投入 2000 余万元，计算机 800 余台，有完备的电子、服装、旅游、机械及汽车运用与维修专业实训室。

页面: 2/2 字数: 1,185 中文(中国) 插入 86%

图 3-41 段落缩进效果图

1. 利用标尺进行缩进

段落缩进可以利用文档窗口的水平标尺进行设置。在水平标尺中有“悬挂缩进”“左缩进”“首行缩进”和“右缩进”几个缩进标志，如图 3-42 所示。通过鼠标来移动它们就可以快速为选定段落设置缩进方式。

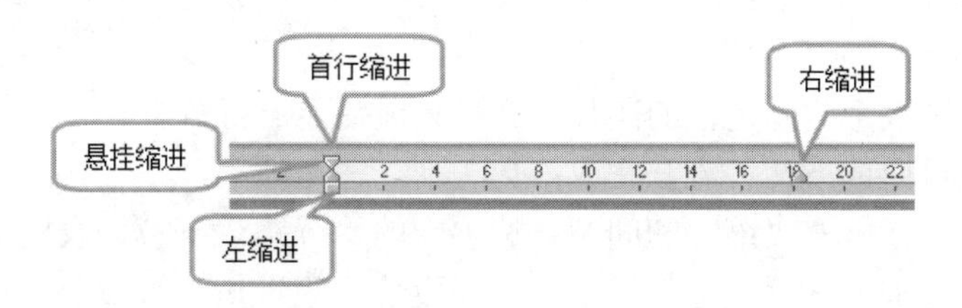

图 3-42 水平标尺上的缩进标记

2. 利用“段落”对话框设置缩进

（1）单击“开始”选项卡→“段落”组右下角的按钮，打开“段落”对话框，如图 3-43 所示。

（2）在“缩进和间距”选项卡下的“缩进”选择区，用户可在“左侧”“右侧”等项中分别进行设置，同时在“预览”框内可观察其效果。

（3）单击“确定”按钮，完成缩进设置。

（三）设置段落间距和行距

段间距是指文章中段落与段落之间的距离，行距则指某段中行与行之间的距离。

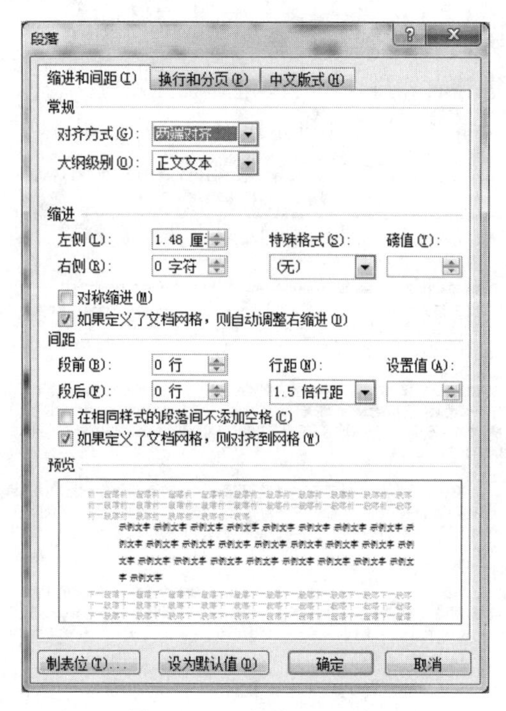

图 3-43　“段落”对话框

1. 设置段落间距

（1）将光标定位到需要设置的段落中。

（2）单击“开始”选项卡→“段落”组右下角的按钮，打开“段落”对话框。

（3）在“缩进和间距”选项卡的“段前”“段后”微调框设置段前间距和段后间距。

（4）单击“确定”按钮。

2. 设置行距

行距分为单倍行距、1.5 倍行距、2 倍行距、最小值、固定值、多倍行距。默认行距为“单倍行距”。设置行距为“最小值”时，行距会根据字体大小自行调整；设置行距为“固定值”时，会导致一些高度大于此固定值的图片或文字只能显示一部分。

设置文字行距可用如下两种方法完成：

（1）“段落”对话框→“缩进和间距”选项卡的“行距”下拉列表框中设置行距。

（2）“开始”选项卡→“段落”组中“行和段落间距”按钮来设置。

三、设置项目符号和编号

添加项目符号或编号，可以提高文档的可读性。手工输入项目符号或编号，既增加了用户输入工作量，又不易插入或删除。为此 Word 2010 提供了自动建立项目符号或编号的功能。

（一）自动创建项目符号和编号

如果要在键入文本时自动创建项目符号和编号，可使用如下方法：

（1）在录入文本的时候，可在文本前输入“1.”“1)”“一、”●、◆等。

（2）键入空格，再输入所需的文本。

（3）按 Enter 键添加下一个项目时，Word 2010 会自动插入一个项目符号或编号。

（二）对已有的文本添加项目符号或编号

如果要对已有的文本添加项目符号或编号，操作步骤如下：

（1）选定要添加项目符号或编号的段落。

（2）选择“开始”选项卡→“段落”，单击“项目符号”“编号”或“多级列表”右边的下拉按钮，如图 3-44 所示，在下拉菜单中选择对应的选项，也可以选择“定义新项目符号”，在“项目符号”对话框中设置，编号和多级列表操作相同。

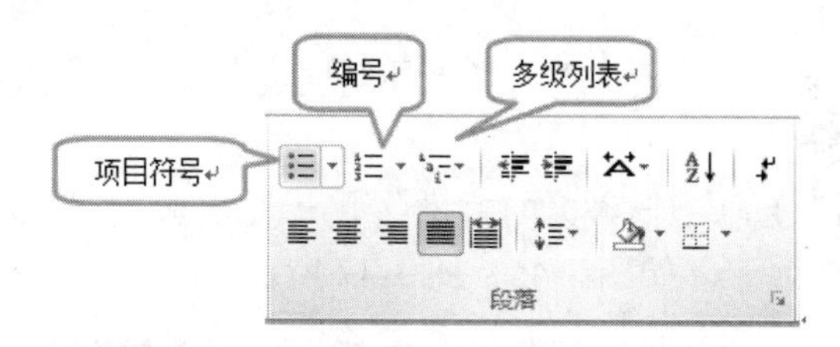

图 3-44　“项目符号”和“编号”命令

当对 Word 提供的项目符号不满意时，可单击“项目符号”对话框中的“定义新项目符号”，根据显示的对话框进行选择，如图 3-45 所示。

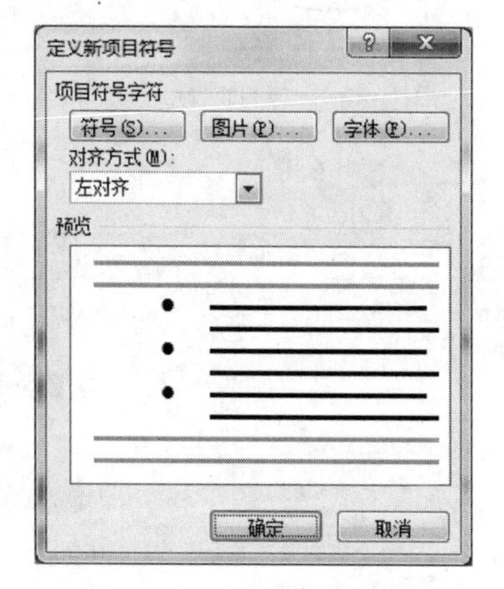

图 3-45　定义新项目符号

创建编号和多级列表与定义项目符号的操作相同，只是在段落区域中分别选择的是“编号”和“多级列表”按钮，后面的操作步骤一样。

四、设置边框和底纹

（一）设置边框

在 Word 中，可以通过添加边框来将文本与文档中的其他部分区分开来。为选定的文本添加边框，可起到强调和突出的作用。不仅可以为一段文字或整篇文档添加边框，也可以为表格或一个单元格添加边框。效果如【样文】所示。

【样文】：

学校师资力量雄厚，现有教职工 123 人，其中双师型教师 68 人，在籍学生 1800 余人，是雅安市规模最大的全日制公办职高。

1. 设置字符的边框

（1）选定要添加边框的文本。

（2）单击“开始”选项卡→“字体”（A按钮）→“边框”（按钮），为选择的文本添加文本边框。如果选择多行文字，则行间也会显示边框。

2. 设置段落的边框

（1）在“段落”组中设置。

1）选定要添加边框的段落。

2）单击“开始”选项卡→“段落”组→“外侧框线”按钮，为选择的段落添加文本边框。

（2）使用对话框设置。

1）单击“页面布局”选项卡→“页面背景”组→“页面边框”按钮，打开“边框和底纹”对话框，选择“边框”选项卡，如图 3-46、图 3-47 所示。

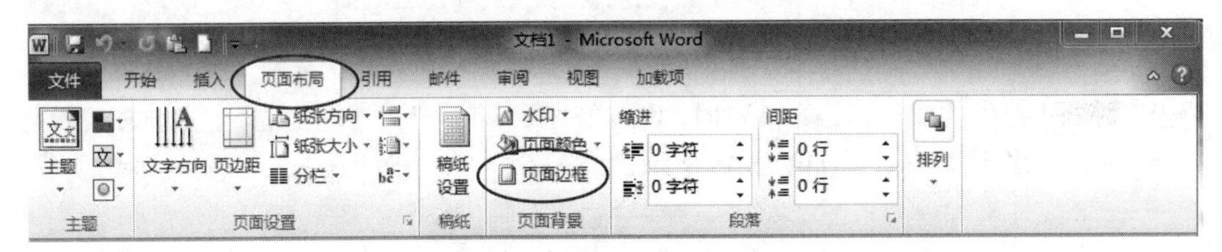

图 3-46 “页面边框”按钮

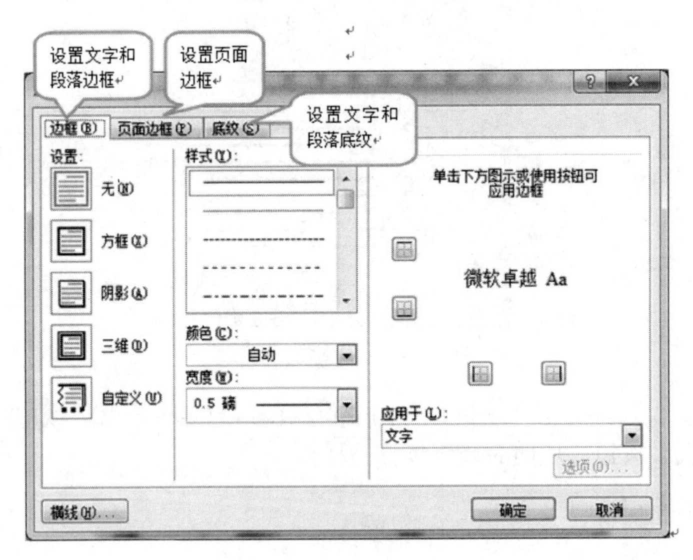

图 3-47 “边框和底纹”对话框

2）在“设置”区域选择边框的样式，在“样式”列表框中选择需要的线型，在“颜色”列表框中选择需要的颜色，在“宽度”下拉列表中选择需要的线宽。

3）在“预览”区域选择要添加边框的位置，在“应用于”下拉列表中选择“文字”或“段落”，注意文字边框和段落边框的区别是很大的。

4）如果要为整个文档添加页面边框则在“边框和底纹”对话框，选择“页面边框”选项卡。

5）设置完毕，单击“确定”按钮。

（二）添加底纹

在 Word 2010 中，还可以通过添加底纹来突出显示文本，起到强调和突出的作用，效果如【样文】所示。

【样文】：

就读职高的合格毕业生，均可获得中等职业学院毕业证和职业技能等级证。愿意就业的，学校按学生和用工企业双向选择的原则推荐就业；愿意升学的，可通过高考和单独招生考试，圆学生的大学梦！

1. 为选定的文本添加底纹

选择需要添加底纹的文字，单击“开始”选项卡→“字体”组→“字符”按钮 A，为选择的文字添加底纹。如果选择多行文字，行间不会显示底纹。

2. 为整个段落添加底纹

（1）选定要添加底纹的文本或段落。

（2）单击“页面布局”选项卡→“页面背景”组→“页面边框”按钮，打开“边框和底纹”对话框，选择“底纹”选项卡，如图 3-48 所示。

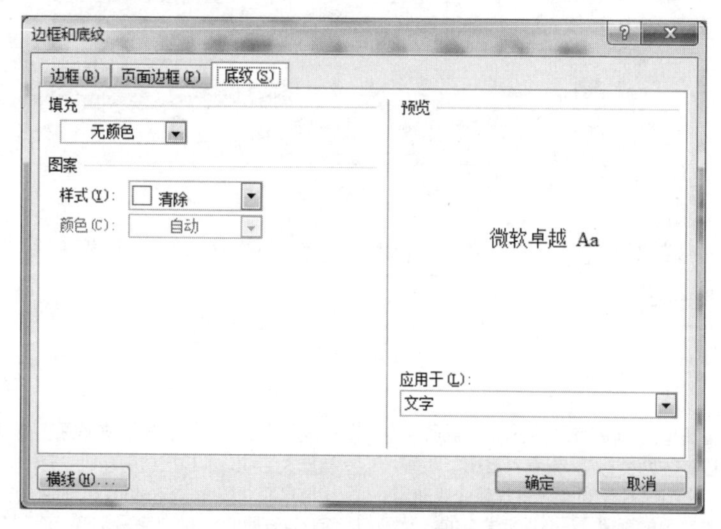

图 3-48　“底纹”选项卡

（3）在“填充”区域中选择一种填充颜色。

（4）在“图案”区域的“样式”下拉列表框中选择一种应用于填充颜色上层的底纹样式。

（5）单击“确定”按钮。

五、设置分栏

Word 2010 提供了分栏排版功能，可对文档设置多栏版式。多栏版式类似于报纸的排版方式，可使文档更容易阅读，版面更加美观。Word 2010 预设了 6 种样式，分别为：一栏、两栏、三栏、偏左、偏右、更多分栏。分栏的操作方法如下：

（1）选定需要分栏的文本。

（2）单击“页面布局”选项卡→“页面设置”组→“分栏”按钮，选择“更多分栏”选项，打开“分栏”对话框，如图 3-49、图 3-50 所示。

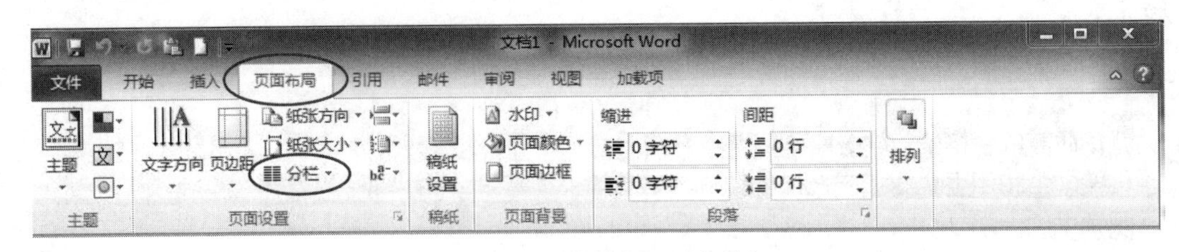

图 3-49　“页面布局”选项卡

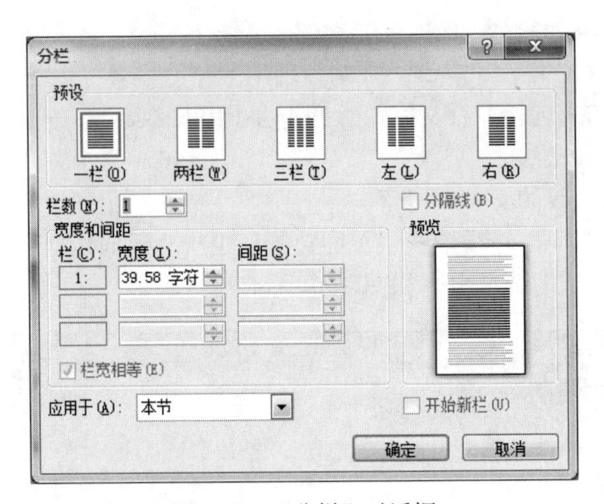

图 3-50　“分栏”对话框

（3）在“分栏”对话框中，选择所需要的栏数，取消勾选“栏宽相等”，可设置不同的栏宽和间距，也可勾选“分隔线”显示分隔线。

（4）设置好后，单击“确定”按钮，效果如【样文】所示。

【样文】:

学校始终坚持“以管理促质量，以服务为宗旨，以成才为目标”，秉承“重德、明智、尚技”的办学理念，实行升学就业双轨制，狠抓教育教学管理，严格规范学生的行为习惯，重视学生良好思想品质的养成教育，多年来高考升学率稳居全市第一。是四川省中职内务管理示范学校和雅安市教书育人先进单位。学校的专业优势强、就业路子宽、办学声誉好、社会影响大。多次承担省、市、县重大活动。学校搭建中高职立交桥，与四川信息职业技术学院、四川机电职业技术学院、雅安职业技术学院等高校签定院校合作协议，举办“3+3”对口升学直通班。建校 34 年来，已向社会和高校培养了 12000 多名合格职高毕业生，承担各类培训达 9000 多人次。

取消分栏时，分栏下拉列表中选择“一栏”选项即可。

六、特殊排版方式

前面介绍了常规的排版方式，在 Word 2010 中还可以进行一些特殊的排版方式。

（一）首字下沉

首字下沉就是将某一段落开头的第一个字进行特殊设置（字形、字体、字号和字的颜色设置等），这样将起到非常醒目的作用，常常为报刊、杂志的排版所采用。

（1）单击“插入”选项卡→“文本”组→“首字下沉”按钮→“首字下沉选项”，打开“首字下沉”对话框，如图 3-51 所示。

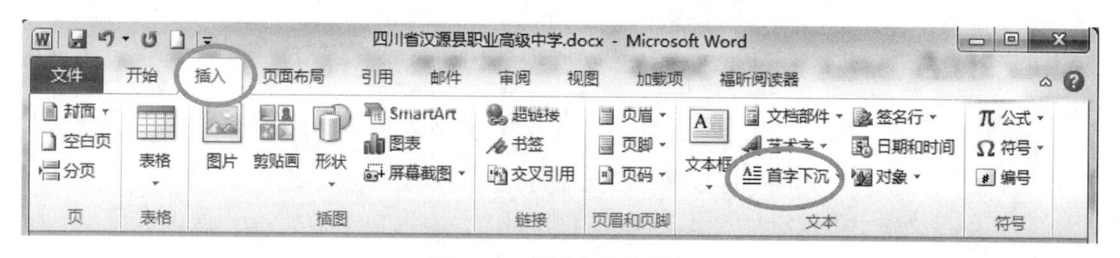

图 3-51 “插入”选项卡

（2）“首字下沉”对话框中，可选择下沉的方式，如图 3-52 所示。其中“位置”选择区提供了 3 种选择：第一种为“无（N）”，第二种为“下沉〔D〕”，第三种为“悬挂（M）”。

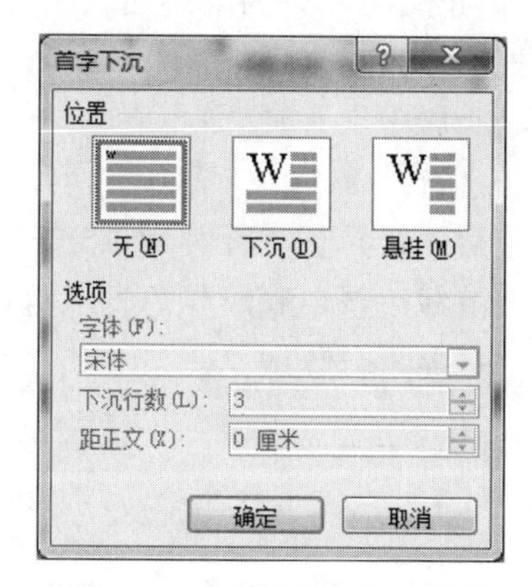

图 3-52 “首字下沉”对话框

（3）选择位置为“下沉”，字体为“宋体”，下沉行数为 3，距正文为 0cm。单击“确定”按钮，效果如【样文】所示。

【样文】:

汉职高始建于 1982 年，坐落于历史悠久、民风尚学、素有“花海果乡”之称的九镇。学校环境优美、设施完善、功能配套，占地 94 亩，建筑面积 31000 平方米实训设备投入 2000 余万元，计算机 800 余台，有完备的电子、服装、旅游、机及汽车运用与维修专业实训室。

（二）设置文字方向

我们还可以根据需要为整个文档或文本框中的文本设置不同的文字方向。设置方法如下：

（1）选定要改变文字方向的文本。

（2）单击“页面布局”选项卡→“页面设置”组→“文字方向”按钮，直接选择文字的方向，或者选择“文字方向选项”，打开“文字方向”对话框，如图 3-53 所示。

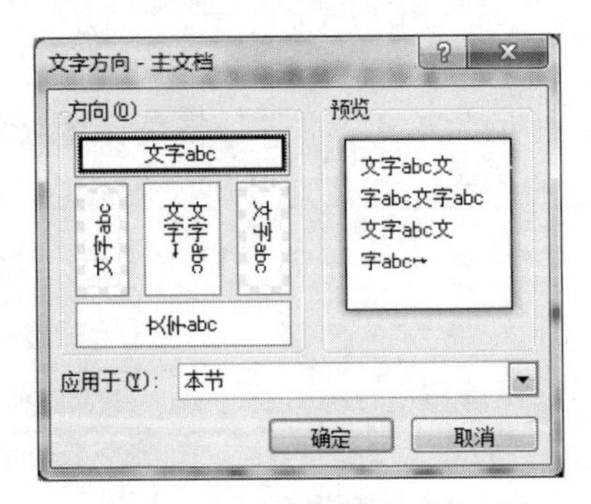

图 3-53 “文字方向”对话框

（3）在对话框的“方向”区选择一种文字方向。

（4）单击“确定”按钮。

任务实施

1．第一行字体设为“华文行楷”，正文字体设为“楷体”。

2．第一行字号设为“二号”，正文字号设为“小四”。

3．将第二段中“是雅安市规模最大的全日制公办职高”设为“红色”。

4．第一行标题对齐方式设为“居中”。

5．设置正文各段首行缩进 2 字符。

6．第一行标题段间距设为段后 1 行，正文行距为 1.5 倍。

7．为正文最后一段添加双波浪线边框，底纹颜色为“橙色，强调文字颜色 6”。

8．将正文第三段分为两栏，并显示分隔线。

效果如【样文】所示。

【样文】:

学校概况

汉源县职业高级中学始建于 1982 年，坐落于历史悠久、民风尚学、素有“花海果乡”之称的九襄镇。学校环境优美、设施完善、功能配套，占地 94 亩，建筑面积 31000 平方米；实训设备投入 2000 余万元，计算机 800 余台，有完备的电子、服装、旅游、机械及汽车运用与维修专业实训室。

学校师资力量雄厚，现有教职工 123 人，其中双师型教师 68 人，在籍学生 1800 余人，是雅安市规模最大的全日制公办职高。

学校始终坚持“以管理促质量，以服务为宗旨，以成才为目标”，秉承“重德、明智、尚技”的办学理念，实行升学就业双轨制，狠抓教育教学管理，严格规范学生的行为习惯，重视学生良好思想品质的养成教育，多年来高考升学率稳居全市第一，是四川省中职内务管理示范学校和雅安市教书育人先进单位。学校的专业优势强、就业路子宽、办学声誉好、社会影响大。多次承担省、市、县重大活动。学校搭建中高职立交桥，与四川信息职业技术学院、四川机电职业技术学院、雅安职业技术学院等高校签署院校合作协议，举办“3+3”对口升学直通班。建校 34 年来，已向社会和高校培养了 12000 多名合格职高毕业生，承担各类培训达 9000 多人次。

拓宽办学业务和就业渠道，在经济发达地区构建了完善的就业网络。就业去向遍及成都、珠三角、长三角等经济发达地区的大中型企业和跨国公司，如联想国际、厦门达运、广州高速、深圳工商银行、深南电路、名幸电子、上海达丰、成都丰田纺等。学生的就业率达 98%以上。

就读汉源县职业高级中学的合格毕业生，均可获得中等职业学院毕业证和职业技能等级证。愿意就业的，学校按学生和用工企业双向选择的原则推荐就业；愿意升学的，可通过高考和单独招生考试，圆学生的大学梦！

项目四　Word 2010 的图文混排

任务情景

在“学校概况”文档中插入图形，让文档获得图文并茂的版面效果，更好地介绍汉源县职业高级中学。

任务分析

- 插入和设置艺术字
- 图片格式的设置
- 绘制和编辑自选图形
- 插入和使用文本框
- 插入页眉、页脚和页码
- 插入脚注、尾注和批注
- 文档输出

知识准备

Word 2010 提供了强大的图文混排功能。在 Word 文档中除了文字内容外还可以加入精美的图案、图片、艺术字、文本框等来丰富文本，使编辑出的文档图文并茂，更加形象生动。

一、插入图片与艺术字

（一）插入图片

1. 插入剪贴画

将剪贴画插入到当前文档中的操作方法：

（1）将光标定位到当前文档要插入剪贴画的位置。

（2）单击“插入”选项卡→“插图”组→“剪贴画”按钮，如图 3-54 所示。

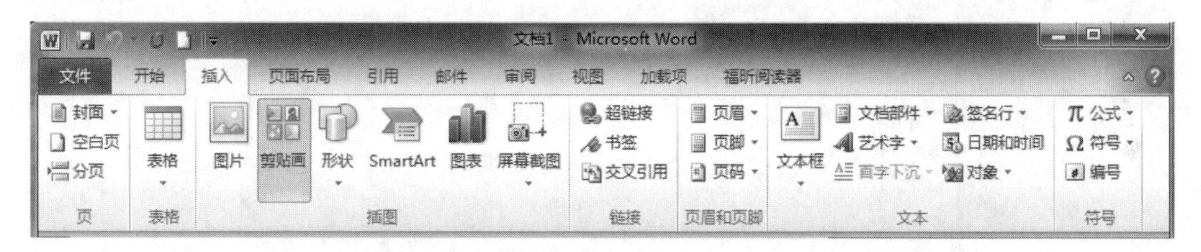

图 3-54　“插入”选项卡的“剪贴画”按钮

打开“剪贴画”任务窗格，如图 3-55 所示。在其上的“搜索文字”框中输入剪贴画的关键字，若不输入任何关键字，则 Word 会搜索所有的剪贴画。在设定搜索范围和结果类型之后，单击“搜索”按钮进行搜索。

（3）在搜索的“结果”区中单击剪贴画，选中的剪贴画被插入到文档中。

图 3-55　“剪贴画”窗格

2. 插入来自文件的图片

在文档中插入来自文件图片的操作方法：

（1）将光标定位到当前文档要插入图片的位置。

（2）单击“插入”选项卡→“插图”组→“图片”按钮，打开“插入图片”对话框，如图 3-56 所示。

图 3-56　“插入图片”对话框

（3）找到要插入的图片所在的文件夹。在“文件类型”列表框中选择图片文件的类型，通常可选“所有图片”，然后在文件列表中选中要插入的图片文件名。

（4）单击“插入”按钮，完成图片的插入。

（二）插入和编辑艺术字

1. 插入艺术字

“艺术字”是 Word 对文字图片化处理的一种工具，艺术字可以使标题更加活泼、美观。其操作步骤如下：

（1）将光标定位到当前文档要插入艺术字的位置，也可选定要变为艺术字的文本。

（2）单击“插入”选项卡→“文本”组→“艺术字”按钮，打开艺术字样式下拉列表，如图 3-57 所示。

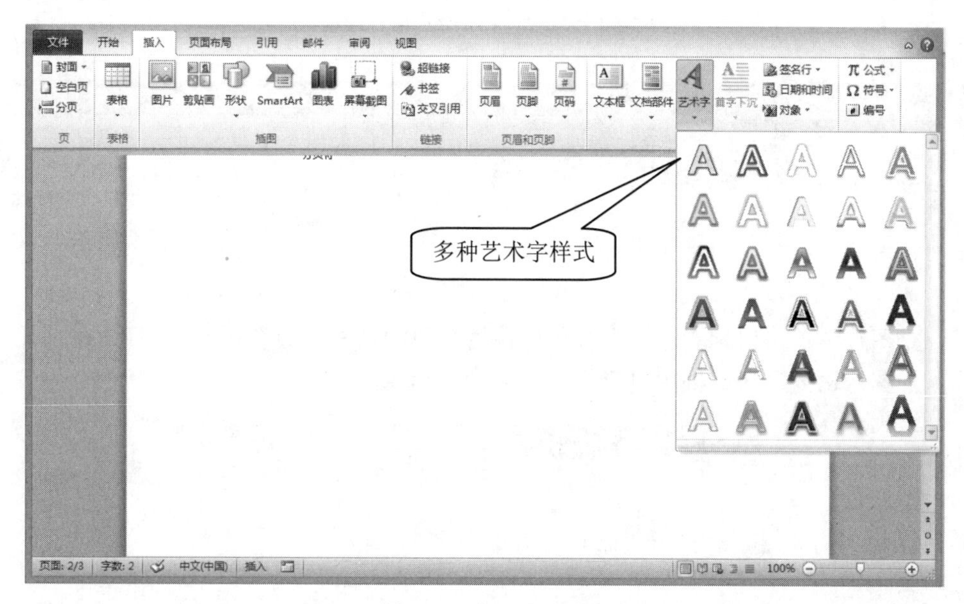

图 3-57　插入艺术字

（3）选择需要的艺术字样式，则输入文字变为艺术字，如图 3-58 所示。

图 3-58　选择“艺术字”样式效果

2. 编辑艺术字

单击选中插入的艺术字，会打开“艺术字”工具栏，如图 3-59 所示，使用此工具栏中的按钮，可以对艺术字进行编辑。

二、图片格式的设置

插入图片之后，可对它进行格式设置，如设置图片位置、缩放、裁剪、图片环绕方式等。设置图片格式有两种方法：

➢　在图片上单击鼠标左键，标题栏上弹出“图片工具”栏，如图 3-60 所示。

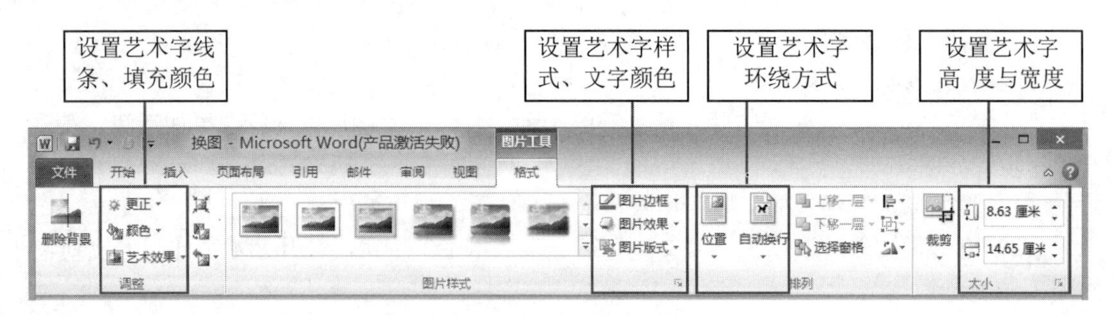

图 3-59　“艺术字”格式设置选项卡

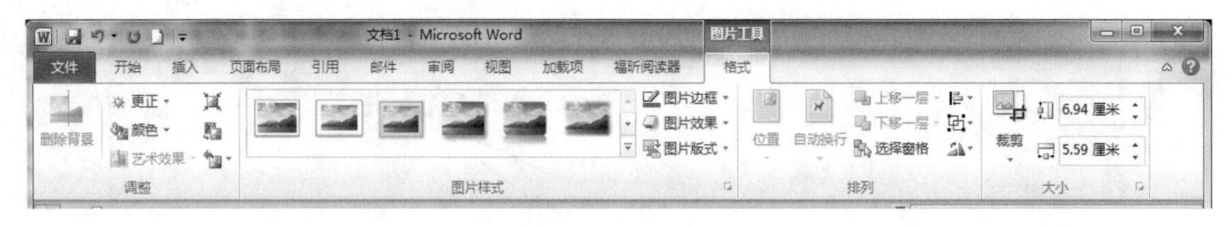

图 3-60　图片工具

➢ 在图片上单击鼠标右键，在弹出的快捷菜单中选择“设置图片格式”，在打开的“设置图片格式”对话框中进行设置，如图 3-61 所示。

图 3-61　“设置图片格式”对话框

（一）改变图片的大小

调整图片的大小可通过单击选中图片，在图片的四周会弹出 8 个黑色的小方块，称为控制点，将鼠标指针移到图片控制点按住鼠标左键并拖动到需要的大小即可。也可在“图片工具”→“格式”选项卡→“大小”组中设置。

（二）裁剪图片

（1）选定要裁剪的图片。

（2）单击“图片工具”→“格式”选项卡→“大小”组→“裁剪”按钮，图片周围出现

8 个方向的裁剪控制柄。

（3）在裁剪按制柄上按住鼠标左键，向图片内拖动即可。

（4）如果要恢复被裁剪掉的部分，只要在步骤（3）中按住鼠标左键向图片外拖动即可。

（5）若要精确地对图片进行缩放和裁剪，可打开“设置图片格式”对话框进行设置。

（三）设置图片环绕方式

图片作为字符插入到 Word 中，其位置随着其他字符的改变而改变，不能自由移动图片。通过对图片设置文字环绕方式，则可以自由移动图片的位置。图片与文字的关系即图片环绕方式常见的有以下几种，如图 3-62 所示。

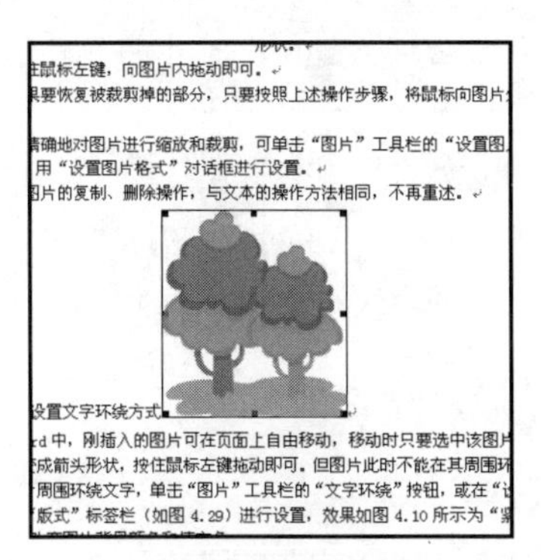

（a）嵌入型环绕

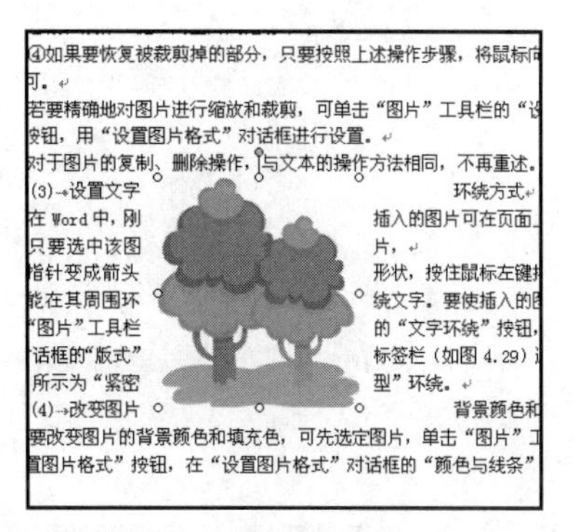

（b）四周型环绕

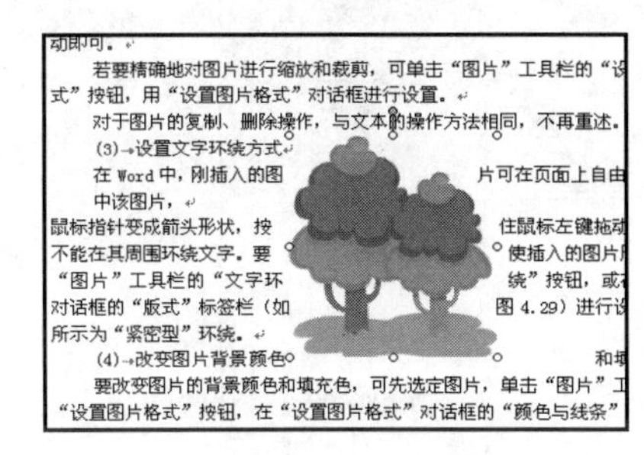

（c）紧密型环绕

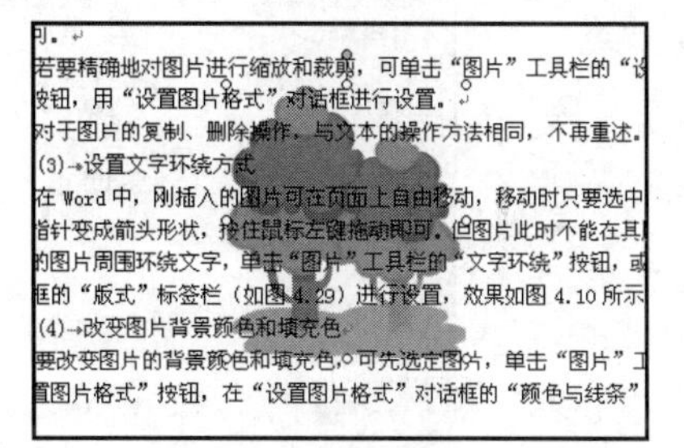

（d）衬于文字下方

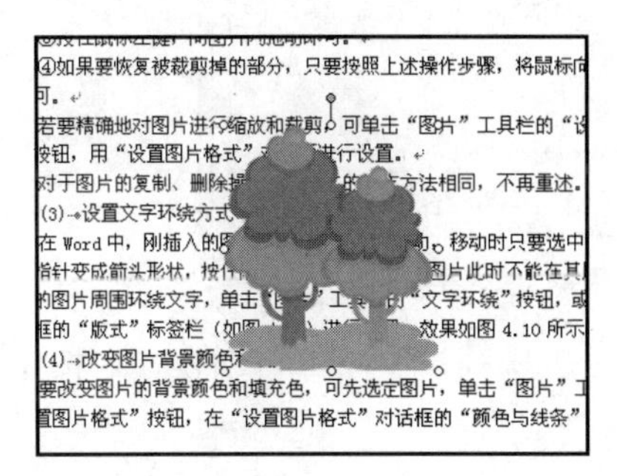

（e）浮于文字上方

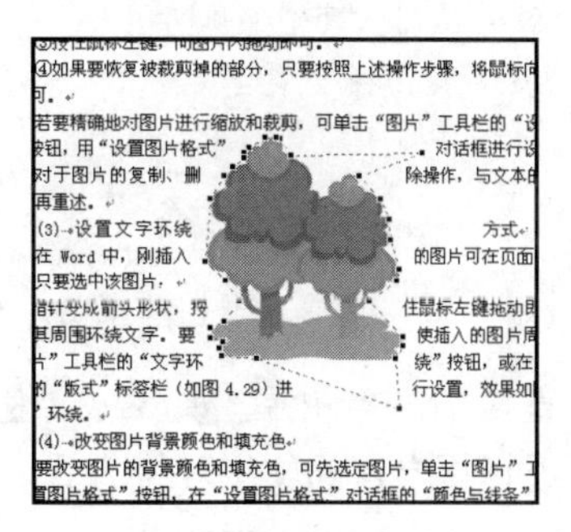

（f）编辑环绕顶点

图 3-62　文字环绕方式

Word 2010 中，将图片插入到文档中，默认为嵌入式。要想改变图片的环绕方式，可单击“图片工具”→“格式”选项卡→“排列”组→“位置”按钮下 9 种文字环绕方式，如图 3-63

所示，也可单击“其他布局”选项，打开“布局”对话框，如图 3-64 所示。

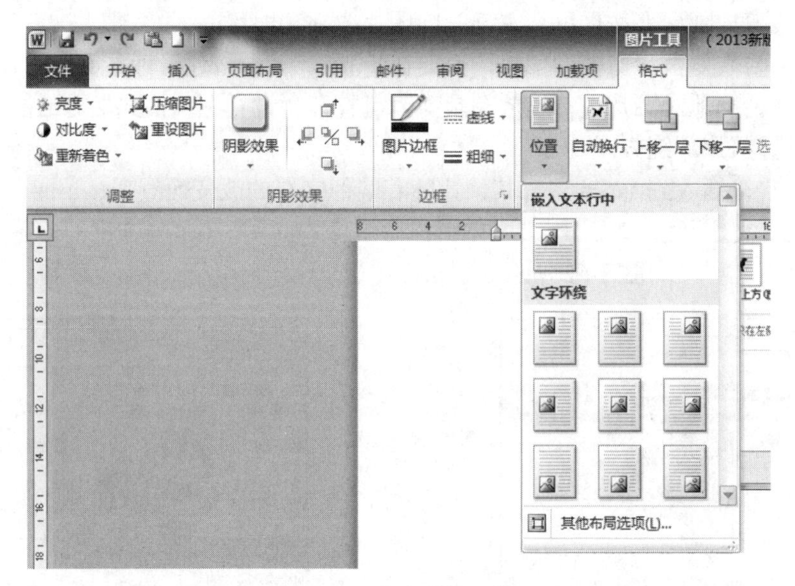

图 3-63　文字环绕工具

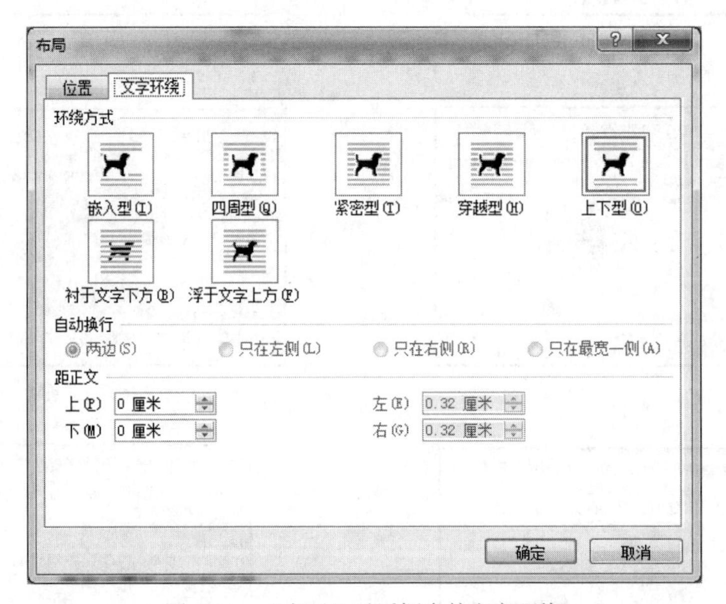

图 3-64　“布局”对话框中的文字环绕

也可直接单击“图片工具”→“格式”选项卡→“排列”组→“自动换行”按钮，在下拉列表中选择更丰富的文字环绕方式。

三、绘制和编辑自选图形

在 Word 2010 文档中除可以插入图片外，Word 2010 还具有绘图功能。利用绘图工具可以在文档中绘制包括基本图形和自选图形在内的各种图形，并可以为绘制的图形设置填充颜色、阴影和三维效果等。

（一）绘制自选图形

（1）单击“插入”选项卡→“插图”组→“形状”按钮，打开形状面板，如图 3-65 所示。

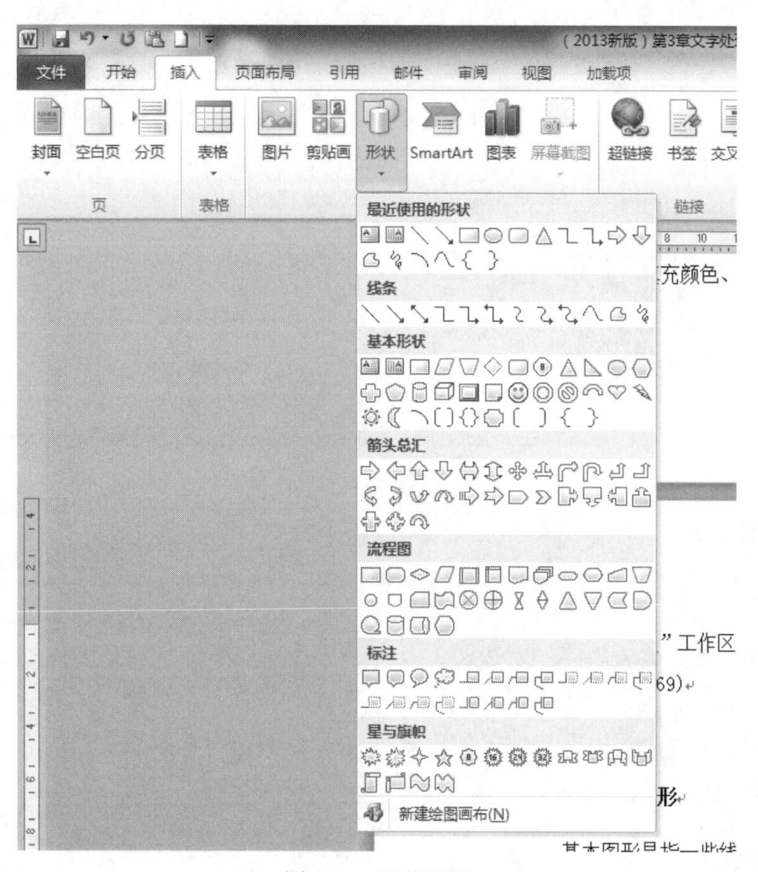

图 3-65　形状面板

（2）单击形状面板需要绘制的形状，将鼠标指针移到要插入图形的位置，此时，鼠标指针变成十字形，拖曳鼠标到所需的大小。若要保持图形的高度和宽度成比例，在拖曳时按住 Shift 键即可。

（3）画出图形后单击图形，标题栏处可显示绘图工具，如图 3-66 所示。利用它可完成图形的形状、阴影、三维、排列、大小等的设置。

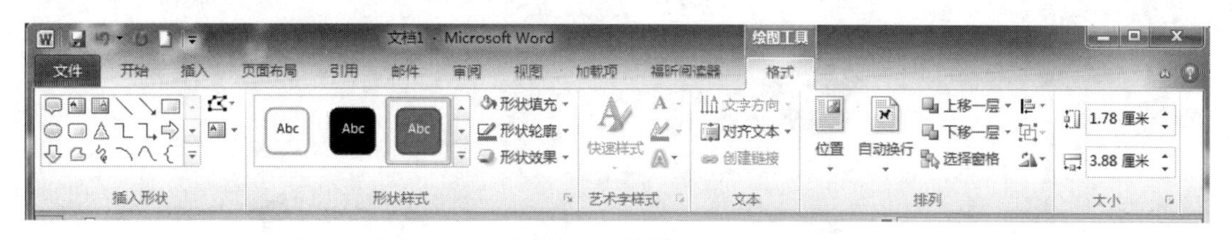

图 3-66　绘图工具

（4）也可以右击图形，在弹出的快捷菜单中选择“设置图片格式”命令，打开“设置图片格式”对话框，如图 3-67 所示。对图形进行颜色、线条、大小、版式的设置。

图 3-67　“设置图片格式”对话框

（二）叠放次序

为了将自选图形组合成不同的效果，在进行组合前，可对各个对象设置叠放次序，操作方法如下：

（1）选中要设置叠放次序的对象。

（2）在“绘图工具”→“格式”选项卡→“排列”组中，选择“上移一层”或“下移一层”。也可右击对象，在弹出的快捷菜单中选择“置于顶层”或“置于底层”命令。

（3）在弹出的子菜单中选择需要的叠放次序，如图 3-68 所示。

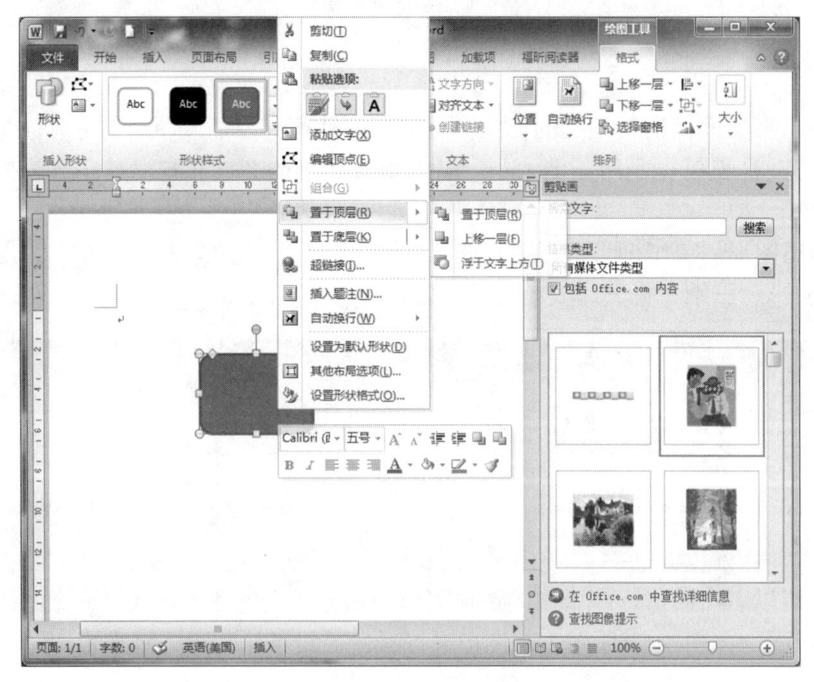

图 3-68　叠放次序

（三）组合图形

多个图形组合在一起后会变成一个新的操作对象，对其进行移动、调整大小等操作时，不会改变各对象的相对位置、大小等。其操作方法如下：

（1）按住 Ctrl 键不放，依次单击需要组合的对象。

（2）在任意已选中的对象上右击，在弹出的快捷菜单中选择“组合”命令，即可组合图形，经过组合后多个图形就成为一个整体。也可单击“格式”选项卡→“排列”组→“组合”按钮。如图 3-69 所示。

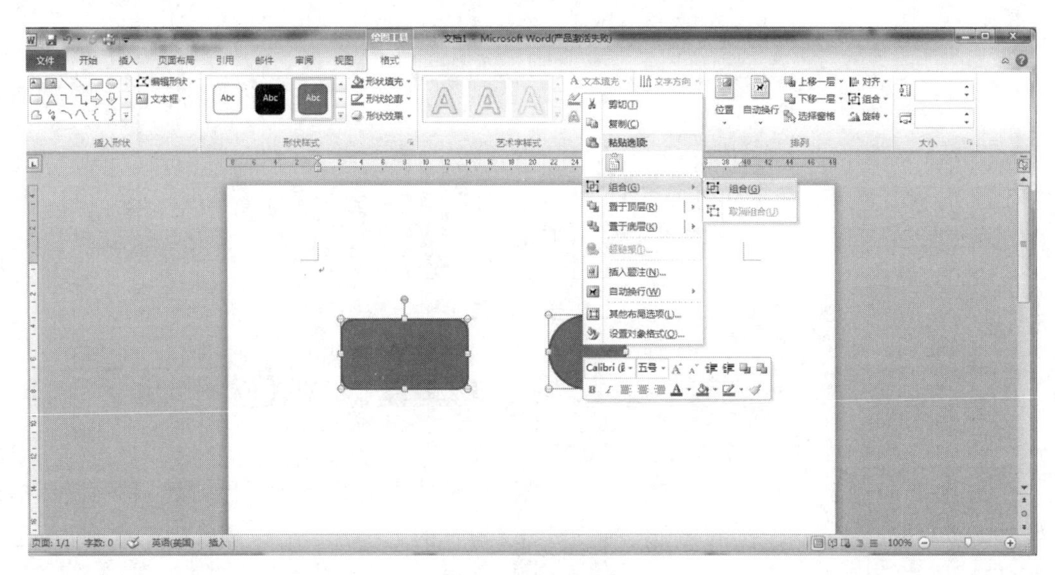

图 3-69　组合对象

如果想取消组合，右击组合后的图形，在弹出的快捷菜单中选择“取消组合”命令，组合在一起的图形被分解为原来的多个图形。

四、插入和使用文本框

通过使用文本框，可以将 Word 文本很方便地放置到文档页面的指定位置，而不必受到段落格式、页面设置等因素的影响。

在 Word 2010 中，用户可以插入横排文本框（即文本横向显示），也可以插入竖排文本框（即文本竖向显示），效果如图 3-70 所示。

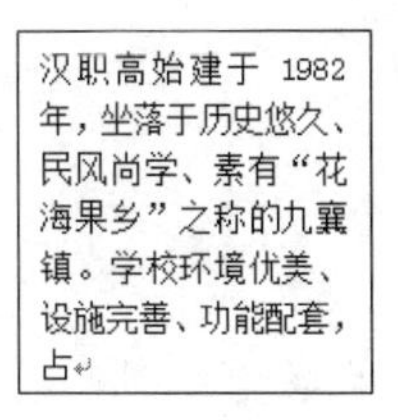

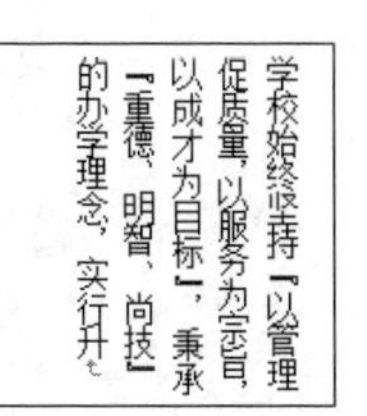

图 3-70　文本框样式

1. 插入文本框

插入文本框的操作步骤如下：

（1）单击“插入”选项卡→“文本”组→“文本框”按钮，如图 3-71 所示。

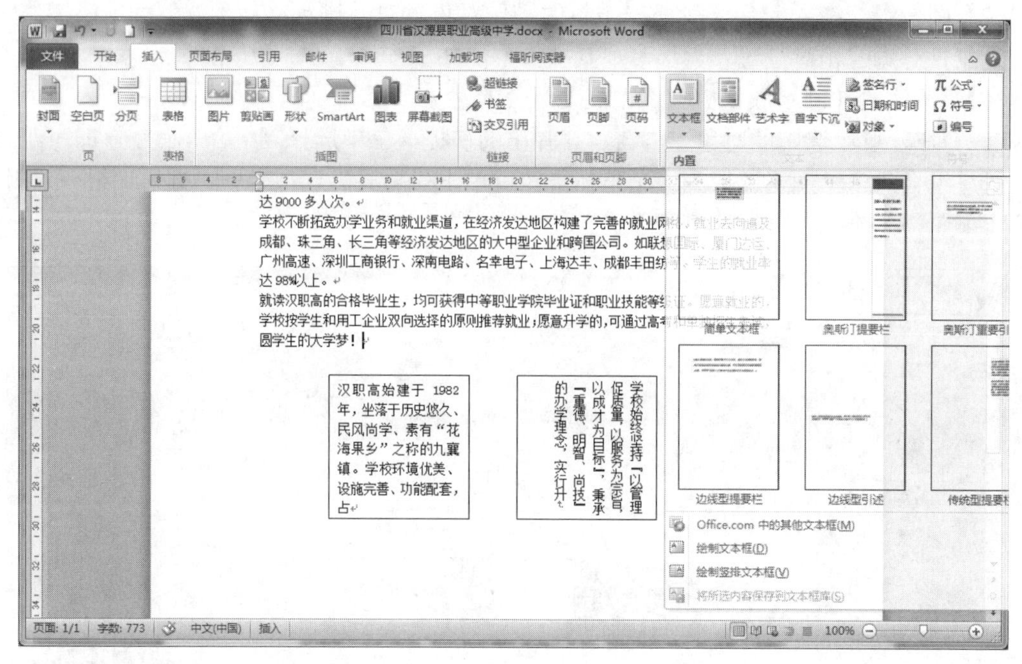

图 3-71　插入文本框

（2）在下拉列表中单击“绘制文本框”按钮，此时鼠标指针变成十字形，移动鼠标指针到当前文档的指定位置，按住鼠标左键拖动，当文本框的大小合适后松开鼠标左键，即可绘制一个空的文本框。

（3）将光标移入文本框内，即可在文本框中输入指定内容。

2. 删除文本框

删除文本框操作步骤如下：

（1）选定要删除的文本框。

（2）按下 Delete 键将其删除。

3. 链接文本框

在 Word 2010 中，可在文档中创建多个文本框，还能将它们链接起来。这样，第一个文本框装不下的内容会自动移到被链接的下一个文本框的顶部继续装入。

创建链接的步骤如下：

（1）首先在文档中建立两个或多个文本框。

（2）选定第一个文本框。

（3）单击“绘图工具”→“格式”选项卡→“文本”组→“创建链接”按钮，如图 3-72 所示。

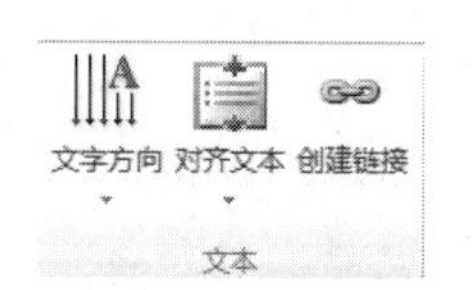

图 3-72　创建链接

（4）这时鼠标变为杯子状态，将鼠标移动到要创建链接的下一个文本框（该文本框必须为空）并单击，则两个文本框之间就建立了链接。

（5）重复上述操作步骤，可创建多个文本框之间的链接。

断开文本框链接的方法是：将光标定位在第一个文本框处，单击“文本”组→“断开链接”按钮，则可断开该文本框与其后续文本框间的链接。

绘制文本框后，自动打开“绘图工具”的“格式”选项卡，使用该选项卡中的相应功能工具按钮，可以设置文本框的各种效果。

五、页眉、页脚和页码

页眉与页脚是正文之外的内容，通常情况下页眉用于突出概括文档主要内容，而页脚用于显示文档的页码。页眉位于页面最上方，页脚位于页面最下方。

为了便于阅读和查找，我们还可以给文档的每页加上页码，一般情况下，页码放在页眉或页脚中。

（一）插入页眉和页脚

页眉和页脚是文档中的注释性文本或图形。它们通常打印在文档每一页的上页边区和下页边区，当然也可利用文本框技术将它们设置在文档中的任何位置。

插入页眉和页脚的具体操作步骤如下：

（1）单击“插入”选项卡→“页眉和页脚”组→“页眉”或“页脚”按钮，如图 3-73 所示。

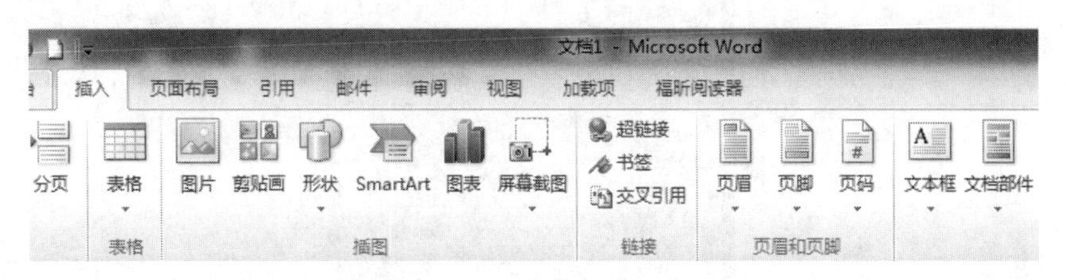

图 3-73　插入页眉或页脚

（2）在下拉列表中选择“编辑页眉”或“编辑页脚”，在页眉或页脚区域进行相关设置，通过“页眉和页脚工具”选项卡可进行更多设置，编辑好后，单击“关闭页眉和页脚”按钮，关闭页眉/页脚编辑状态。如图 3-74 所示。

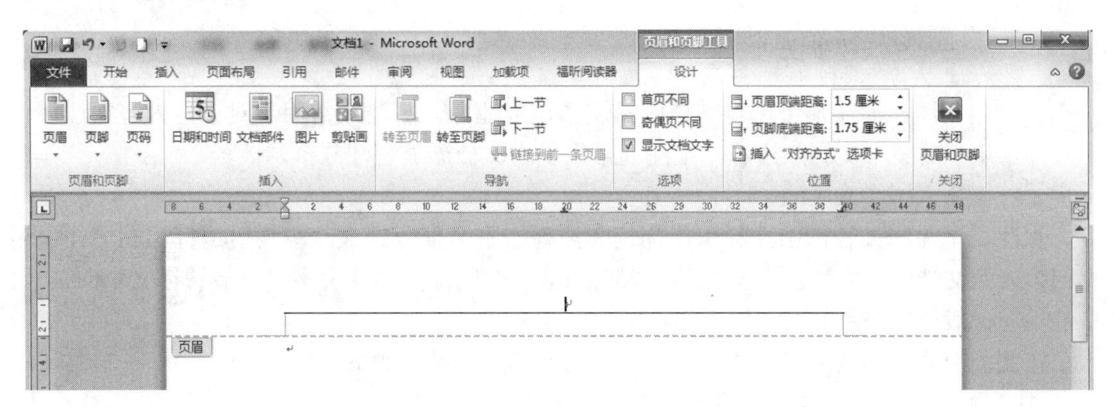

图 3-74　“页眉和页脚工具”选项卡

（二）插入页码

（1）单击“插入”选项卡→“页眉和页脚”组→“页码”按钮，在下拉列表中选择需要设置页码的位置及相关样式，如图 3-75 所示。

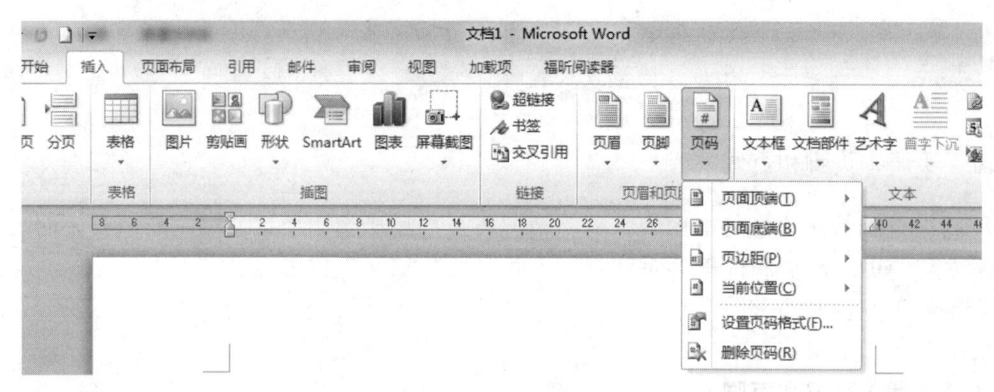

图 3-75 插入页码按钮

（2）选择“设置页码格式”命令，打开“页码格式”设置对话框，如图 3-76 所示，在此对话框中设置页码的格式。

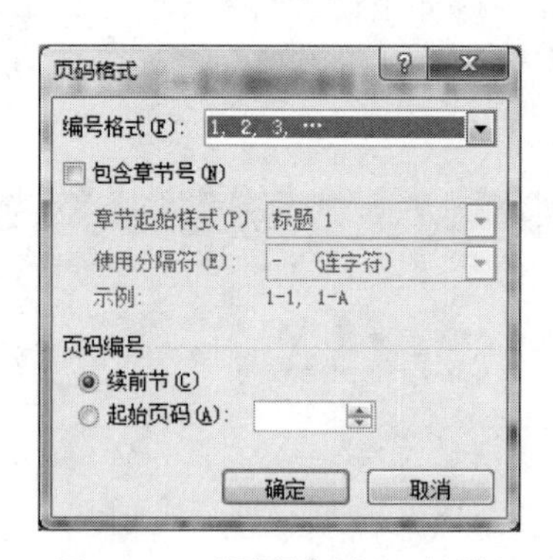

图 3-76 “页码格式”对话框

如果要修改或删除页码，可以双击页码所在的页眉或页脚区，即可在页眉和页脚编辑状态下修改或删除页码。

六、脚注、尾注和批注

脚注、尾注和批注都可以对文档中的文本进行注释。脚注通常用于对指定内容加注释，尾注通常用于对整个文档加注释，批注通常用于为文档添加备注或批示。

（一）插入脚注或尾注

脚注、尾注和批注都由注释引用标记和注释文本两部分组成。脚注引用标记和尾注引用标记插入到文档中，而脚注文本一般放置在当前页的底部，尾注文本一般放置在文章的最后。批注内容一般放置在页面右边的页边距空白区域中。

在文档中插入脚注或尾注的方法相似，插入脚注的操作如下：

（1）将光标定位在要插入注释引用标记处。

（2）单击“引用”选项卡→“脚注”组→“插入脚注”按钮，输入脚注信息即可。也可单击脚注组右下角的箭头，打开“脚注和尾注”对话框，如图 3-77 所示。

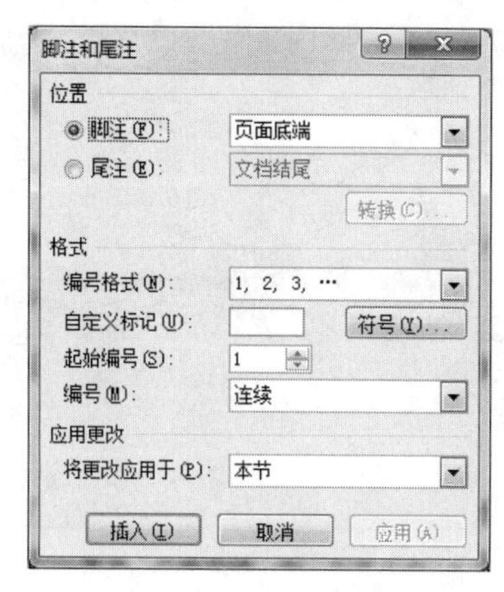

图 3-77　“脚注和尾注”对话框

在此对话框的“位置”区，选中“脚注”或“尾注”单选按钮。如果选中脚注，还要选择脚注的位置为“页面底端”或“文字下方”；如果选中尾注，需要选择尾注的位置为“文档结尾”或“节的结尾”。

（3）在“格式”区对“编号格式”“起始编号”“编号”进行选择或输入，也可以在“自定义标记”中输入一种符号，或单击“符号”按钮，在弹出的对话框中选择一种特殊符号。

（4）单击“插入”按钮，开始输入“脚注”或“尾注”文本。

（二）编辑脚注和尾注

在文档中插入脚注和尾注后，可以使用编辑一般文本的方法编辑脚注和尾注的内容，也可对脚注和尾注的文本设置字符格式。

删除脚注或尾注，只需像删除字符一样删除脚注和尾注的引用标记即可。脚注和尾注引用标记删除后，对应的注释内容自动被删除。

（三）插入批注

（1）选定要添加批注的文本。

（2）单击“审阅”选项卡→“批注”组→“新建批注”命令，进入编辑批注状态，如图 3-78 所示。

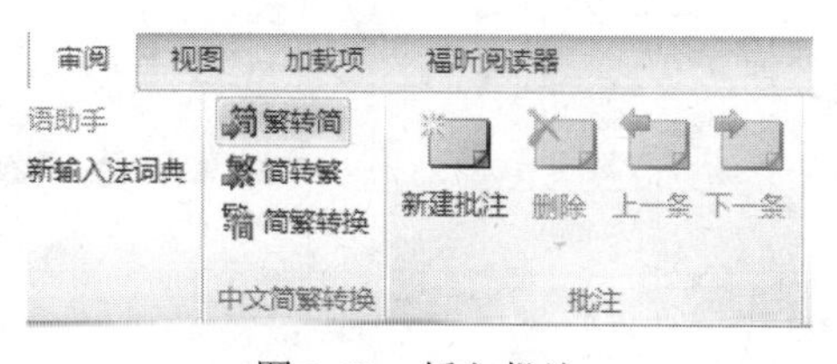

图 3-78　插入批注

（3）在批注框中输入文字，如图 3-79 所示。

（4）单击文档编辑区域，结束插入批注的操作。

七、Word 2010 文档的输出

文档在完成基本的编辑排版后，需要打印输出。在打印之前对文档页面进行设置是十分重要的。设置页面后，可以通过打印预览观察页面设置效果，满意后就可以打印输出。

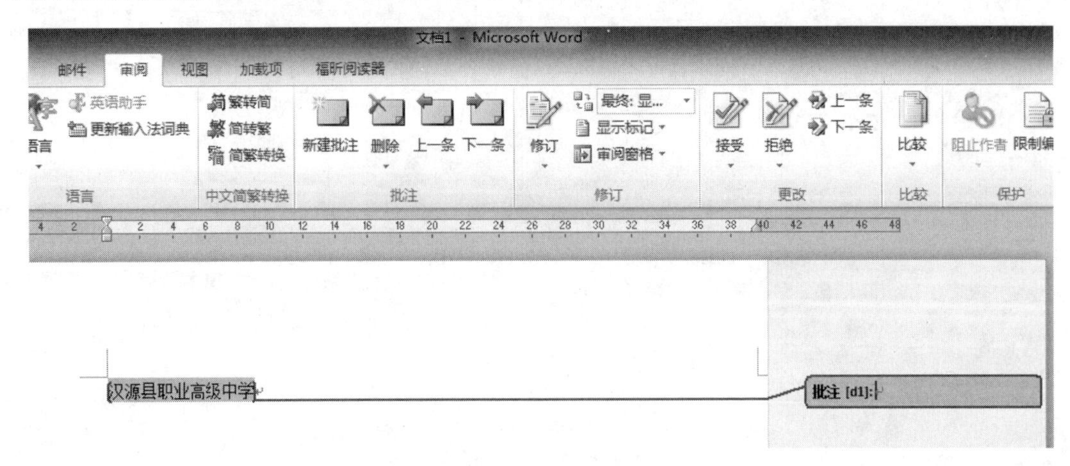

图 3-79 编辑批注

（一）页面设置

页面设置包括：页边距、纸张、版式、文档网格 4 个选项卡。页面设置常用的操作选项和方法有：

1. 纸张大小

文档的大小可由纸型来决定，不同的纸型有不同的尺寸大小，如 A4 纸、B5 纸等。默认状态下，Word 2010 自动使用纵向的 A4 幅面的纸张来显示新的空白文档，用户可以选择不同的纸张和方向，其操作方法如下：

（1）单击“页面布局”选项卡→“页面设置”组→“纸张大小”按钮，在弹出的下拉列表中选择对应的纸张，如图 3-80 所示。

也可单击下拉列表下端的“其他页面大小”按钮，打开“页面设置”对话框，选择“纸张”选项卡，如图 3-81 所示。

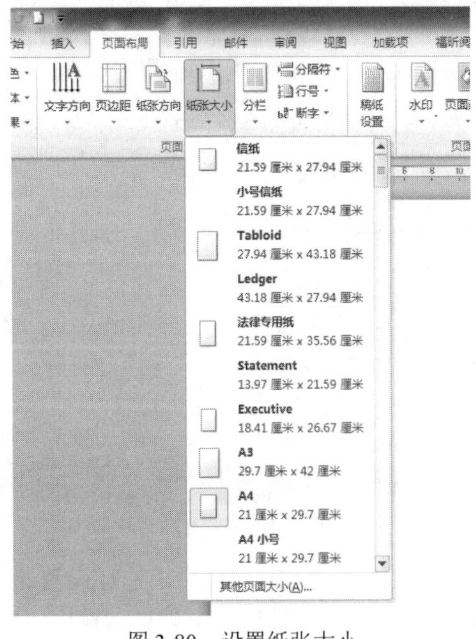

图 3-80 设置纸张大小

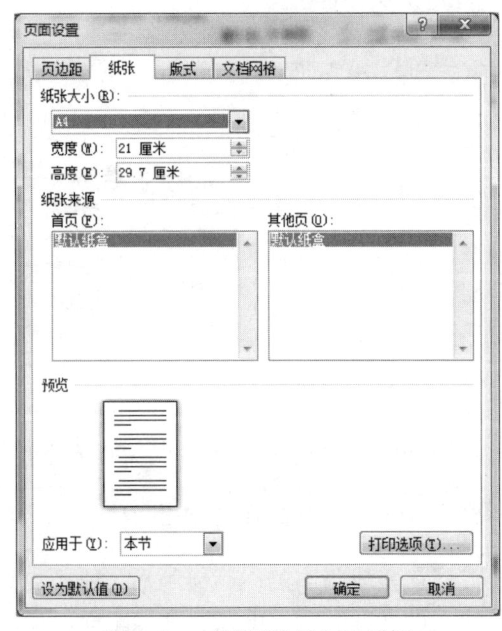

图 3-81 “页面设置”对话框

（2）在“纸张大小”下拉列表框中可以选择需要的纸张大小。

（3）如果要设置特殊的纸型，可以在“纸张大小”下拉列表框中选择“自定义大小”选项，然后在“宽度”和“高度”文本框中输入或调整两者的数值。

（4）在“预览”选项区中的“应用于”下拉列表框中可以选择当前设置的页面所适用的范围。有两个选项，分别是“整篇文档”和“插入点之后”，根据需要进行选择即可。

（5）单击“确定”按钮，完成纸张大小的设置。

2. 纸张方向及页边距的设置

页边距指的是文档正文与页边之间的空白距离。设置的方法如下：

（1）单击“页面布局”选项卡→“页面设置”组→“页边距”按钮，在下拉列表中选择需要的选项，如图 3-82 所示。

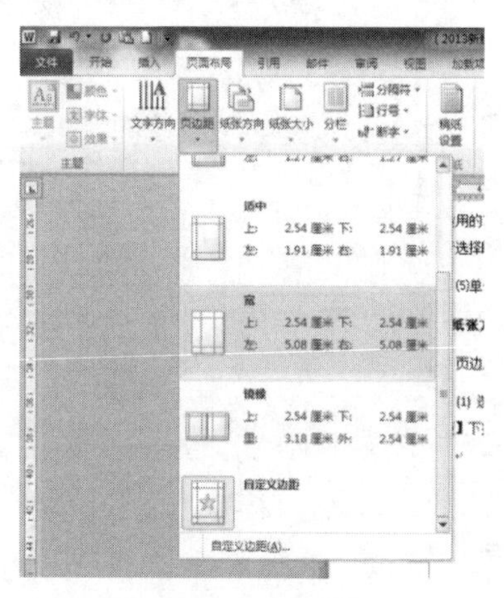

图 3-82　页边距设置

也可以单击“自定义边距”命令，打开“页面设置”对话框，选择“页边距”选项卡，如图 3-83 所示。

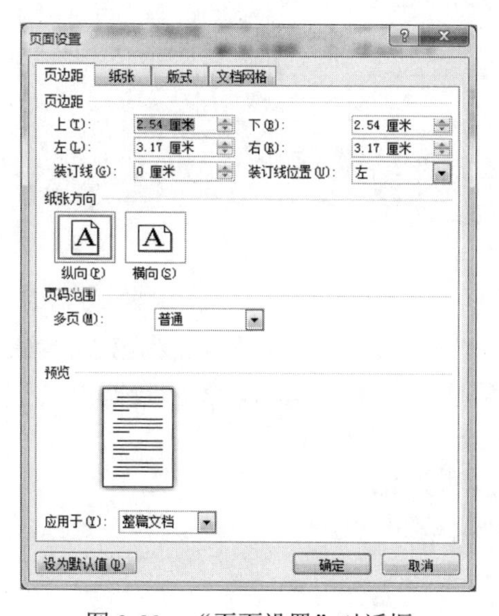

图 3-83　“页面设置”对话框

（2）在“页边距”选项区中可以设置上下左右页边距。

（3）在“方向”选项区中可以设置页面的方向，有两个选项“横向”和“纵向”。

（4）在“预览”选项区中选择应用的范围。

（5）单击“确定”按钮，完成页边距及页面方向的设置。

（二）文档打印

文档编辑好后，常常需要打印输出。操作方法如下：

（1）单击“文件”选项卡→“打印”命令，在右侧窗口出现打印预览的内容，可以根据需要调节右下角缩放滑块进行放大和缩小，如图 3-84 所示。

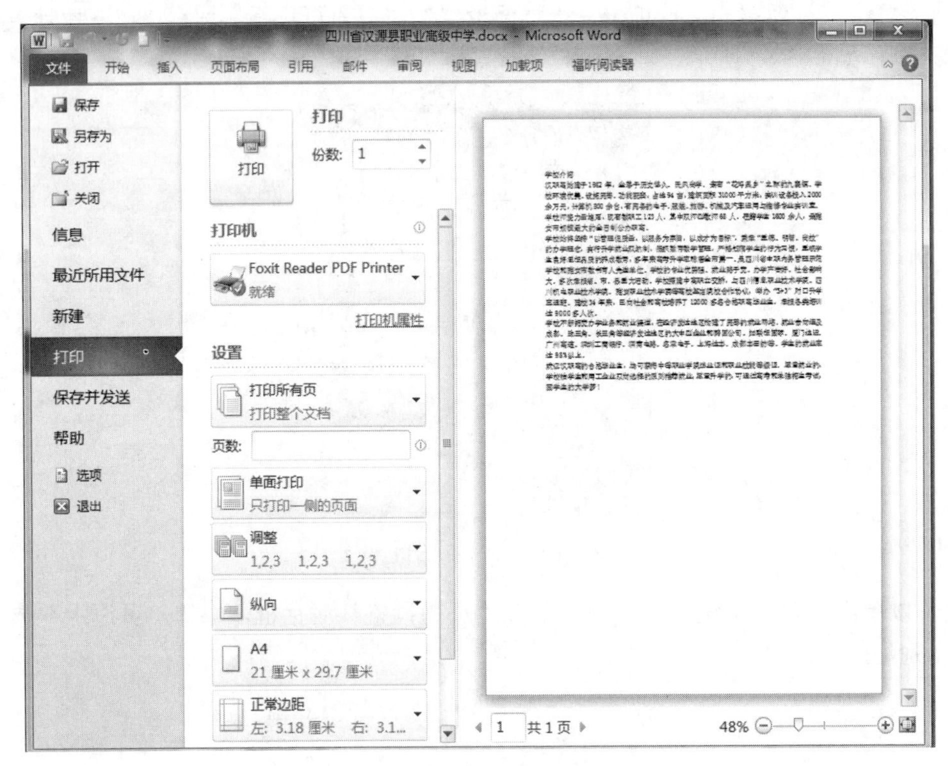

图 3-84 “打印”设置

（2）确认内容无误后，可设置打印属性，如“份数”“页数”“打印机属性”等，设置完后单击“打印”按钮开始打印。

任务实施

1．设置标题“学校概况”为艺术字，艺术字样式为第 5 行第 3 列，环绕方式为“四周型”。

2．在【样文】所示位置插入图片：“E:\666\素材\校园全景.jpg”，环绕方式为“紧密型”，图片宽度为 6cm，高度为 8cm。

3．按【样文】添加页眉和页脚。

4．实现【样文】效果如下。

【样文】：

汉源县职业高级中学

汉源县职业高级中学始建于 1982 年，坐落于历史悠久、民风淳朴、素有"花海果乡"之称的九襄镇。学校环境优美、设施完善、功能配套。占地94亩，建筑面积31000平方米；实训设备投入 2000 余万元。计算机800余台，有完备的电子、服装、旅游、机械及汽车运用与维修专业实训室。

学校师资力量雄厚，现有教职工123人，其中双师型教师68人，在籍学生1800余人，是雅安市规模最大的全日制公办职高。

学校始终坚持"以管理促质量，以服务为宗旨，以成才为目标"，秉承"重德、明智、尚技"的办学理念，实行升学就业双轨制，狠抓教育教学管理，严格规范学生的行为习惯，重视学生良好思想品质的养成教育，多年来高考升学率稳居全市第一。是四川省中职内务管理示范学校和雅安市教书育人先进单位。学校的专业优势强、就业路子宽、办学声誉好、社会影响大。多次承担省、市、县重大活动。学校搭建中高职立交桥，与四川信息职业技术学院、四川机电职业技术学院、雅安职业技术学院等高校签定院校合作协议，举办"3+3"对口升学直通班。建校 34 年来，已向社会和高校培养了 12000 多名合格职高毕业生，承担各类培训达 9000 多人次。

学校不断拓宽办学业务和就业渠道，在经济发达地区构建了完善的就业网络。就业去向遍及成都、珠三角、长三角等经济发达地区的大中型企业和跨国公司。如联想国际、厦门达达、广州高达、深圳工商银行、深南电路、名宏东方、上海达丰、成都丰田纺等。学生的就业率达98%以上。

就读汉源县职业高级中学的合格毕业生，均可获得中等职业学院毕业证和职业技能等级证。愿意就业的，学校按学生和用工企业双向选择的原则推荐就业；愿意升学的，可通过高考和单独招生考试，圆学生的大学梦！

读职高 学技术 免学费 有资助 升学就业两条路！

项目五 创建表格

任务情景

表格是一种简明、扼要的数据表达方式，我们在日常的工作学习中会常常用到各种类型和格式的表格。如：考试成绩表、职工工资表、个人简历表、课程表、通讯录等。汉源县职业高级中学招生宣传中的招生计划可以使用表格来制作。

任务分析

➢ 创建表格

- 编辑表格
- 表格格式设置
- 数据计算与排序

知识准备

Word 2010 提供了丰富的表格处理功能，不仅可以快速的创建表格，而且可以对表格进行编辑、修改、表格与文本之间的相互转换及表格格式的自动套用等。这些功能大大地方便了用户，使得表格的制作和排版变得比较简单。

一、创建表格

（一）利用拖动方式创建表格

单击“插入”选项卡→“表格”组→“表格”按钮，在下拉的“插入表格”的网格中拖动鼠标选择所需的行数和列数后单击，即可在光标所在位置自动插入相对应的表格，如图 3-85 所示。

（二）利用“插入表格”对话框创建表格

（1）将光标定位在要插入表格的位置

（2）单击“插入”选项卡→“表格”组→“表格”按钮，在下拉列表中选择“插入表格”按钮，打开“插入表格”对话框，如图 3-86 所示。

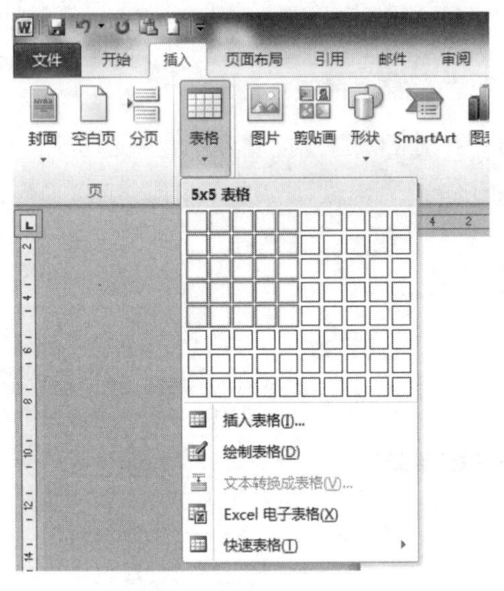

图 3-85 插入表格工具

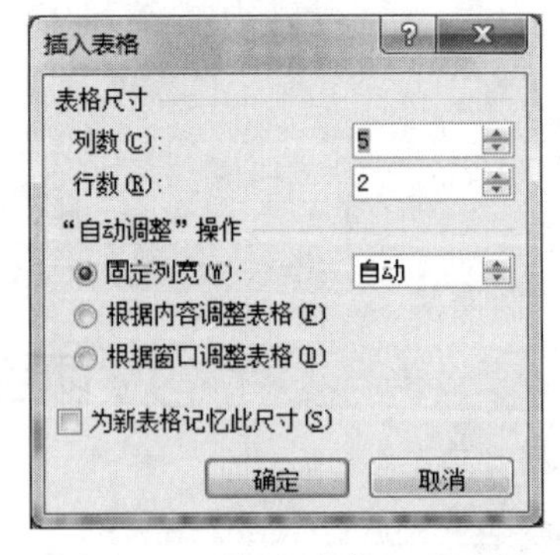

图 3-86 “插入表格”对话框

（3）在“插入表格”对话框中，设置表格的行数和列数。还可以在“‘自动调整’操作”选项组中，选择表格宽度调整方式。调整方式有 3 种：固定列宽（系统默认方式）、根据内容调整表格、根据窗口调整表格。

（4）单击“确定”按钮，完成表格的创建。

（三）手动绘制表格

前面介绍自动插入表格的方法通常用于创建简单和格式固定的表格。如果要建立一些复杂的表格或格式不固定的表格，就得使用 Word 2010 所提供的表格绘制功能。绘制表格的操作方法是：

（1）单击“插入”选项卡→“表格”组→“表格”按钮，在下拉列表中选择“绘制表格”命令，此时光标变为笔形，直接按住鼠标左键并拖动，即可画出所需要的表格。

（2）表格创建完毕即可在单元格中输入内容。

（四）利用“快速表格”命令插入表格

利用“快速表格”命令插入表格的步骤如下：

（1）将光标定位于插入表格的起始位置。

（2）单击“插入”选项卡→“表格”组→“表格”按钮，在下拉列表中选择“快速表格”命令，弹出“内置”表格模板列表，从中选择所需的表格模板。

当创建好表格后，选定表格，在工具栏上就会出现手动绘制表格的“设计”和“布局”选项卡，如图 3-87、图 3-88 所示。

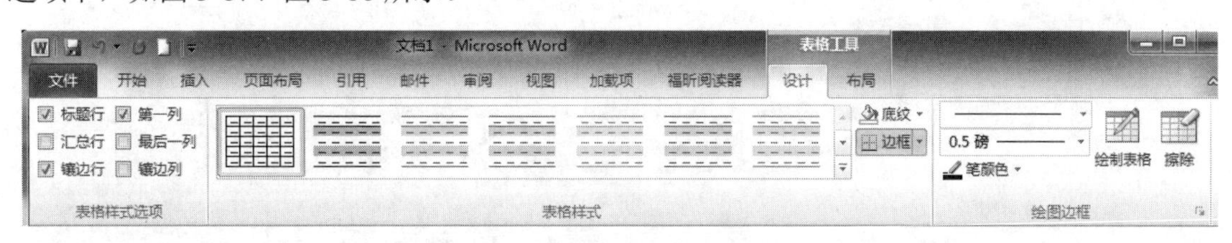

图 3-87　表格工具设计选项卡

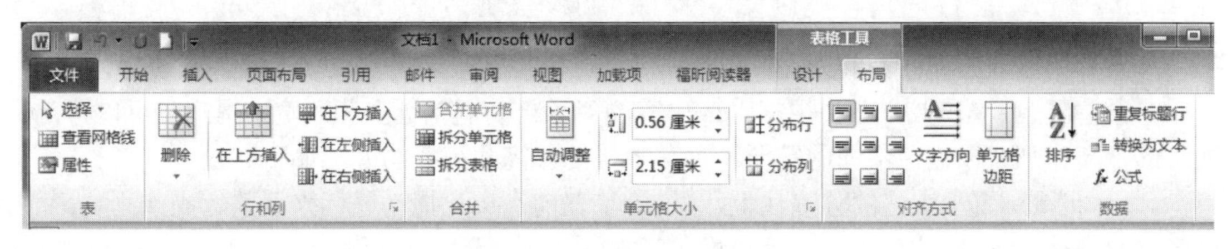

图 3-88　表格工具布局选项卡

通过这两个工具栏，可以很方便地设置表格的基本格式和对表格进行编辑操作。

二、表格的编辑

表格创建完后，还需要对表格进行编辑操作，表格的编辑包括插入行、列和单元格，删除行、列和单元格、调整行高和列宽、合并和拆分单元格等。

（一）插入行、列和单元格

1. 插入行或列

先将光标定位在要插入行或列的位置，单击“表格工具”→“布局”选项卡→“行和列”组，显示出 4 种按钮：“在上方插入”“在下方插入”“在左侧插入”和“在右侧插入”，如图 3-88 所示，单击所需要的按钮，如“在上方插入”按钮，即可在光标的位置上方插入行。

2. 插入单元格

先将光标定位在要插入单元格的位置，单击“表格工具”→“布局”选项卡→“行和列”组右下角的按钮，打开“插入单元格”对话框中选择需要的选项，如图 3-89 所示。

（二）删除单元格、行或列

选定要删除的单元格、行或列。然后单击“表格工具”→“布局”选项卡→“行和列”

组→“删除”按钮，在下拉列表中选择“删除单元格”“删除行”“删除列”或“删除表格”命令，如图 3-90 所示。

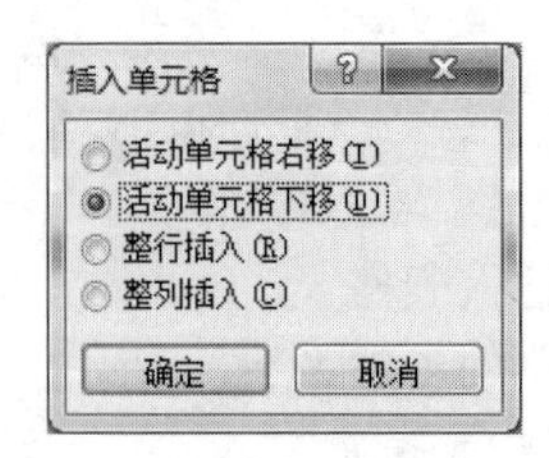

图 3-89 “插入单元格”对话框

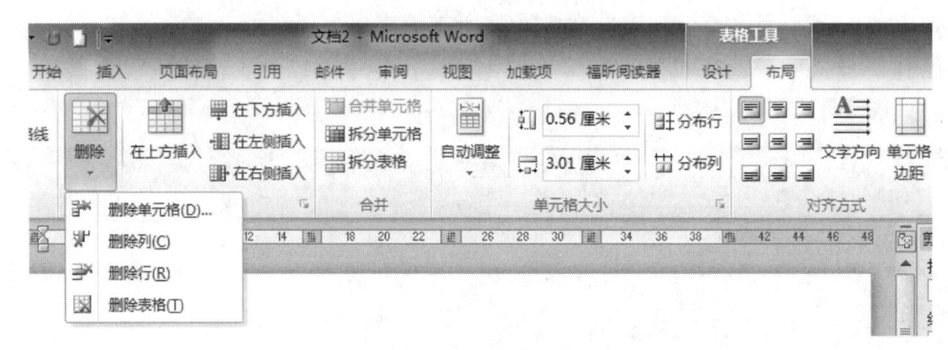

图 3-90 “删除”按钮

（三）调整表格的行高和列宽

一般情况下，Word 2010 会根据输入内容的多少自动调整行高和列宽。用户也可以自定义表格的行高和列宽以满足不同的需要。调整表格的行高和列宽的方法如下：

（1）将鼠标置于表格的分隔线上，（鼠标呈双向箭头）拖动鼠标来调整行高或列宽。

（2）选定表格行或列后，在“表格工具”→“布局”选项卡→“单元格大小”组中直接输入行高和列宽。如图 3-91 所示。

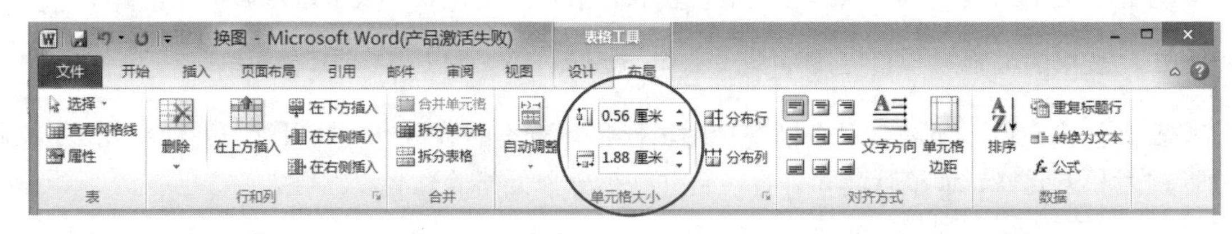

图 3-91 设置行高列宽

（3）选定表格、行或列、单元格后右击，在弹出的快捷菜单中选择“表格属性”，也可单击“单元格大小”组右下角的按钮，打开“表格属性”对话框，对表格中的行高和列宽进行设置。如图 3-92 所示。

在编辑表格时，为了使表格外观整齐统一，可以在表格宽度或高度总尺寸不变的情况下，平均分布表格中的行高或列宽。单击“表格工具”→“布局”选项卡→“单元格大小”组→“分布行”或“分布列”按钮。

图 3-92　“表格属性”对话框

（四）合并与拆分单元格

使用 Word 编辑表格时，可以通过拆分、合并单元格功能编辑比较复杂的表格。

1. 合并单元格

先选定要合并的单元格，单击“表格工具”→“布局”选项卡→“合并”组→“合并单元格”按钮，如图 3-93 所示。也可直接右击，在弹出的快捷菜单中选择“合并单元格”。

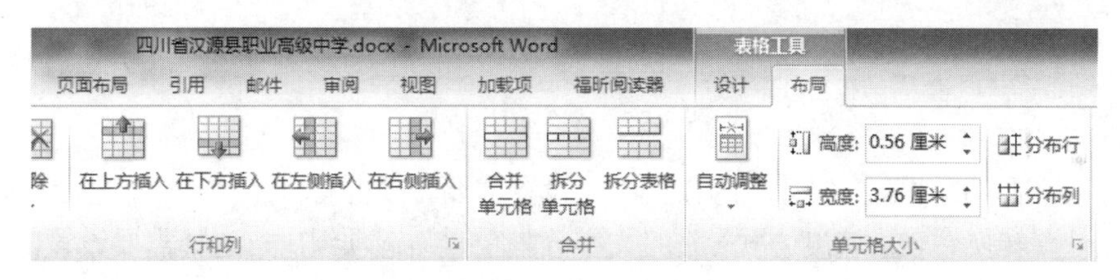

图 3-93　合并单元格

2. 拆分单元格

先选中要拆分的单元格，单击“表格工具”→“布局”选项卡→“合并”组→“拆分单元格”按钮，在弹出的“拆分单元格”对话框中选择单元格拆分后的列数或行数，如图 3-94 所示。也可右击，在弹出的快捷菜单中选择“拆分单元格”。

图 3-94　“拆分单元格”对话框

（五）表格和文字的相互转换

在 Word 2010 中，可以将表格转换成普通文本，也可以将普通文本转换为表格形式。

1. 将文字转换为表格

将文字转换为表格时，首先应确定文字信息的列与列之间的分隔符，其分隔符决定文字如何进入到表格中。Word 2010 允许用制表符、逗号、空格、段落符或自定义符号作为分隔符。

将文字转换为表格的操作步骤如下：

（1）在文字的列与列之间加一个分隔符（若已有分隔符可省略此步骤），然后选定要转换为表格的文字。

（2）单击“插入”选项卡→“表格”组→“表格”按钮，在下拉菜单中选择“文本转换为表格”按钮，如图 3-95 所示。

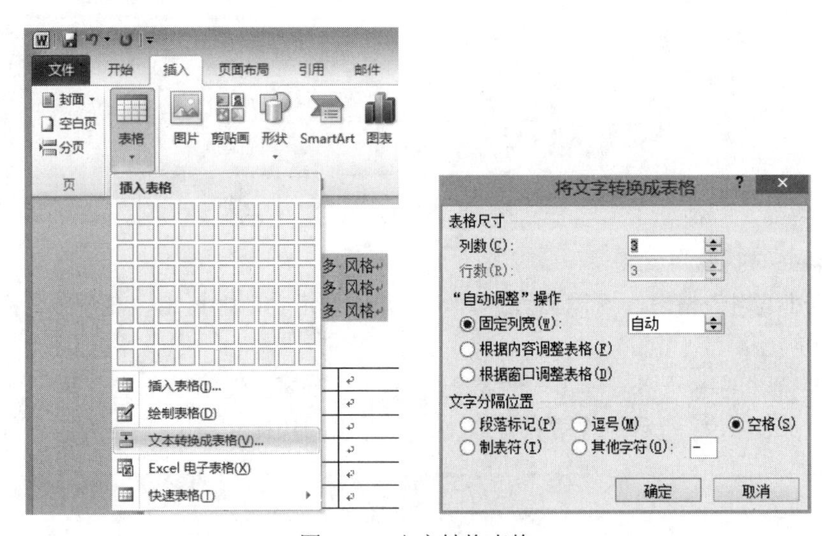

图 3-95 文字转换表格

（3）在对话框的“表格尺寸”选择栏中，设置需要转换的行列数；在“‘自动调整’操作”选项组中，设置转换后表格宽度方式；在“文字分隔位置”选项组中，选择需要设置的间隔符号。

（4）单击“确定”按钮，完成文字到表格的转换。

2. 将表格转换成文字

选定表格或将光标置于表格之中，单击“表格工具”→“布局”选项卡→“数据”组→“转换为文本”按钮即可，如图 3-96 所示。

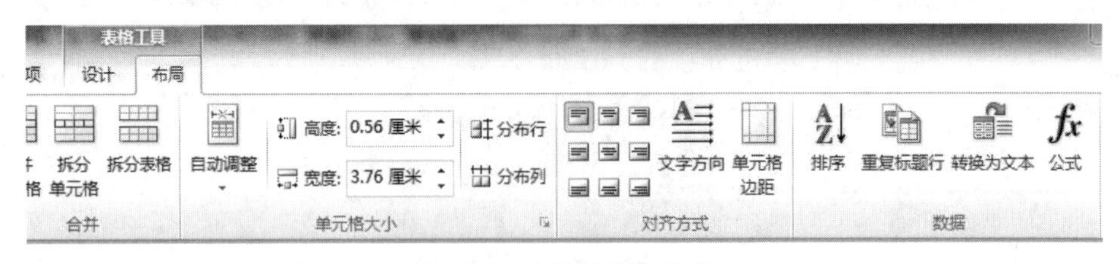

图 3-96 表格转换为文本

三、格式化表格

当表格制作、编辑完成后，通常还需要对表格作进一步的修饰处理。修饰包括：设置表格的边框和底纹、自动套用格式、表格的对齐方式、表格中的字体、字号以及绘制斜线表头等操作。

对于表格文本的排版，与普通的文本排版操作方法相同，如改变字体、字号和字形等，均可按照一般字符格式化方法进行。

（一）表格自动套用格式

为了使表格外观漂亮，用户可根据需要对表格进行格式设计。Word 2010 提供了几十种已经设计好的表格格式，若需要类似的设计，可以直接套用 Word 2010 内置的表格格式。其操作步骤如下：

（1）选定表格或将光标置于表格中的任一单元格内。

（2）单击“表格工具”→“设计”选项卡→“表格样式”组，选择一种所需的表格样式即可，如图 3-97 所示。如果要选择更多的样式，可以单击样式列表右下角的展开按钮。

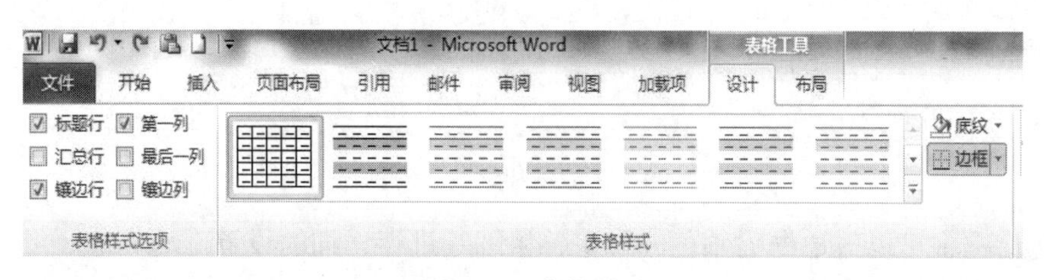

图 3-97 表格样式

（二）设置表格的边框

可以为表格中选定的行、列及单元格添加边框，来改变表格的显示效果。操作方法如下：

（1）选定需要设置边框的表格或表格中的行、列及单元格。

（2）单击“表格工具”→“设计”选项卡→“边框”按钮，在下拉列表中设置即可，如图 3-98 所示。

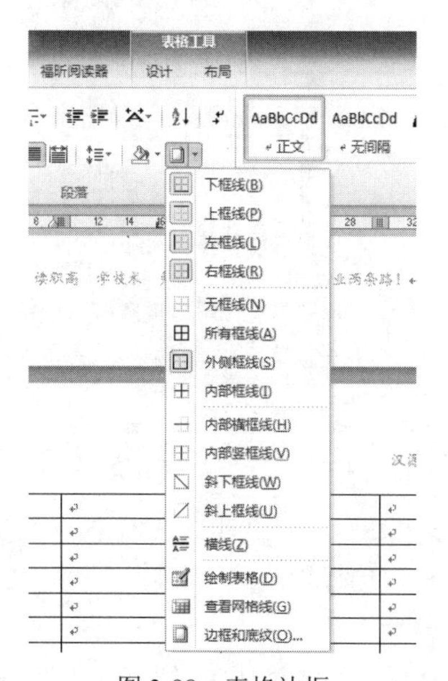

图 3-98 表格边框

（3）还可以单击“表格工具”→“设计”选项卡→“边框”按钮，在下拉菜单中选择“边框和底纹”命令，打开“边框和底纹”对话框，如图 3-99 所示。

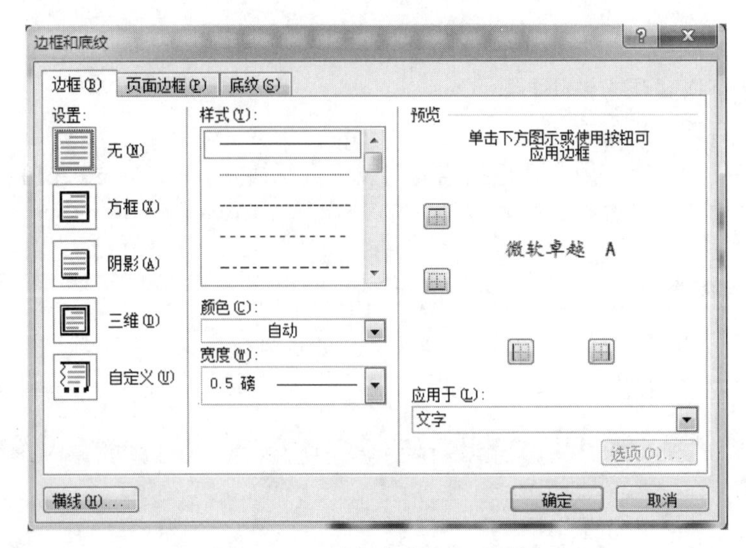

图 3-99 “边框和底纹”对话框

在该对话框中可以对边框的颜色、线型、粗细等进行详细的设置。

（三）设置表格的底纹

同样可以为整个表格或行、列、单元格添加底纹作为背景。添加的方法如下：

（1）选定需要设置底纹的表格或表格中的行、列及单元格。

（2）单击“表格工具”→“设计”选项卡→“底纹”按钮，在下拉菜单中选择相应的颜色即可，如图 3-100 所示。

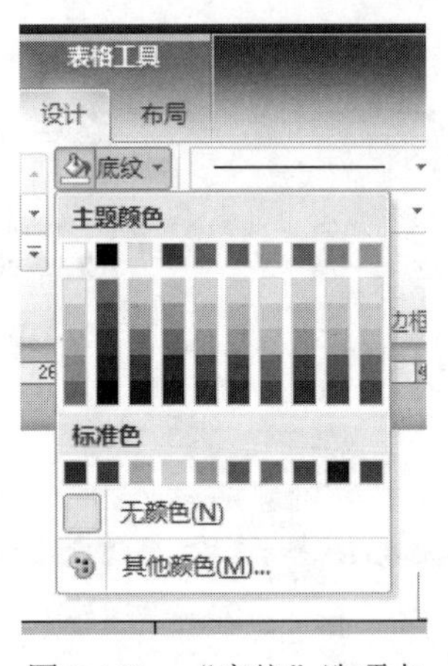

图 3-100 “底纹”选项卡

（3）还可通过单击“表格工具”→“设计”选项卡→“边框”按钮→“边框和底纹”命令，打开“边框和底纹”对话框，选择“底纹”选项卡，完成底纹的设置，如图 3-101 所示。

（四）设置表格中文字的对齐方式

Word 2010 提供了 9 种不同的文字对齐方式，包括靠上两端对齐、靠上居中、靠上右对齐、中部两端对齐、中部居中、中部右对齐、靠下两端对齐、靠下居中、靠下右对齐，设置的方法如下：

（1）选定需要设置对齐方式的单元格。

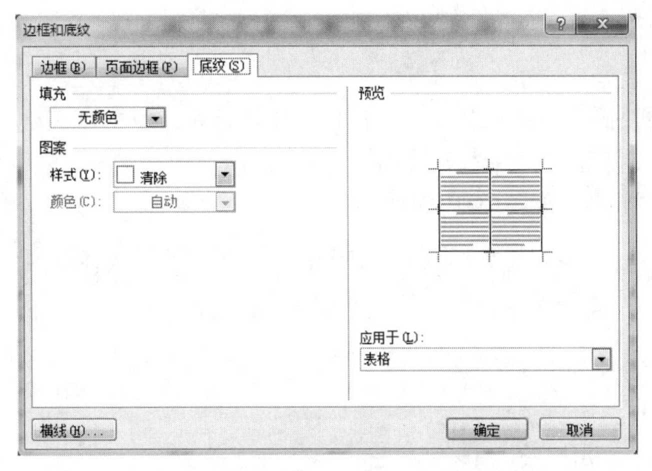

图 3-101　“边框和底纹”对话框

（2）右击，在弹出的快捷菜单中选择“单元格对齐方式”选项，并在下一级菜单中选择需要的单元格对齐方式，如图 3-102 所示。

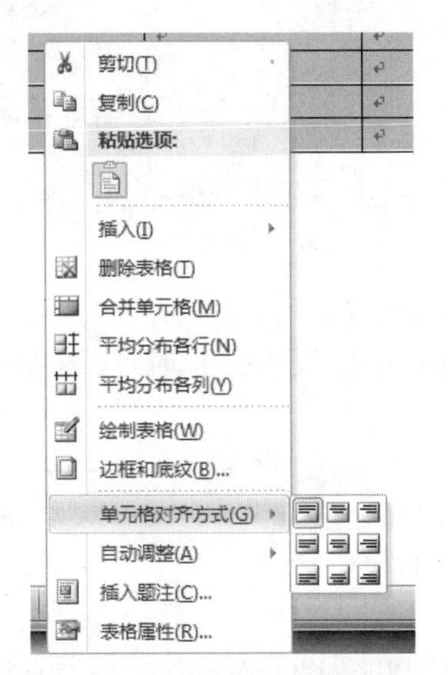

图 3-102　“单元格对齐方式”选项

也可以使用“表格工具”→“布局”选项卡→“对齐方式”组中相应的对齐按钮直接设置，如图 3-103 所示。

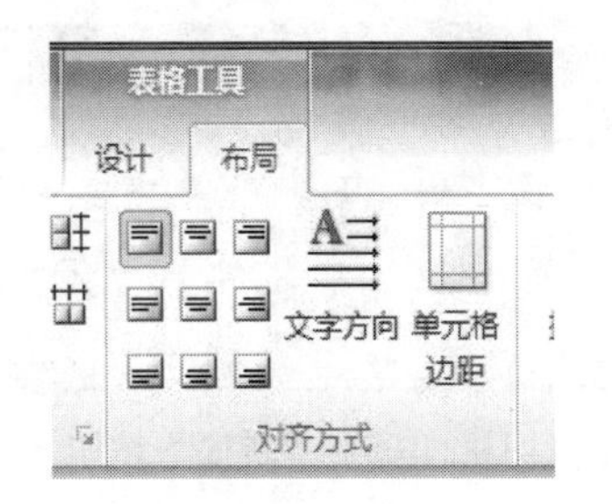

图 3-103　“对齐方式”选项区

（五）设置表格的对齐方式及文字环绕

（1）选定整个表格后右击。

（2）在弹出的快捷菜单中选择“表格属性”按钮，在打开的“表格属性”对话框中选择“表格”选项卡，或者通过单击“表格工具”→“布局”选项卡→“表”组→“属性”按钮，打开“表格属性”对话框，如图 3-104 所示。

图 3-104　“表格属性”对话框

（3）在“对齐方式”选项区中选择表格的对齐方式，包括左对齐、居中和右对齐。

（4）在“文字环绕”选项区中选择环绕，此时可直接移动表格到指定位置。

四、数据计算与排序

在 Word 2010 中，不仅可以输入、编辑文本，还可以对表格中的数据进行简单的处理，可以直接对表格中的数据进行简单计算。

（一）表格中数据的排序

利用 Word 2010 的表格排序功能，可以对表格中的内容按数字、日期、拼音、笔画等进行递增或递减（升序或降序）方式排序。对数据进行排序可以直接单击“表格工具”→“布局”选项卡→“数据”组→“排序”按钮，如图 3-105 所示，打开“排序”对话框，如图 3-106 所示。

图 3-105　“排序”按钮

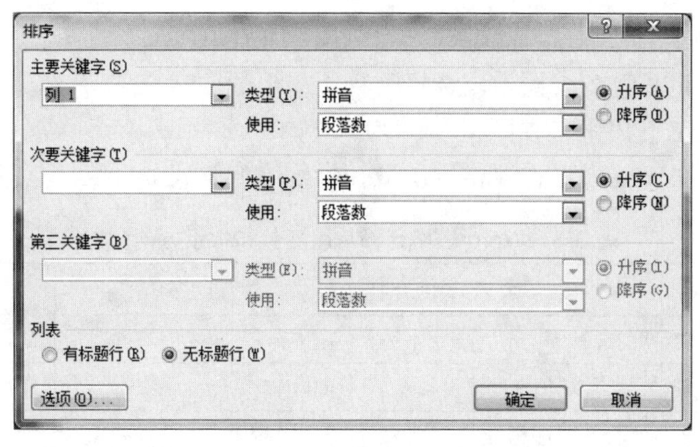

图 3-106 “排序”对话框

（1）在“主要关键字”下拉列表框中选择作为第一个排序依据的列名称，在“类型”下拉列表框中指定该列的数据类型（可选数字、拼音、日期或笔画），还可以确定排序结果的显示方式：递增或递减。

（2）若想用多列数据作为排序依据，可以在“次要关键字”区中选择作为第二个排序依据的列名称。对于特别复杂的表格，还可以在“第三关键字”区中选择作为第三个排序依据的列名称。

（3）表格若有标题行，可在“列表”区中选择“有标题行”单选按钮，使 Word 2010 不对标题行的内容进行排序。

（4）单击“确定”按钮，完成排序操作。

（二）表格中数据的计算

Word 2010 提供了表格计算功能。利用表格计算功能，可以执行一些简单的运算。如求和、求平均值等函数计算。在表格中进行计算的操作方法如下：

（1）将光标定位到要存放计算结果的单元格中。

（2）单击“表格工具”→“布局”选项卡→“数据”组→“公式”按钮，打开“公式”对话框，如图 3-107 所示。

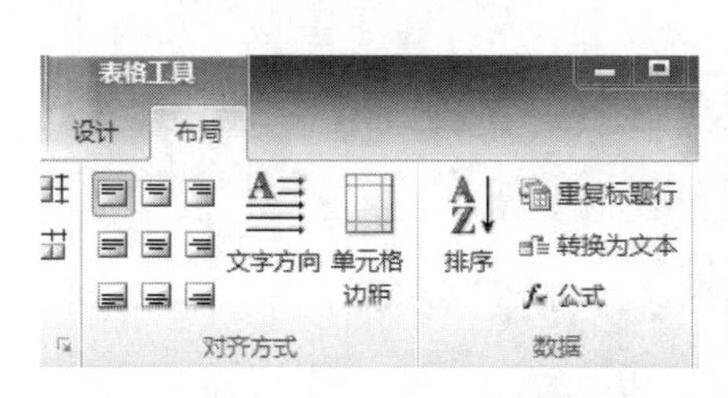

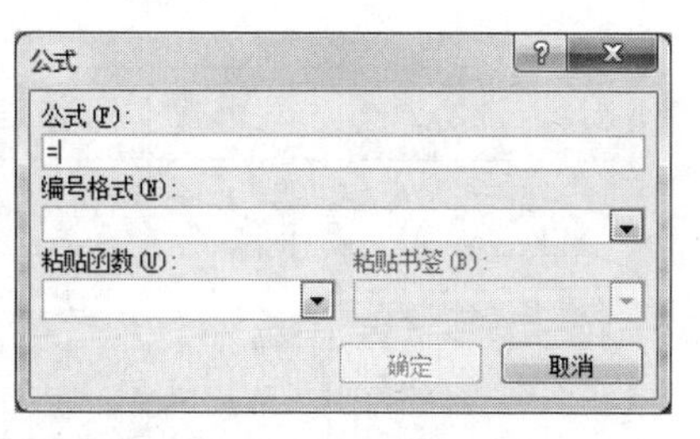

图 3-107 表格公式计算

（3）打开“粘贴函数”下拉列表框，选择所需的计算公式，Word 常用函数见表 3-2。例如，选“SUM”用来求和，则在“公式”文本框内出现“＝SUM()”。默认的求和公式是求一列数字的和，如果想求一行数字的和并将结果放在最右边的单元格中，则需要将公式改为 =SUM(LEFT)。

（4）在公式的括号中输入单元格引用，可引用单元格的内容。如果要对 B1、B2、B3 三个单元格中的数字来求平均值，则输入“＝AVERAGE(B1:B3)”。

（5）在“编号格式”列表框中，选择一种所需要的数字格式。

（6）单击“确定”按钮完成操作。

如表 3-3 所示为 Word 表格计算常用函数和指示方向含义。

表 3-3　Word 表格计算常用函数和指示方向含义

函数名	含义	方向名	含义
SUM	求和	LEFT	向左
AVERAGE	求平均值	RIGHT	向右
COUNT	求单元格个数	ABOVE	向上
MAX	求最大值	BELOW	向下
MIN	求最小值		

任务实施

1．制作“招生计划”表，如【样文 1】所示。

【样文 1】：

招生计划

专业名称	招收名额	专业代码	学制
计算机应用	250	053200	3 年
电子电器与维修	300	090100	3 年
机械制造技术	100	051100	3 年
星级酒店服务与管理	限招 50	130100	3 年
服装设计与工艺	限招 50	142400	3 年
学前教育	限招 50	160100	3 年
汽车运用与维修	限招 100	580407	3 年
其中“3+3”对口升学直通班	350		3 年
收费	学费：3 年学费全免 课本费：每期 300 元，按实结算，多退少补 住校费：每期 200 元		

（1）打开“学校概况”文档，插入一个 10 行 4 列的表格。

（2）第 1~9 行行高设为 1cm，最后一行行高设为 2cm。第一列列宽设为 5.5cm，其余各列为 3.5cm。

（3）按样表合并单元格，并输入内容。

（4）按样表效果，设置单元格对齐方式为“中部两端对齐”或“水平居中”。

（5）表格边框设为双实线，宽度为 1.5 磅。

（6）保存文档。

2．制作“学生成绩”表，如【样文 2】所示。

（1）打开 Word 文档，录入标题“学生学习成绩表”。

（2）插入一个 9 行 6 列的表格，并输入相应的内容。如【样文 2】所示。

【样文 2】:

高三・一班成绩表

姓名	语文	数学	英语	计算机	总分
卢圆薇	91	92	95	248	
张琼	88	84	80	215	
姜腊梅	80	82	87	237	
唐涛	83	88	78	260	
程军	90	80	70	306	
黄仕伟	84	83	82	239	
白悦婷	84	84	83	286	
平均分					

（3）通过公式计算出总分和平均分。

（4）按总分降序排列，平均分一行不参与排序。

（5）设置表格外框为 2.5 磅单实线，内框线细线缺省值，第一行文字四号隶书加粗，第一列文字楷体小四加粗，总分列，红色仿宋加粗，10%灰色底纹。效果如【样文 3】所示。

【样文 3】:

姓名	语文	数学	英语	计算机	总分
程军	90	80	70	306	546
白悦婷	84	84	83	286	537
卢圆薇	91	92	95	248	526
唐涛	83	88	78	260	509
黄仕伟	84	83	82	239	488
姜腊梅	80	82	87	237	486
张琼	88	84	80	215	467
平均分	85.71	84.71	82.14	255.86	508.43

（6）保存文档在“E:\666\邮件合并”文件夹下，文件名为“成绩表”。

项目六　Word 2010 的其他功能

任务情景

Word 2010 不仅提供了处理文档的基本功能，还提供了许多特殊的功能。数学教师可以使用 Word 创建数学公式，制作数学试卷。班主任可以用邮件合并功能制作学生成绩通知单。

任务分析

- 创建数学公式
- 邮件合并的方法

知识准备

一、在文档中插入数学公式

利用公式编辑器（Microsoft Equation），可以很容易地建立复杂的数字公式。操作步骤如下：

（1）将光标定位于要插入公式的位置，单击“插入”选项卡→“文本”组→“对象”按钮，在下拉菜单中选择“对象”命令，打开“对象”对话框，在“对象类型”中选择“Microsoft 公式 3.0”，如图 3-108 所示。

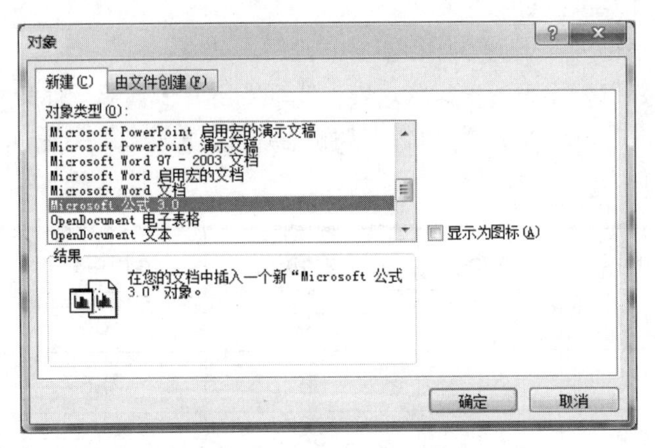

图 3-108　“对象”对话框

（2）单击“确定”按钮，打开公式编辑工具栏如图 3-109 所示。

也可单击“插入”选项卡→“符号”组→“公式”按钮，使用打开的“公式工具”选项卡输入公式，如图 3-110 所示。

（3）输入完公式之后，单击数学公式编辑区之外的任一位置，即可退出公式编辑器。

（4）要修改已输入的数学公式，只要双击该公式，就可进入编辑状态，可重新对公式进行修改。

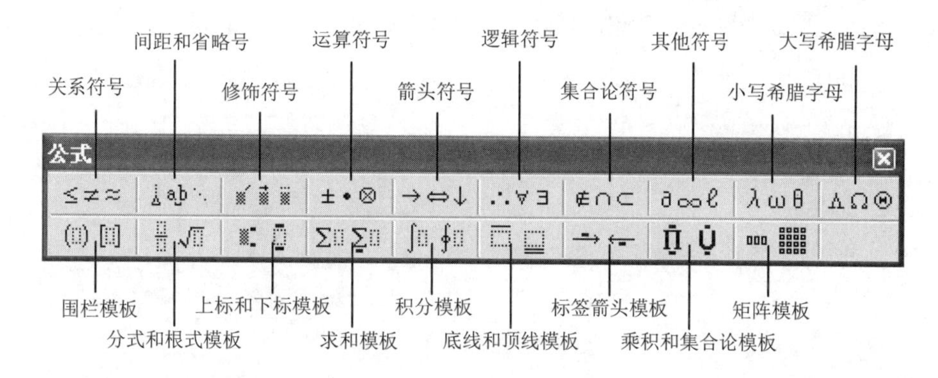

图 3-109　公式工具栏

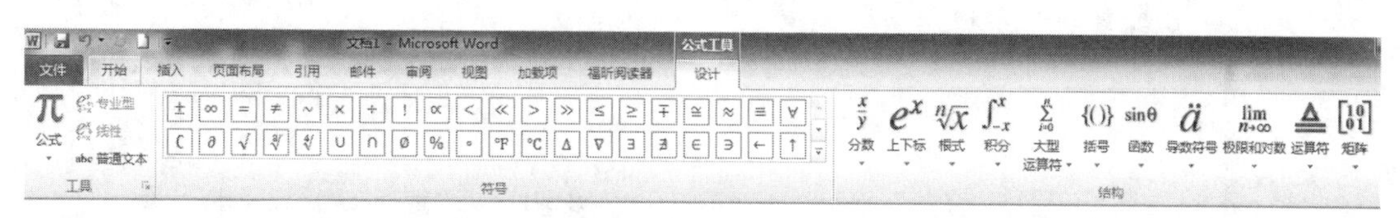

图 3-110　“公式工具”选项卡

二、邮件合并

在填写大量格式相同，只修改少数相关内容，其他文档内容不变的文档时，可以灵活运用 Word 2010 邮件合并功能。邮件合并操作步骤如下：

（一）创建数据源和主文档

（1）新建一个 Word 2010 文档，并保存为“通知单”，文档的内容如图 3-111 所示。数据源使用“E:\666\邮件合并”文件夹下“成绩表”文档。

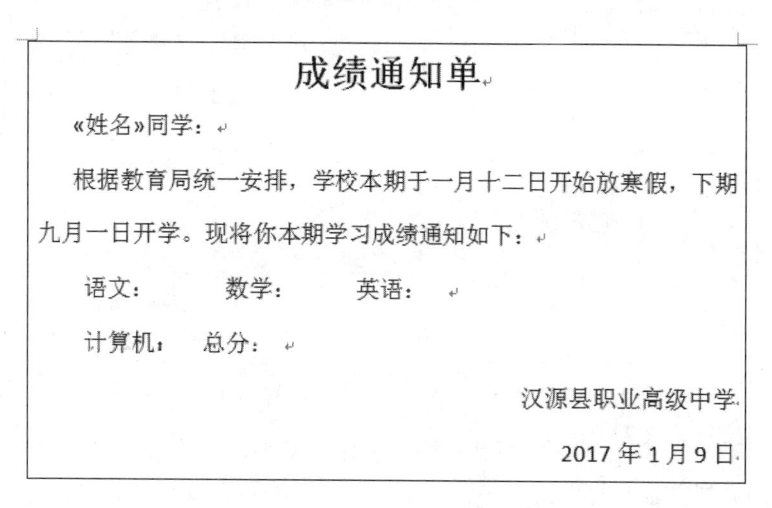

成绩通知单

«姓名»同学：

根据教育局统一安排，学校本期于一月十二日开始放寒假，下期九月一日开学。现将你本期学习成绩通知如下：

语文：　　数学：　　英语：

计算机：　总分：

汉源县职业高级中学

2017 年 1 月 9 日

图 3-111　“通知单”主文档

（2）打开“通知单”主文档，单击“邮件”选项卡→“开始邮件合并”组→“开始邮件合并”按钮，并在下拉菜单中选择“邮件合并分步向导”选项，如图 3-112 所示。

（3）选择“邮件合并”任务窗格，在“选择文档类型”向导页中选中“信函”单选按钮，并单击“下一步：正在启动文档”超链接，如图 3-113 所示。

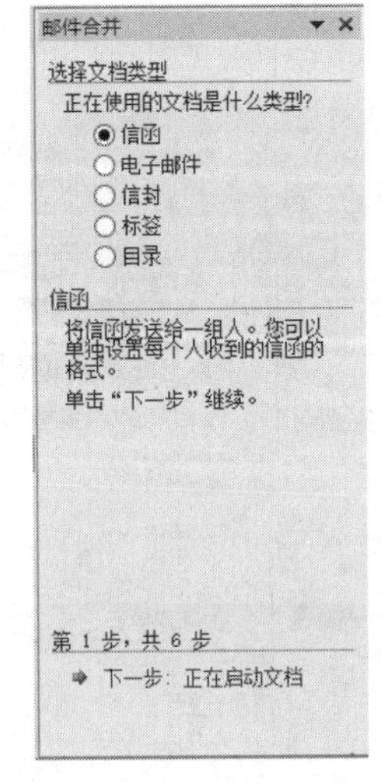

图 3-112　“开始邮件合并”命令　　　　图 3-113　“选择文档类型”向导页

（4）在打开的“选择开始文档”向导页中，选中“使用当前文档”单选按钮，并单击“下一步：选取收件人”超链接，如图 3-114 所示。打开“选择收件人”向导页，选中“使用现有列表”，并单击“浏览”命令，如图 3-115 所示。

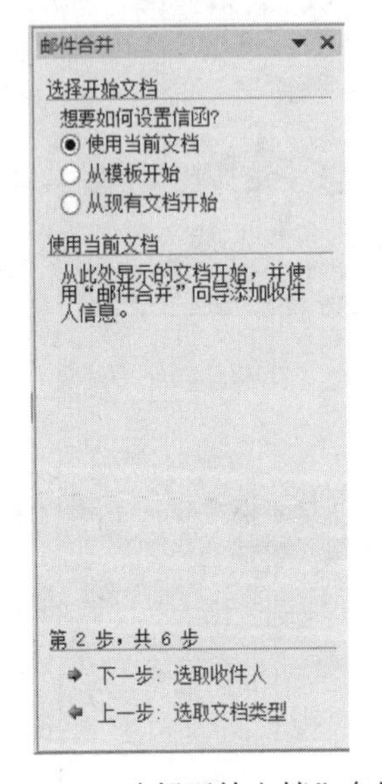

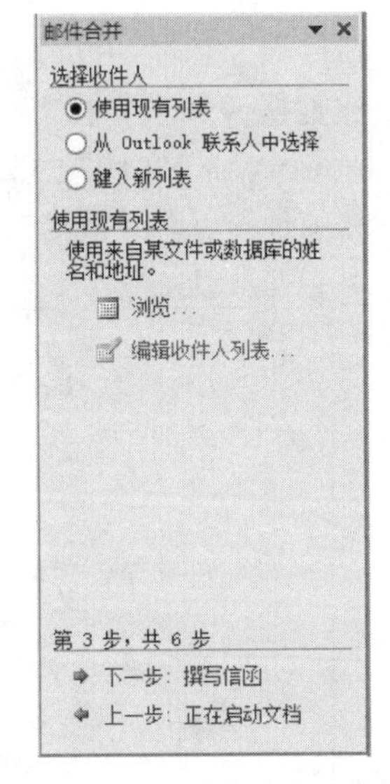

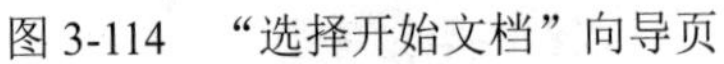

图 3-114　“选择开始文档”向导页　　　　图 3-115　“选择收件人”向导页

（5）在打开的“选择数据源”对话框中，选择“成绩单”，单击“打开”按钮，如图 3-116 所示。在打开的“邮件合并收件人”对话框中，取消对不符合要求（如平均分）的选择，并单击“确定”按钮，如图 3-117 所示。

（6）在“邮件合并”任务窗格中的“选择收件人”向导页中单击“下一步：撰写信函”超链接，如图 3-115 所示。

图 3-116 “选择数据源”对话框

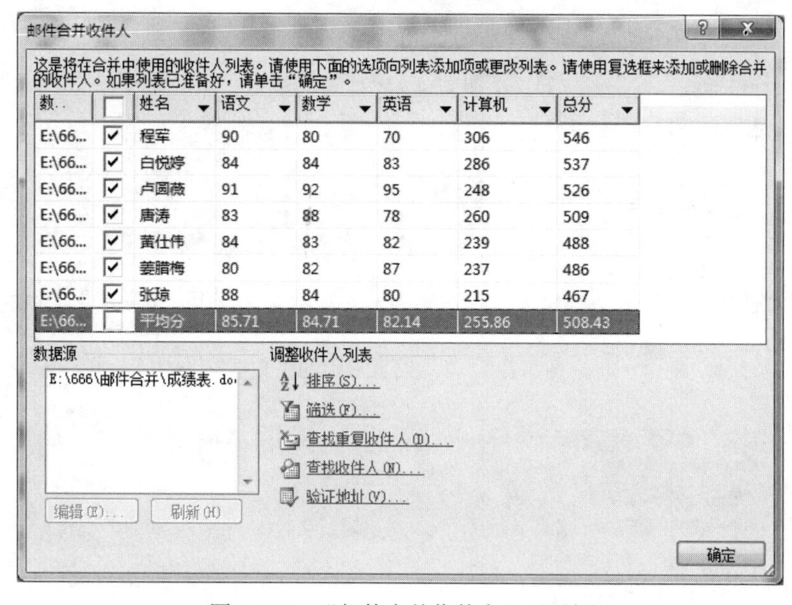

图 3-117 “邮件合并收件人”对话框

（7）打开“撰写信函”向导页，将光标定位到主文档中需要插入信息的位置处，选择“其他项目…”命令，打开“插入合并域”对话框，如图 3-118、图 3-119 所示，把数据源表中对应的域添加到主文档的对应位置，完成后效果如图 3-120 所示。

（8）在“撰写信函”向导页中，单击“下一步：预览信函”超链接，如图 3-118 所示。在打开的“预览信函”向导页中可以查看信函内容，单击“上一个”或“下一个”按钮可以预览其他学生的信函。确认没有错误后单击“下一步：完成合并”超链接，如图 3-121 所示。

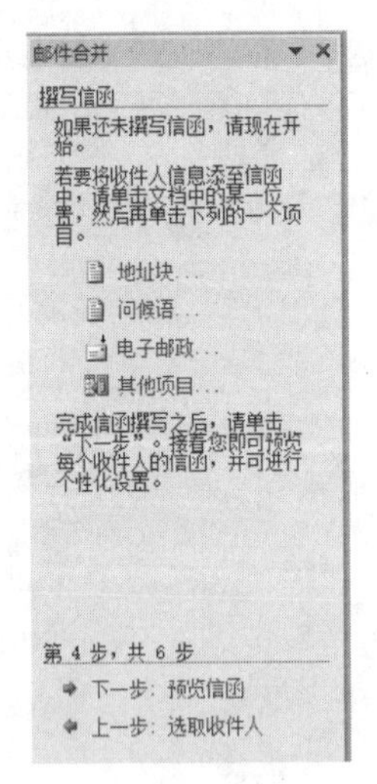

图 3-118 “撰写信函”向导页

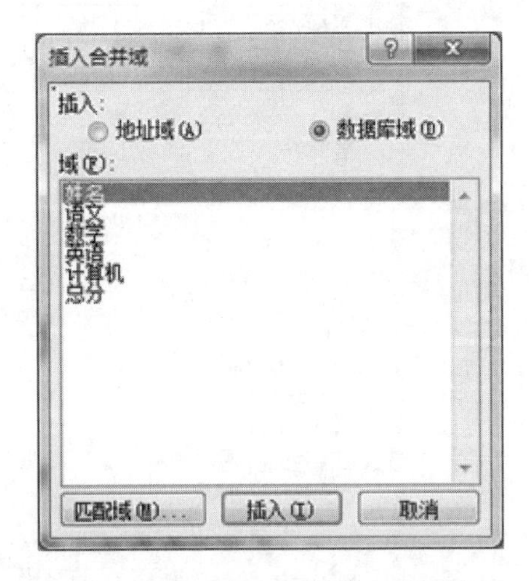

图 3-119 “插入合并域”对话框

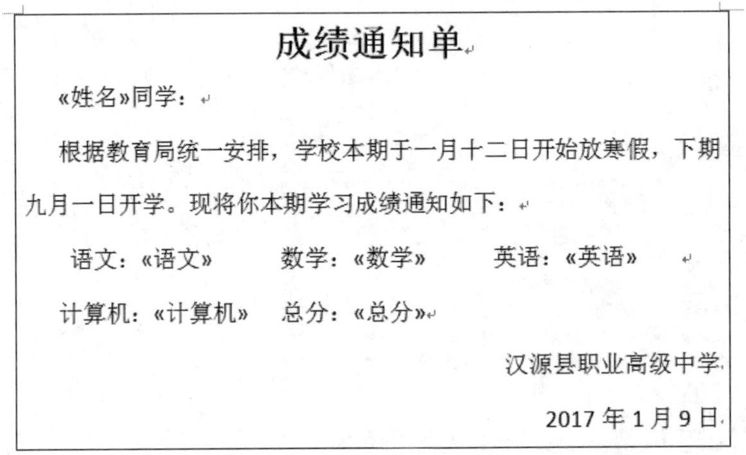

成绩通知单

«姓名»同学：

根据教育局统一安排，学校本期于一月十二日开始放寒假，下期九月一日开学。现将你本期学习成绩通知如下：

语文：«语文"»　　数学：«数学»　　英语：«英语»

计算机：«计算机»　　总分：«总分»

汉源县职业高级中学

2017 年 1 月 9 日

图 3-120 插入合并域后的主文档

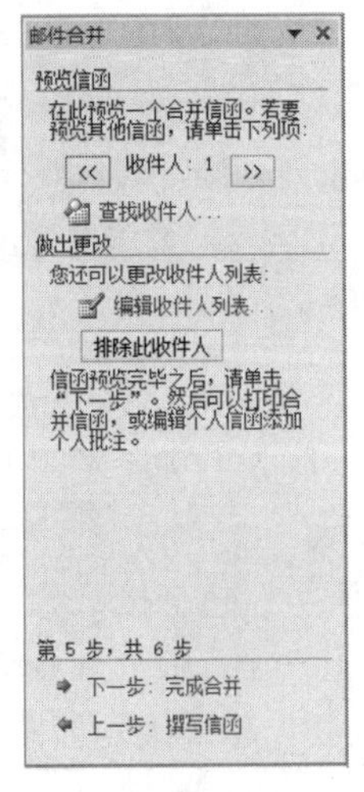

图 3-121 “预览信函”向导页

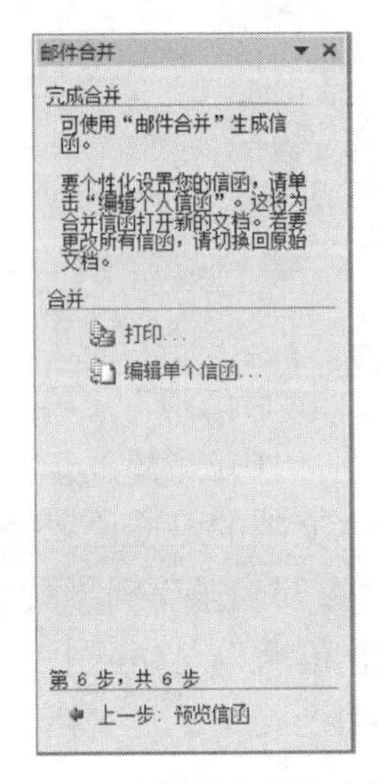

图 3-122 “邮件合并”向导页

（9）在“完成合并”向导页中，通过选择“打印…”命令可以直接将合并的结果打印出来，如图 3-122、图 3-123 所示。也可通过选择“编辑单个信函…”命令将合并的结果以一个新文档来存放，如图 3-124 所示。

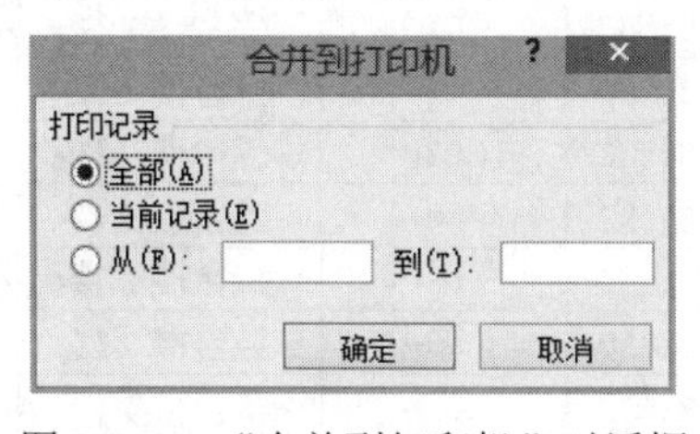

图 3-123　“合并到打印机”对话框

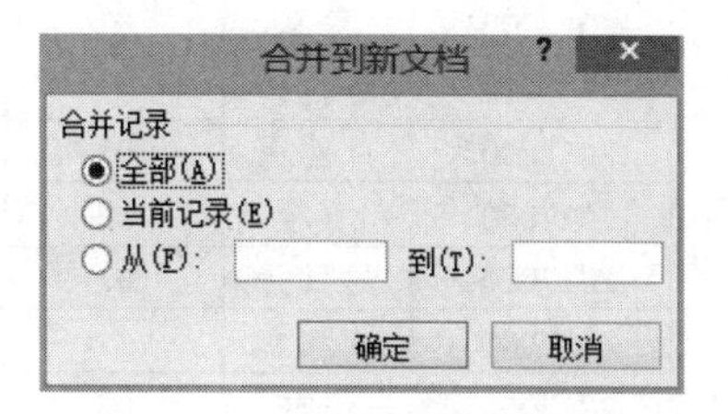

图 3-124　“合并到新文档”对话框

（10）最终生成的成绩通知单如图 3-125 所示。

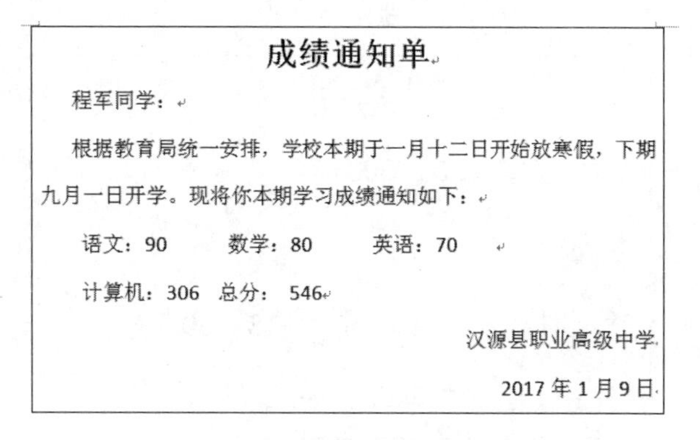

成绩通知单

程军同学：

根据教育局统一安排，学校本期于一月十二日开始放寒假，下期九月一日开学。现将你本期学习成绩通知如下：

语文：90　　数学：80　　英语：70

计算机：306　总分：546

汉源县职业高级中学

2017 年 1 月 9 日

图 3-125　生成的邮件合并新文档

任务实施

1．建立如下所示的公式。

$$\frac{|A-a|}{|a|} \qquad \int \frac{dx}{\sin a} \qquad P=\sqrt{\frac{1}{T}\int_0^T p^2(t)dx}$$

2．使用邮件合并功能制作学生准考证，效果如【学生准考证】所示。注：主文档和数据源如【样文】所示。

【样文】：

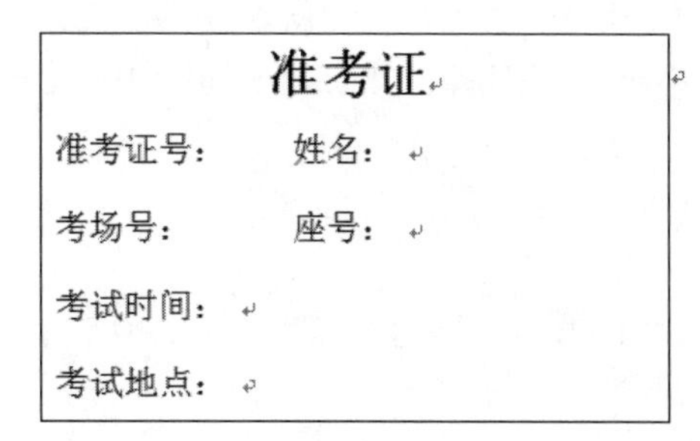

准考证

准考证号：　　姓名：

考场号：　　座号：

考试时间：

考试地点：

考生信息

准考证号	姓名	考场号	考试时间	座号	考试地点
20170001	程军	01	1月6日上午 8：30	01	综合楼 2 楼
20170002	白悦婷	01	1月6日上午 8：30	02	综合楼 2 楼
20170003	卢圆薇	01	1月6日上午 8：30	03	综合楼 2 楼
20170004	唐涛	02	1月6日上午 8：30	06	综合楼 2 楼
20170005	黄仕伟	02	1月6日上午 8：30	08	综合楼 2 楼
20170006	姜腊梅	02	1月6日上午 8：30	09	综合楼 2 楼
20170007	张琼	03	1月6日上午 8：30	02	综合楼 2 楼

【学生准考证】：

准考证

准考证号：20170001　　姓名：程军

考场号：01　　座号：01

考试时间：1 月 6 日上午 8：30

考试地点：综合楼 2 楼

习题

一、文档的格式设置与编排

打开文档 1.docx，按下列要求设置、编排格式。

1．设置【文本 1】格式如【样文 1】所示。

（1）设置字体：第一行“诗坛花絮”为黑体；第二行标题为隶书；“——佚名搜集整理”一行为华文新魏；最后一段为楷体。

（2）设置字号：第一行为小四；第二行标题为小一；“——佚名搜集整理”一行为小四。

（3）设置字形：“——佚名搜集整理”为倾斜。

（4）设置对齐方式：第一行左对齐；第二行标题居中；“——佚名搜集整理”一行右对齐。

（5）设置段落缩进：正文首行缩进 2 字符；最后一段左、右各缩进 1 字符，首行缩进 2 字符。

（6）设置行（段落）间距：第二行标题段前、段后各 0.5 行；“——佚名搜集整理”一行段前、段后各 0.5 行；正文固定行距 18 磅。

【样文 1】：

诗坛花絮

郑板桥画扇

相传，郑板桥在晚年时，曾在潍县当县令。秋季的一天，他微服赶集，见一卖扇的老太太守着一堆无人问津的扇子发呆。郑板桥赶上去，拿起一把扇子看，只见扇面素白如雪，无字无画，眼下又错过了用扇子的季节，自然也就没有人来买了。郑板桥在询问的过程中得知老太太家境贫困，决定帮助她。于是，郑板桥向一家商铺借来了笔、墨、砚台，挥笔泼墨。只见冉冉青竹、吐香幽兰、傲霜秋菊、落雪寒梅等飞到扇面上，又配上诗行款式，使扇面诗画相映成趣。周围的看客争相购买，不一会儿功夫，一堆扇子便销售一空。

——*佚名搜集整理*

郑板桥（1693—1765）名燮，字克柔，江苏兴化人，3 岁丧母，由乳母费氏抚养长大。少时读书于江苏仪征，20 岁学填词，26 岁设塾教学，业余时间研究诗文书画。他生活十分清苦。开始以卖画为生。他中秀才后，到 1732 年（雍正十年）40 岁才中举人，到 1736 年（乾隆元年）44 岁考取进士。先后当了山东范县、潍县知县，12 年的官场生涯，使他目睹当时社会许多黑暗，他的一些施政措施，遭到豪绅的排斥，终在 1753 年（乾隆十八年）去职。郑板桥一生艺术成就很高，他的诗多关心民间疾苦。书法“板桥体”（他自称六分半书）在中国书法史上，前无古人。他的绘画，常以兰竹石松菊梅为题材，尤工兰竹，擅长水墨，极少设色。他的治印艺术虽不及书画艺术影响大，却是他书画艺术中不可缺少的特定形式，他在一幅画卷中常用印 5-6 方，最多则 11-12 方。郑板桥的诗书画印，一般赞之为四绝。他的书画一向为人民所喜爱。

2．设置【文本 2】格式如【样文 2】所示。

（1）拼写检查：改正【文本 2】中的单词拼写错误。

（2）设置项目符号或编号：按照【样文 2】设置项目符号或编号。

【样文 2】：

【样文 2】

- ✓ And even then a man can not smile like a child, for a child smiles with his eyes, whereas a man smiles with his lips alone. It is not a smile; but a grin; something to do with humor4, but little to do with happiness.
- ✓ It is obvious that it is nothing to do with success. For Sir Henry Stewart was certainly successful. It is twenty years ago since he came down to our village from London, and bought a couple of old cottages, which he had knocked into one. He used his house as weekend refuge.
- ✓ He was a barrister. And the village followed his brilliant career with something almost amounting to paternal pride.

二、文档表格的创建与设置

打开文档 2.docx，按下列要求创建、设置表格如【样文 3】所示。

（1）创建表格并应用表格样式。将光标置于文档第一行，创建一个 3 行 3 列的表格；为新创建的表格应用第三行第三列的表格样式“浅色网格-强调文字-颜色 2”。

（2）表格行和列的操作。删除“一月份各车间产品合格情况”表格中“不合格产品”一列右侧的一列（空列）；将“第四车间”一行移至“第五车间”一行的上方；将表格各行平均分布。

（3）合并或拆分单元格。将表格中“车间”单元格与其右侧的单元格合并为一个单元格。

（4）表格格式。将表格中各数据单元格的对齐方式设置为中部居中；第一行设置为蓝色底纹，其余各行设置为粉色底纹。

（5）表格边框。将表格外边框设置为双实线；网格横线设置为点划线；网格竖线设置为细实线。

【样文 3】：

一月份各车间产品合格情况

车间	总产品数（件）	不合格产品（件）	合格率（%）
第一车间	4856	12	99.75%
第二车间	6235	125	97.99%
第三车间	4953	88	98.22%
第四车间	5364	55	98.97%
第五车间	6245	42	99.32%

三、文档的版面设置与编排

打开文档 3.docx，按下列要求设置、编排文档的版面如【样文 4】所示。

（1）设置页面。纸型为自定义大小，宽度为 22cm、高度为 30cm；页边距上下各 3cm、左右各 3.5cm。

（2）设置艺术字。设置标题“黄山简介”为艺术字，艺术字样式为第 6 行第 2 列；字体为华文行楷；文字环绕方式为“嵌入型”。

（3）设置分栏。将正文二、三、四段设置为三栏格式。

（4）设置边框和底纹。为正文第一段设置底纹，图案样式为浅色上斜线，颜色为淡蓝色。

（5）插入图片。在样文所示位置插入图片：“E:\样文\黄山.bmp”，图片缩放为 60%；环绕方式为“紧密型”。

（6）添加脚注和尾注。为正文第二段第一行“黄山”两个字添加双下划线；插入尾注“黄山：位于中国安徽省南部，横亘在黄山区、徽州区、黟县和休宁县之间。”

（7）设置页眉和页脚。按样文添加页眉文字，并设置相应的格式。

【样文 4】：

黄山风光

黄山简介

素有诗情画意的黄山，绵亘三百余里，风景七十二峰，峰峰秀丽，直插入云，[illegible]，[illegible]，古松多姿，[illegible]，云海[illegible]，[illegible]千里，飞瀑流泉，[illegible]。黄山集名山胜景于一身，有泰山之[illegible]，[illegible]之烟云，庐山之飞瀑，[illegible]之清凉。

黄山[1]以奇松、怪石、云海、温泉"四绝"著称于世，与埃及金字塔、百慕大三角洲同处于神秘的北纬三十度线上，雄峻瑰奇，奇中见雄、奇中藏幽、奇中怀秀、奇中有险。景区内奇峰耸立，有 36 大峰、36 小峰，其中莲花峰、天都峰、光明顶三大主峰，海拔均在 1800 米以上。明代大旅行家徐霞客二游黄山，叹曰："薄海内外无如徽之黄山，登黄山天下无山，观止矣。"

黄山以变取胜，一年四季景各异，山上山下不同天。独特的花岗岩峰林，遍布的峰壑，千姿百态的黄山松，惟妙惟肖的怪石，变幻莫测的云海，构成了黄山静中有动，动中有静的巨幅画卷。这幅画卷风采神奇、魅力无穷、灵性永恒。前人有道：岂有此理，说也不信；真正妙绝，到此方知。

目前，黄山的开发建设已具相当的规模，旅游基础设施及配套设施日臻完善。景区内已先后开通云谷索道、玉屏索道和太平索道，拥有旅游宾馆 20 余家，其中三星级宾馆 4 家。黄山 1985 年被评为中国十大风景名胜之一，1990 年 12 月被联合国教科文组织正式列入"世界自然与文化遗产"名录。

[1]黄山：位于中国安徽省南部，横亘在黄山区、徽州区、黟县和休宁县之间。

第四章　电子表格处理软件 Excel 2010

Excel 是微软公司推出的 Microsoft Office 办公系列软件中的一个重要组成部分，具有强大的自由制表和数据处理等多种功能，广泛地应用于管理、统计、财经、金融等众多领域，是目前世界上最优秀、最流行的电子表格制作和数据处理软件之一。利用该软件，用户不仅可以制作精美的电子表格，还可以用来组织、计算和分析各种类型的数据，方便地制作复杂的图表和统计报表等。Excel 目前常用的版本有 Excel 2003，Excel 2007 和 Excel 2010 等，本书以 Excel 2010 来学习电子表格的应用。

本章学习目标:

- 掌握工作簿的创建、保存、打开和关闭方法
- 掌握数据的输入、填充、清除方法
- 掌握行高、列宽、单元格格式的设置方法
- 掌握行、列、单元格的选定、插入、删除、移动、复制和合并方法
- 掌握页面设置方法
- 掌握工作表的插入、删除和打印等常用操作方法
- 掌握图表的插入和格式设置方法
- 理解单元格引用的概念及分类
- 掌握公式与常用函数的应用
- 掌握数据的排序、筛选方法
- 了解分类汇总和合并计算的功能及操作方法
- 掌握数据透视表的建立方法

项目一　工作簿的基本操作

任务情境

李敖是四川省汉源县职业高级中学高二（3）班的班长，为了帮助班主任更好地管理好班集体，他需要做好本班学生的入学信息登记表、清洁卫生安排表、平时成绩登记表、考勤登记表和食堂就餐桌次安排表等，他打算用 Excel 2010 来制作一个班级管理工作簿。

任务分析

- Excel 2010 启动、退出方法
- 认识 Excel 2010 的界面
- 工作簿的建立、保存、打开和删除基本操作

知识准备

一、Excel 2010 的基本功能

- 方便地建立、管理和输出各种表格
- 利用公式和函数完成各种复杂的计算
- 方便地产生和输出与原始数据相链接的各种类型的图表
- 系统地进行数据库的管理

二、Excel 2010 的启动与退出

（一）Excel 2010 的启动

Excel 2010 的启动方式与 Office 2010 的其他组件的启动方式相似，可以用以下任意一种方式进行启动：

（1）单击“开始”→“所有程序”→“Microsoft Office”→“Microsoft Excel 2010”命令即可启动 Excel。

（2）如果桌面上创建了 Excel 2010 的快捷图标，双击该图标也可启动 Excel。

（3）通过双击 Excel 文档来启动 Excel 并打开该文档。

（二）Excel 2010 的退出

如果想退出 Excel，可选择下列任意一种方法。

（1）单击“文件”→“退出”命令。

（2）单击标题栏左侧的控制菜单图标，在弹出的菜单中单击“关闭”选项或者双击该图标。

（3）单击 Excel 窗口右上角的关闭图标。

（4）按 Alt+F4 组合键。

三、Excel 2010 窗口介绍

启动 Excel 2010 后，就可看到如图 4-1 所示的窗口。此窗口主要由标题栏、功能区、工作区、滚动条、状态栏等组成。

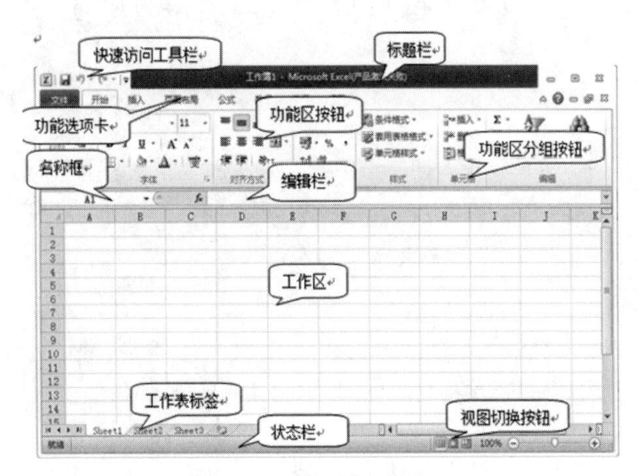

图 4-1　Excel 的工作窗口

（一）标题栏

标题栏位于 Excel 窗口的最上方，中间显示当前打开的应用程序名“Microsoft Excel”和当前正在编辑的文件名（如本例中的“工作簿 1”）。标题栏最左端有一个“ ”形状的图标，这是 Excel 2010 的控制菜单图标，用于实现窗口大小改变和移动的快捷操作；标题栏右端有 3 个按钮，从左至右分别是最小化、最大化（或还原）和关闭按钮，它们用于对整个 Excel 应用程序窗口进行操作。

（二）快速访问工具栏

在标题栏控制菜单图标的右边是快速访问工具栏，它提供若干工具按钮用于快速执行一些常见操作，默认包括 3 个按钮， ：分别是“保存”“撤消”和“恢复”按钮，我们也可通过单击右边的 按钮向快速访问工具栏添加或删除工具按钮。

（三）功能区

功能区位于标题栏的下方，除了最左边的“文件”按钮外，默认情况下由 7 个选项卡组成（如图 4-2 所示），分别是“开始”“插入”“页面布局”“公式”“数据”“审阅”和“视图”。每个选项卡对应不同的功能区，每个功能区由若干个组组成，每个组又由若干功能相似的按钮和下拉列表组成。组的名称显示在功能区下方，不同组之间用分组线分隔。如果该组功能可以详细设置，则该组右下角有一个启动器按钮，单击此按钮可弹出对话框。

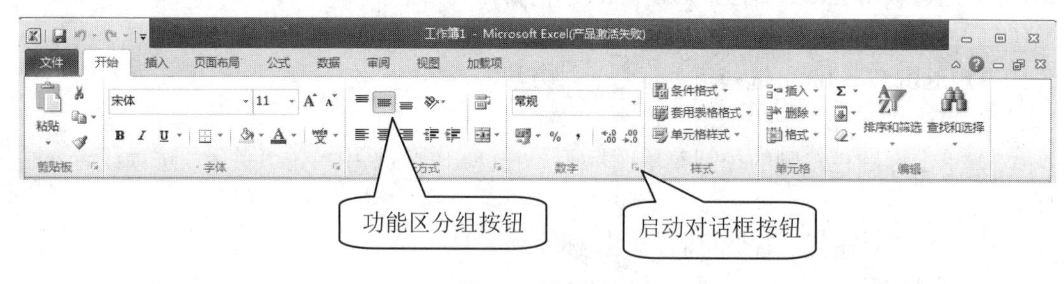

图 4-2　功能区

1. “开始”功能区

“开始”功能区中包括剪贴板、字体、对齐方式、数字、样式、单元格和编辑 7 个组。该功能区主要用于帮助用户对 Excel 2010 工作表进行文字编辑和单元格的格式设置，是用户最常用的功能区，如图 4-3 所示。

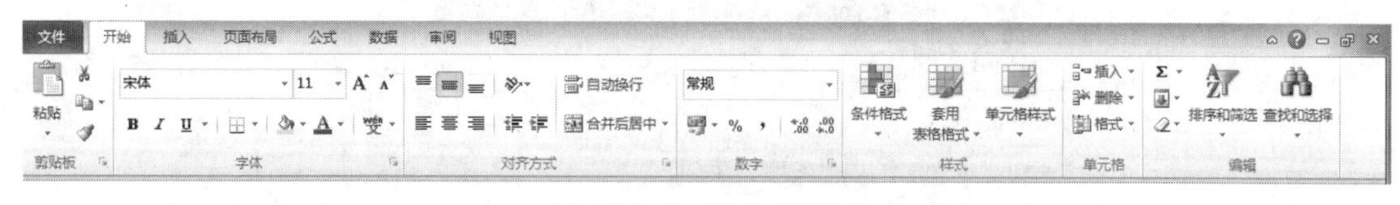

图 4-3　“开始”功能区

2. “插入”功能区

“插入”功能区包括表格、插图、图表、迷你图、筛选器、链接、文本和符号 8 个组，主要用于在 Excel 2010 表格中插入各种对象，如图 4-4 所示。

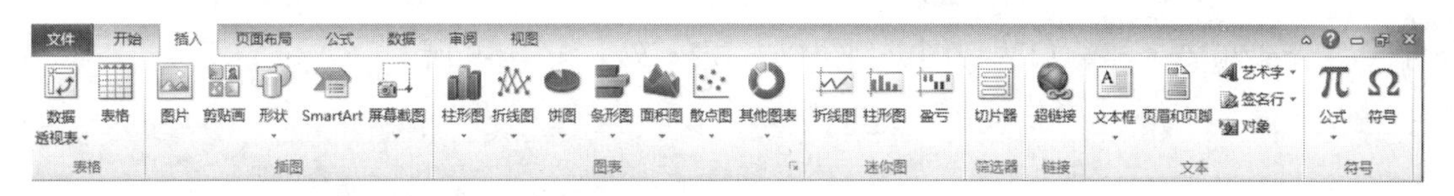

图 4-4 “插入”功能区

3. “页面布局”功能区

“页面布局”功能区包括主题、页面设置、调整为合适大小、工作表选项和排列 5 个组，用于帮助用户设置 Excel 表格页面样式，如图 4-5 所示。

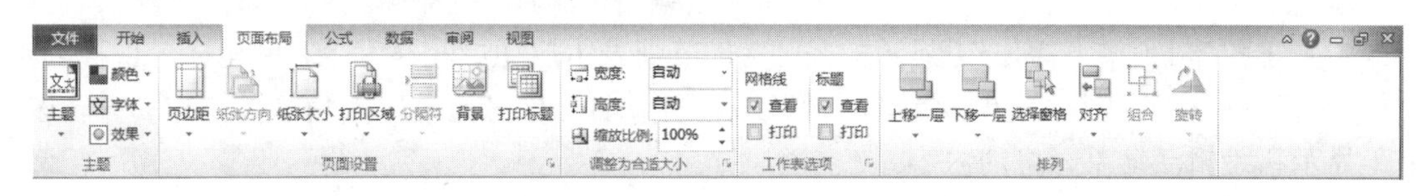

图 4-5 “页面布局”功能区

4. “公式”功能区

“公式”功能区包括函数库、定义的名称、公式审核和计算 4 个组，用于实现在 Excel 2010 表中进行各种数据计算，如图 4-6 所示。

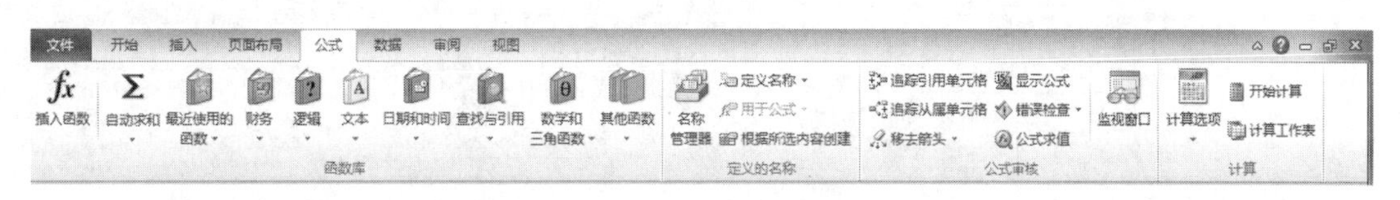

图 4-6 “公式”功能区

5. “数据”功能区

“数据”功能区包括获取外部数据、连接、排序和筛选、数据工具及分级显示 5 个组，主要用于在 Excel 2010 表格中进行数据处理方面的操作，如图 4-7 所示。

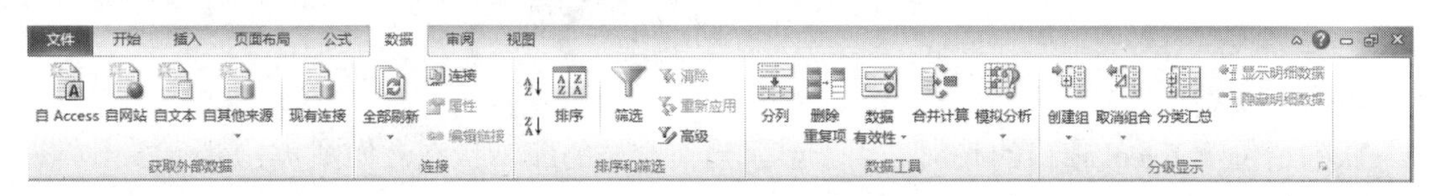

图 4-7 “数据”功能区

6. “审阅”功能区

“审阅”功能区包括校对、中文简繁转换、语言、批注和更改 5 个组，主要用于对 Excel 2010 表格进行校对和修订等操作，适用于多人协作处理 Excel 2010 表格数据，如图 4-8 所示。

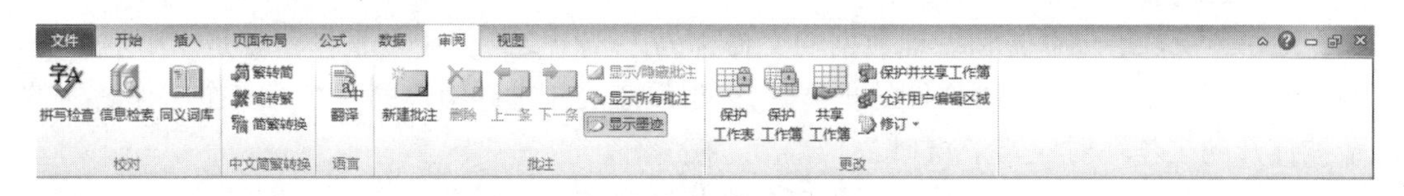

图 4-8 “审阅”功能区

7. “视图”功能区

“视图”功能区包括工作簿视图、显示、显示比例、窗口和宏 5 个组，主要用于帮助用户设置 Excel 2010 表格窗口的视图类型，以方便操作，如图 4-9 所示。

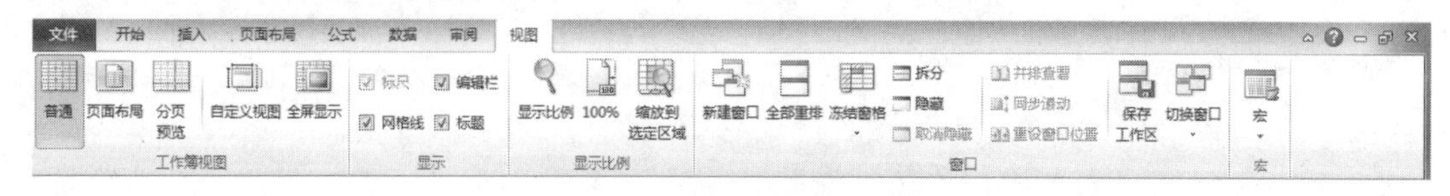

图 4-9 “视图”功能区

（四）编辑栏

编辑栏位于功能区的下方，由名称框和数据编辑区组成。名称框中显示的是活动单元格的地址，在图 4-1 中，名称框中显示的是“A1”，则表示活动单元格为 A1 单元格，也称为当前单元格，只有在活动单元格中才能输入和编辑数据。名称框右边是插入函数按钮 f_x 和编辑区，用于显示和编辑活动单元格的内容。

（五）工作表窗口

工作表窗口是我们在 Excel 中处理数据的基本工作环境，用于对当前工作表中数据进行编辑和管理，它由行标号、列标号、全选按钮、工作表区域、滚动条和工作表标签栏组成，如图 4-10 所示。

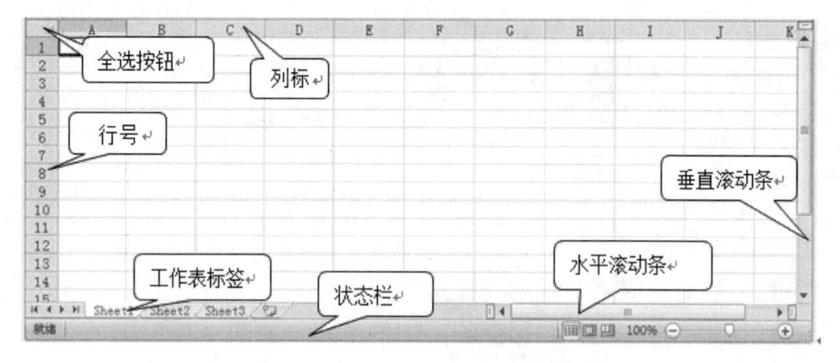

图 4-10 工作表窗口

（六）状态栏

状态栏位于 Excel 窗口的底部，用于显示当前文档的编辑状态，如图 4-10 所示。

四、工作簿、工作表与单元格的基本概念

在 Excel 2010 的使用中，我们的操作对象主要有工作簿、工作表和单元格，因此，我们先要弄清楚它们的相关概念及关系。

（一）工作簿

在 Excel 中，用户存储和管理数据的文件称为工作簿文件，一个工作簿就是一个 Excel 格式的文件，Excel 2010 工作簿文件的扩展名为.xlsx。Excel 允许用户同时打开多个工作簿文件，每个被打开的工作簿对应一个窗口。

系统对新建的工作簿文件按先后顺序自动将其命名为工作簿 1、工作簿 2、……，用户可在保存文件时对它重新命名，工作簿窗口显示当前的文件名，如图 4-11 所示，该窗口显示的工作簿文件名为“工作簿 1”。

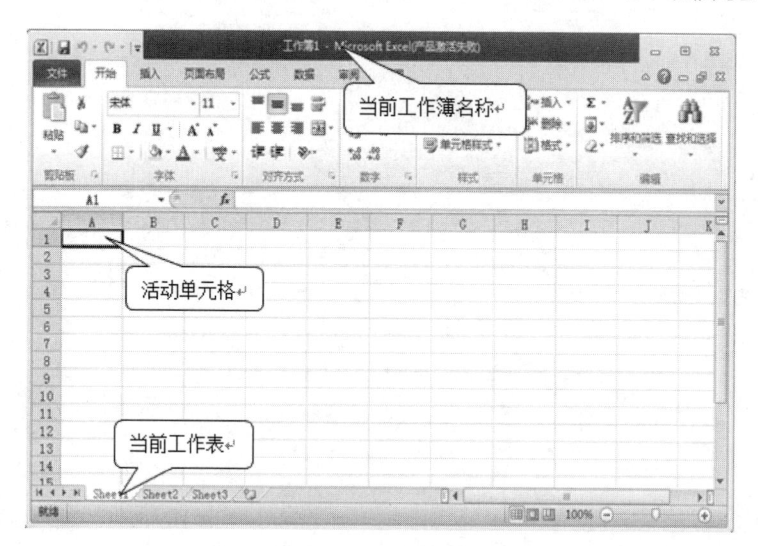

图 4-11　工作簿窗口

（二）工作表

在工作簿中，记录、使用与管理数据的区域称为工作表，数据处理的全部工作都要在工作表中进行，工作表就是我们所说的电子表格。一个工作簿文件可包含若干张工作表，但随着工作表的逐渐增多，受计算机内存等因素的影响，打开工作簿时会出现系统资源不足提示，这时候要求我们删除掉某些不用的工作表以保证资源的充分利用。无论怎样，一个工作簿所能包含的工作表的数量足以满足我们的应用需求，不必过多地去担心系统资源不足的问题。系统默认自动创建的工作表有 3 张：Sheet1、Sheet2、Sheet3，我们可通过如图 4-10 所示的工作表标签进行工作表的查看、选择、移动、复制、删除、插入和重命名等操作。

（三）单元格

单元格就是工作表中用来输入数据或公式的矩形格。在 Excel 的每张工作表中，共有 1048576（行）×16384（列）个单元格。单元格的地址由列标在前、行标在后共同标识，垂直方向为列，由字母（A，B，C，…，Z，AA，BB，…）命名，最多可达 16384 列；水平方向为行，由数字（1，2，3，…）命名，最大可达 1048576 行。当前正在使用的单元格被称为活动单元格，它的外围有黑色边框，每张工作表中只能有一个活动单元格，只有在活动单元格中才能输入数据。它的地址可通过名称框查看，如图 4-11 所示，名称框中显示的单元格地址为 A1，表示当前活动单元格位于第 1 行，第 1 列。

五、建立工作簿

（一）启动 Excel 2010 新建工作簿

在启动 Excel 2010 时，系统默认新建名为“工作簿 1”的工作簿。

（二）利用“文件”创建新建工作簿

单击“文件”→“新建”按钮，弹出如图 4-12 所示窗口，在“可用模板”区域可通过单击“空白工作簿”来新建一个空的工作簿文件。也可选择 Excel 提供的模板或自己创建的模板来建立新文件，利用模板可避免相似功能的重复劳动，提高效率。

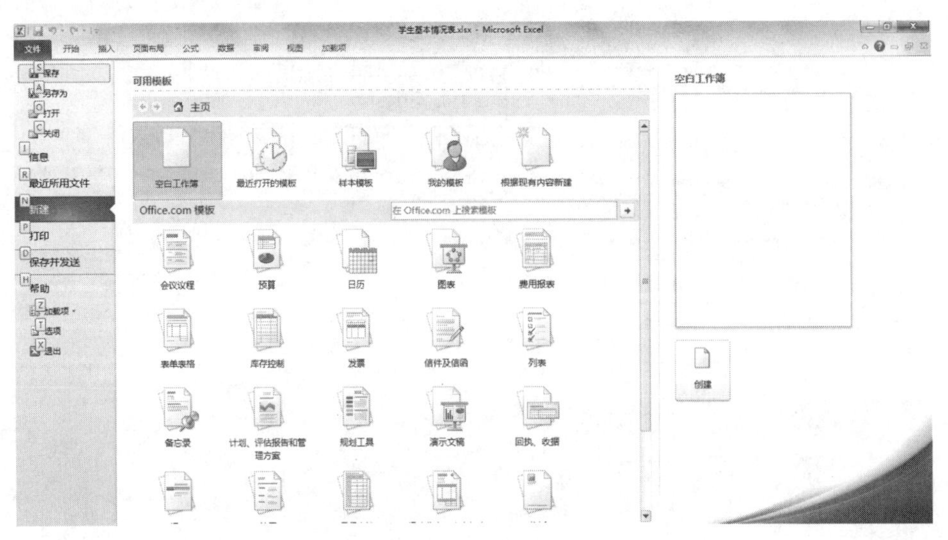

图 4-12 “新建”窗口

（三）利用快速访问工具栏创建工作簿

如果“快速访问工具栏”上添加了“新建”按钮，可直接单击此按钮创建一个新工作簿文件。

（四）利用快捷键创建工作簿

按下“Ctrl + N”组合键，也可直接创建新的工作簿。

六、保存工作簿

在建立工作簿文件后，需要将其保存在磁盘上，以便今后使用。我们应该养成经常存盘的习惯，以免因为意外导致数据丢失。工作簿的保存可分为以下两种情况：

（一）保存新工作簿文件

当用户第一次保存新建的工作簿文件时，一般都需要给这个工作簿命名，并指定存储的位置，具体方法如下：

（1）单击“快速访问工具栏”中的“保存”按钮，或者选择“文件”→“保存”命令，都会出现如图 4-13 所示的“另存为”对话框。

（2）在导航窗格中选择要存储的位置，然后在“文件名”后的文本框中输入文件名，保存类型可在列表中选择，系统默认选择“Excel 工作簿”。

（3）单击“保存”按钮，此时完成文件的保存并返回到工作簿窗口，可以继续进行编辑。

（二）保存已有的工作簿

（1）如果需要重新保存已存盘的工作簿，可直接单击“快速访问工具栏”中的“保存”按钮，或者选择“文件”→“保存”命令，或者按“Ctrl+S”组合键。此时，因为该文件已经命名保存过，所以不会再弹出“另存为”对话框，而自动按原来的路径和文件名存盘。

（2）如果要用另一个文件名或在另外的位置来保存该工作簿文件，需选择“文件”→“另存为”命令，在弹出的“另存为”对话框中输入新的文件名或新的保存位置则可将文件另外保存（对话框同图 4-13）。

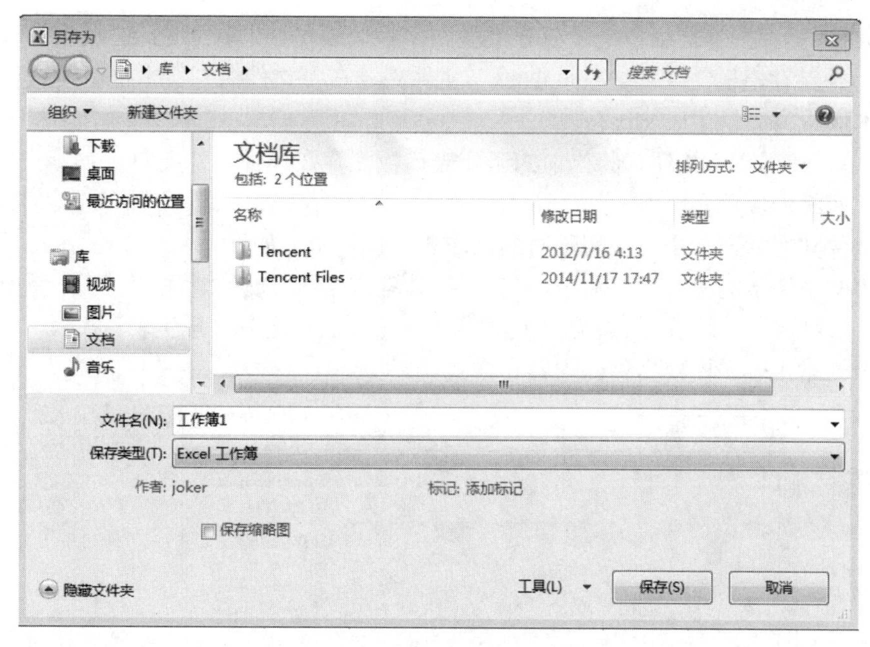

图 4-13　“另存为”对话框

七、模板的使用

Excel 为一些常用的报表提供了模板，使用这些模板可以提高工作效率并且具有统一的格式。还可以将经常使用的表格定义为模板，以便以后使用。

（一）创建新模板文件

用户可以将自己创建的工作簿作为模型，定义一个模板文件，以便经常使用该模板进行工作。步骤如下：

（1）打开一个已经编辑好的工作表。

（2）单击“文件”下的“另存为”命令，打开如图 4-14 所示“另存为”对话框。

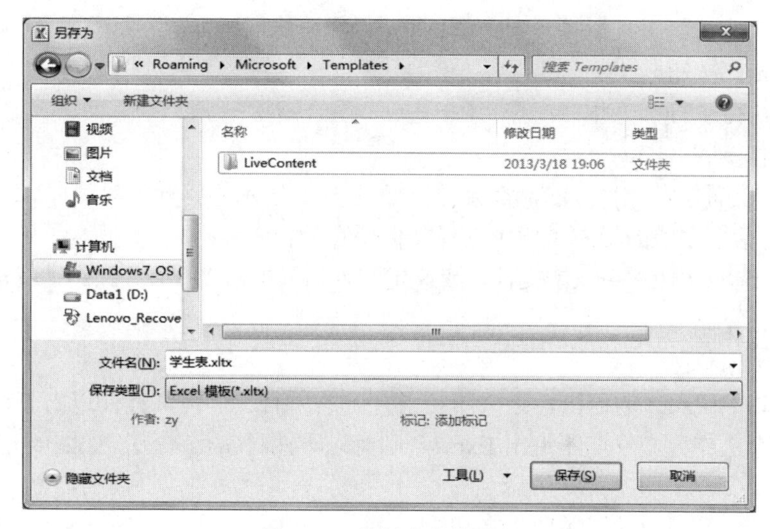

图 4-14　模板文件的建立

（3）在“另存为”对话框的“保存类型”下拉列表框中选择“Excel 模板”选项，保存位置自动变为保存模板文件的“Templates”文件夹，在“文件名”文本框中设置模板文件的文件名，本例设为“学生表.xltx”。

（4）单击“保存”按钮，将当前的工作表模板保存在模板文件夹中。

（二）模板的应用

模板文件建立后，如果要应用于新的工作表，操作步骤如下：

单击“文件”下的“新建”命令，在“可用模板”组中选择“我的模板”，弹出如图 4-15 所示“新建”对话框，显示出了本机上已建立的模板，我们选择“学生表”模板，即可使新建的文件应用“学生表”模板文件的内容和格式。

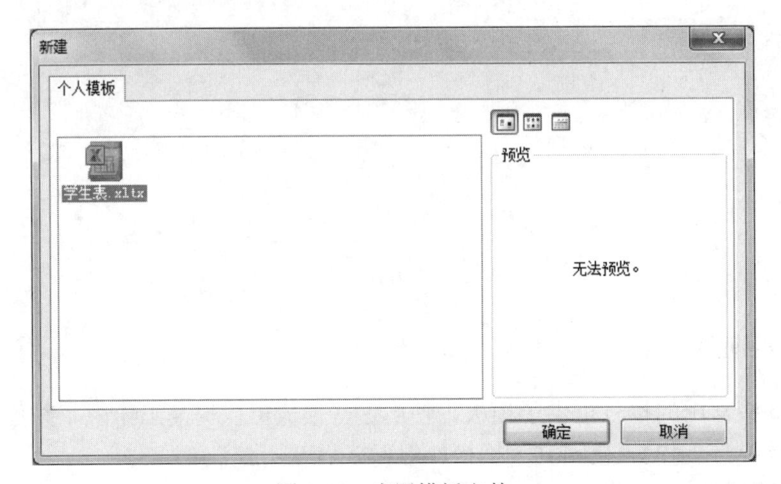

图 4-15　应用模板文件

八、打开工作簿

（一）常用打开工作簿的方法

- 利用“文件”打开工作簿：单击“文件”→“打开”命令
- 利用快速访问工具栏打开工作簿：如果“快速访问工具栏”上添加了“打开”按钮，则单击此按钮
- 利用快捷键打开工作簿：按“Ctrl + O”组合键

（二）操作步骤

（1）执行上面任意一种方法，都会弹出如图 4-16 所示“打开”对话框。

（2）在对话框左边的导航窗格中选择文件所在的位置。

（3）在所选的文件夹中双击文件，或选定文件后，单击“打开”按钮，就可以打开文件。

九、关闭工作簿

前面我们讲的 Excel 的退出，会关闭当前打开的所有工作簿文件并退出 Excel，但如果我们只想关闭某个工作簿文件而不退出 Excel，则有以下两种常用方法（如图 4-17 所示）。

- 单击“文件”→“关闭”命令
- 单击工作簿窗口的“关闭”按钮

图 4-16　“打开”对话框

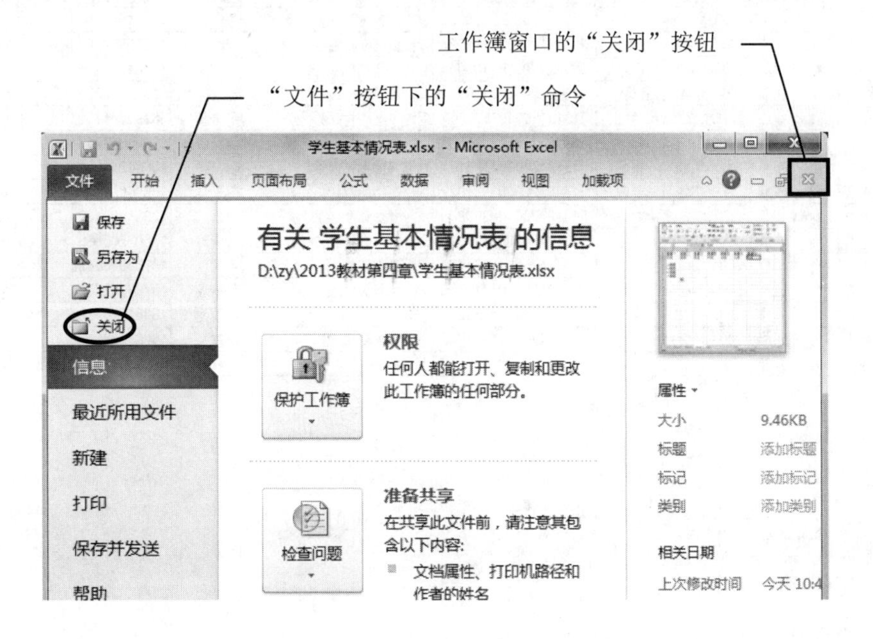

图 4-17　关闭文件

十、删除工作簿

删除工作簿的操作同 Windows 7 中磁盘文件的删除操作相同。

任务实施

1．启动 Excel 2010。
2．保存工作簿。

3．关闭 Excel 2010。

巩固练习

1．建立四川省汉源县职业高级中学高二（3）班班级管理工作簿。
2．建立四川省汉源县职业高级中学学籍管理工作簿。

项目二　编辑工作表

任务情境

李敖同学帮助班主任老师建好了高二（3）班班级管理工作簿，接下来他要建立班级同学的入学登记表、清洁卫生安排表、食堂就餐座次表、平时成绩登记表等工作表。其入学登记表为如图 4-18 所示的数据表，该如何操作呢？

	A	B	C	D	E	F	G	H	I	J	K
1	高2015级新生入学登记表										
2	班级	姓名	性别	民族	出生日期	专业	身份证号码	家庭住址	家长姓名	联系电话	交费（元）
3	1班	曹释艺	女	汉族	2001/8/27	计算机	513124200108270025	富林镇源祥路一段74号	朱洪梅	13551579356	2200
4	2班	陈美燕	女	汉族	2000/9/17	计算机	51312420000917402X	梨园乡三江村2组17号	李洪兵	13795868389	2200
5	3班	冯花	女	汉族	2000/7/13	计算机	513124200007133064	后域乡全新村9组	冯德军	15181200495	1000
6	4班	冯珂	男	汉族	2000/10/12	计算机	513124200010120192	九襄镇堰沟村7组	赵建英	15328162892	2200
7	5班	冯婷	女	汉族	2001/4/2	计算机	51312420010402306X	后域乡全新村6组	冯维高	13796864759	1000
8	6班	辜雪霞	女	藏族	2002/12/29	电子	513124200212295265	小堡藏族彝族乡团结村3组	辜义明	13981648717	2200
9	7班	郝茂媛	女	汉族	2000/7/18	电子	51312420000718016X	九襄镇民主村14组	郝钦强	15881243013	1000
10	8班	何顺美	女	汉族	2000/8/3	学前教育	513435200008031022	富林镇鸣鹿村1组	彭永连	18095095187	1000
11	8班	[illegible]玉兰	女	汉族	2001/6/20	学前教育	513124200106203865	富乡乡富和村12组	何昌成	13981603170	2200
12	9班	黄柯	男	汉族	2000/5/31	汽修	513124200005313571	富庄镇永兴村2组34号	黄庆英	13608263660	1000
13	9班	黄宇航	男	汉族	2000/10/15	汽修	513124200010154771	清溪镇永安村6组	黄河	18783598647	2200
14	9班	蒋敏	女	汉族	2001/4/1	汽修	513124200104013726	富乡乡五星村1组	蒋珍高	18783562604	1000
15	10班	雷宇	男	汉族	2001/7/16	汽修	51312420010716321X	宜东镇天罡村7组3号	雷正强	13881624429	1000
16	10班	李超	男	汉族	2001/11/26	汽修	513124200111264777	清溪镇永安村6组	李建平	15881228048	2200
17	10班	李东怿	男	汉族	2000/3/14	汽修	513124200003143417	大堰乡海亭村7组	王琴芳	13558946187	2200

图 4-18　“入学登记表”窗口

任务分析

- 打开工作簿
- 输入数据
- 格式化工作表
- 打印工作表
- 工作表的插入、删除、复制和移动等基本操作

知识准备

打开“班级管理工作簿.xlsx”，系统默认包含有 3 张空白工作表，当前工作表默认为 Sheet1。

一、工作表的数据输入

打开工作簿文件后，我们就可以在当前工作表中进行数据的录入了。

（一）输入数据

要向任意单元格中输入内容，需要按照下述步骤进行：

（1）单击要输入内容的单元格。

（2）输入数据内容。

（3）输入完毕后，若想将输入的内容存入单元格中，选择下列操作之一：

➢ 按回车键：保存当前单元格中输入的数据，并使本列下一行的单元格成为活动单元格

➢ 按方向键（→←↑↓）：保存当前单元格中输入的数据，并使箭头方向的相邻单元格成为活动单元格

➢ 单击编辑栏前面的“✔”（确认）按钮：保存当前单元格中输入的数据，并使该单元格仍为活动单元格

➢ 若想取消刚输入的数据，则可单击编辑栏中的“✖”（取消）按钮

（二）数据的分类

在输入过程中，我们发现 Excel 对不同数据的处理方式是不一样的，它将工作表中的数据分为了文本型、数值型和日期时间型，不同类型的数据各自有其特点和格式，通常系统能够根据我们的输入自动识别数据类型，我们也可根据需要改变输入数据的类型。

1. 文本型

文本型数据可包括汉字、字母、数字、空格和其他符号。默认情况下，文本型数据以左对齐方式显示。

像图 4-18 的 Excel 表中的“姓名”“家庭住址”等包含了非数字字符的数据项，系统会自动视作文本处理；而像有些数据（如图 4-18 中的“身份证号码”“联系电话”），虽然全部由数字组成，但并不需要进行数学运算，为了避免误操作，也可专门定义为文本格式处理，此时只需在输入的数字前加上一个单引号（’），Excel 就会把该数字作为文本，使它沿单元格左边对齐，如图 4-19 所示“联系电话”列的效果。

	A	B	C	D	E	F	G	H	I	J	K
1	高2015级新生入学登记表										
2	班级	姓名	性别	民族	出生日期	专业	身份证号码	家庭住址	家长姓名	联系电话	交费（元）
3	1班	曹释艺	女	汉族	2001/8/27	计算机	513124200108270025	富林镇源祥路一段	朱洪梅	13551579356	
4	2班	陈美燕	女	汉族	2000/9/17	计算机	51312420000917402X	梨园乡三江村2组	李洪兵	13795868389	
5	3班	冯花	女	汉族	2000/7/13	计算机	513124200007133064	后域乡全新村9组	冯德军	15181200495	
6	4班	冯珂	男	汉族	########	计算机	513124200010120192	九襄镇堰沟村7组	赵建英	15328162892	
7	5班	冯婷	女	汉族	2001/4/2	计算机	51312420010402306X	后域乡全新村6组	冯维高	13796864759	
8	6班	辜雪霞	女	藏族	########	电子	513124200212295265	小堡藏族彝族乡团	辜义明	13981648717	
9	7班	郝茂媛	女	汉族	2000/7/18	电子	51312420000718016X	九襄镇民主村14组	郝钦强	15881243013	
10	8班	何顺美	女	汉族	2000/8/3	学前教育	513435200008031022	富林镇鸣鹿村1组	彭永连	18095095187	
11	8班	何玉兰	女	汉族	2001/6/20	学前教育	513124200106203865	富乡乡富和村12组	何昌成	13981603170	
12	9班	黄柯	男	汉族	2000/5/31	汽修	513124200005313571	富庄镇永兴村2组	黄庆英	13608263660	
13	9班	黄宇航	男	汉族	########	汽修	513124200010154771	清溪镇永安村6组	黄河	18783598647	
14	9班	蒋敏	女	汉族	2001/4/1	汽修	513124200104013726	富乡乡五星村1组	蒋珍高	18783562604	
15	10班	雷宇	男	汉族	2001/7/16	汽修	51312420010716321X	宜东镇天罡村7组	雷正强	13881624429	
16	10班	李超	男	汉族	########	汽修	513124200111264777	清溪镇永安村6组	李建平	15881228048	
17	10班	李东怿	男	汉族	2000/3/14	汽修	513124200003143417	大堰乡海亭村7组	王琴芳	13558946187	

图 4-19　文本型数据的输入

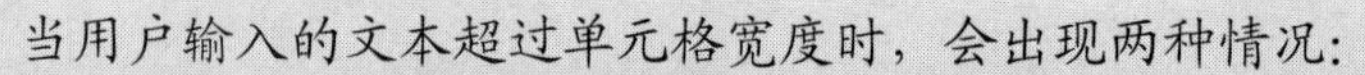

当用户输入的文本超过单元格宽度时，会出现两种情况：

（1）如果右侧相邻的单元格中没有任何数据，则超出的文本会自动溢出到右侧单元格中，如图 4-19 中的“联系电话”列；

（2）如果右侧相邻的单元格中已有数据，则超出的文本被隐藏起来（如图 4-19 所示的“联系电话”列），只有增大列宽或以折行的方式格式化该单元格之后，才能够看到全部的内容，操作方法会在后面相关章节中介绍。

2. 日期和时间型

图 4-18 数据表中“出生日期”列的值由年、月、日组成，当输入的数据符合日期或时间的格式时，则 Excel 将以日期或时间格式存储数据，Excel 允许使用多种格式来输入日期，例如，要输入日期 2008 年 6 月 20 日，可以用下面的任何一种形式输入：

- 08-6-20
- 08 / 6 / 20
- 6-20-08
- 20-Jun-08

在 Excel 中，我们不仅能输入日期，还能输入时间。时间数据由时、分、秒组成，数据之间用冒号分隔，如 8:45:30 表示 8 点 45 分 30 秒，Excel 中的时间是以 24 小时制表示的，如果要按 12 小时制输入时间，则要在时间后留一空格，并输入 AM 或 PM（或 A 或 P）分别表示上午或下午，否则系统将默认时间为上午。

高2015级新生入学登记表

班级	姓名	性别	民族	出生日期	专业	身份证号码	家庭住址	家长姓名	联系电话	交费（元）
1班	曹释艺	女	汉族	2001/8/27	计算机	513124200108270025	富林镇源祥路一段	朱洪梅	13551579356	
2班	陈美燕	女	汉族	2000/9/17	计算机	51312420000917402X	梨园乡三江村2组	李洪兵	13795868389	
3班	冯花	女	汉族	2000/7/13	计算机	513124200007133064	后域乡全新村9组	冯德军	15181200495	
4班	冯珂	男	汉族	########	计算机	513124200010120192	九襄镇堰沟村7组	赵建英	15328162892	
5班	冯婷	女	汉族	2001/4/2	计算机	51312420010402306X	后域乡全新村6组	冯维高	13796864759	
6班	辜雪霞	女	藏族	########	电子	513124200212295265	小堡藏族彝族乡团	辜义明	13981648717	
7班	郝茂媛	女	汉族	2000/7/18	电子	51312420000718016X	九襄镇民主村14组	郝钦强	15881243013	
8班	何顺美	女	汉族	2000/8/3	学前教育	513435200008031022	富林镇鸣鹿村1组	彭永连	18095095187	
8班	何玉兰	女	汉族	2001/6/20	学前教育	513124200106203865	富乡乡富和村12组	何昌成	13981603170	
9班	黄柯	男	汉族	2000/5/31	汽修	513124200005313571	富庄镇永兴村2组	黄庆英	13608263660	
9班	黄宇航	男	汉族	########	汽修	513124200010154771	清溪镇永安村6组	黄河	18783598647	
9班	蒋敏	女	汉族	2001/4/1	汽修	513124200104013726	富乡乡五星村1组	蒋珍高	18783562604	
10班	雷宇	男	汉族	2001/7/16	汽修	51312420010716321X	宜东镇天罡村7组	雷正强	13881624429	
10班	李超	男	汉族	########	汽修	513124200111264777	清溪镇永安村6组	李建平	15881228048	
10班	李东怿	男	汉族	2000/3/14	汽修	513124200003143417	大堰乡海亭村7组	王琴芳	13558946187	

图 4-20　日期型数据的输入

（1）Excel 能够在输入的两位数字的年份前自动上世纪号，但有时为了避免产生错误，在输入年份时还是最好用四位数表示。

（2）若要在单元格中同时输入日期和时间，中间要用空格隔开。

（3）当输入的日期超过了单元格宽度时，系统会显示为如图 4-20 所示的一串“#”号，此时要改变列宽以适应。

（4）按“Ctrl+;”组合键可以输入当前日期；按“Ctrl+Shift+;”组合键可以输入当前时间。

3. 数值型

Excel 中的数值型数据只能包含下列字符：

0　1　2　3　4　5　6　7　8　9　+　-　(　)　$　%　.　,　E　e

例如，可以输入 10、-3.56、2,796、2.8E-3、20%、$75.2 等。其中，“2.8E-3”用的是科学记数法，表示 2.8×10^{-3}，“$75.2”中的“$”表示货币符号，“2,796”中的“,”表示分节号。

在默认情况下，数值型数据在单元格中右对齐。

（1）如果用户输入的数值为正数，“+”可以省略。如果要输入负数，则在数字前加一个负号(-)，或者将数字放在括号内，例如：(20)表示-20。

（2）当单元格容纳不下一个未格式化的数值时，系统会自动转换为科学记数法显示（如 3.5E+12）。

（3）为了避免将输入的分数视作日期，应在分数前加上“0”和空格，如输入“0 1/2”来表示“1/2”。

二、自动填充数据

在图 4-20 所示的数据表中，有些相邻单元格的值是相同的，如“专业”列，有些值尽管不相同，但是有一定的规律，如“班级”列，像这些数据输入，我们当然可以一个一个输入，但 Excel 2010 提供了一种快速输入数据的方法：自动填充功能。利用此功能，我们可以在多个相邻单元格中输入相同或具有一定规律的值。

（一）单元格区域内填充相同的数据

在选定的单元格或区域的右下角有一个小方块，称为填充柄，如图 4-21 所示。按住鼠标左键拖动填充柄，可以向被拖动的单元格输入系列数据或填充相同的数据。

	A	B	C	D	E	F	G	H	I	J	K
1	高2015级新生入学登记表										
2	班级	姓名	性别	民族	出生日期	专业	身份证号码	家庭住址	家长姓名	联系电话	交费（元）
3	1班	曹释艺	女	汉族	2001/8/27	计算机	513124200108270025	富林镇源祥路一段	朱洪梅	13551579356	
4	2班	陈美燕	女	汉族	2000/9/17		51312420000917402X	梨园乡三江村2组	李洪兵	13795868389	
5	3班	冯花	女	汉族	2000/7/13	填充柄	513124200007133064	后域乡全新村9组	冯德军	15181200495	

图 4-21　相邻单元格内相同数据的输入

操作步骤如下：

（1）在第一个目标单元格输入数据，如在 F3 单元格中输入“计算机”。

（2）将鼠标指针指向填充柄，当指针变成一个细实的“+”形状时，按住鼠标左键拖动至要填入的目标单元格区域。

如果填充内容为不包含数字的纯文本，此方法会沿着拖动的方向在相邻单元格中填充相同内容；但如果填充内容为含有数字的文字型或日期型数据，要想填充相同的内容则需按下 Ctrl 键的同时拖动鼠标左键，否则文字中的数字或日期中的“日”会自动以步长为 1 进行累加。

（3）松开鼠标左键。

通过以上操作，就可把相同的内容全部填入拖动操作所经过的单元格中。

（二）输入有规律的数据

当要输入的数据序列是等差序列、等比序列或有规律的日期序列时，可以通过“序列”对话框来输入有规律的数据，具体操作如下：

（1）在第一个单元格中输入初始值。

（2）选定包含初始值单元格在内的需要填充的区域。

（3）单击“开始”选项卡→“编辑”组→“填充”按钮，选择下拉列表中的“系列”命令，弹出如图 4-22 所示“序列”对话框。

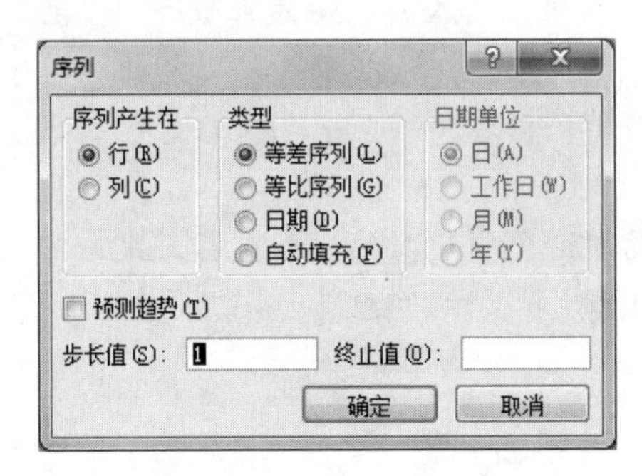

图 4-22 “序列”对话框

（4）在“序列产生在”选项中选择填充方向（按行或按列）。

（5）在“类型”区中选择序列的类型。

（6）在“步长值”框中输入步长，“步长”的意义与序列类型有关：

- 若是“等差序列”，则步长值为正值时为等差递增序列，步长值为负值时为等差递减序列
- 若是“等比序列”，则步长表示比值，步长值大于 1 时为等比递增序列，步长值小于 1 时为等比递减序列
- 若是“日期”，则建立日期的等差序列，步长值可分别表示年、月、日，可在右边的“日期单位”中选择单位

（7）单击“确定”按钮，则可在选中的区域内填入自己需要的数据序列。

如果填充对象为数值型数据，在输入第一个值以后，通过按下 Ctrl 键的同时用鼠标左键拖动填充柄至待填充区域即可自动填充步长值为 1 的等差序列。

（三）自动填充已定义的序列

在 Excel 中还预先定义了一些常用的数据系列，用户只需在需要填充的第一个单元格内输入该序列中的某一个数据，通过拖动填充柄，就可以自动填充该系列的其他数据。例如，在 A1 单元格中输入“星期一”，然后按住鼠标左键拖动该单元格的填充柄，向右拖至 H1 单元格，松开鼠标左键，则可在这些单元格中输入“星期二”“星期三”……“星期日”，如图 4-23 所示的“系统预定义序列”所示。

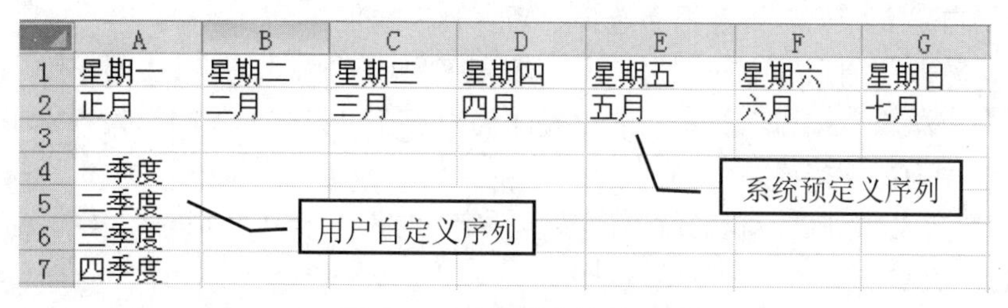

图 4-23　各种填充效果示例

用户也可以根据需要自定义填充序列，具体方法是：

（1）选择“文件”→“选项”→“高级”→“编辑自定义列表”按钮，如图 4-24 所示。

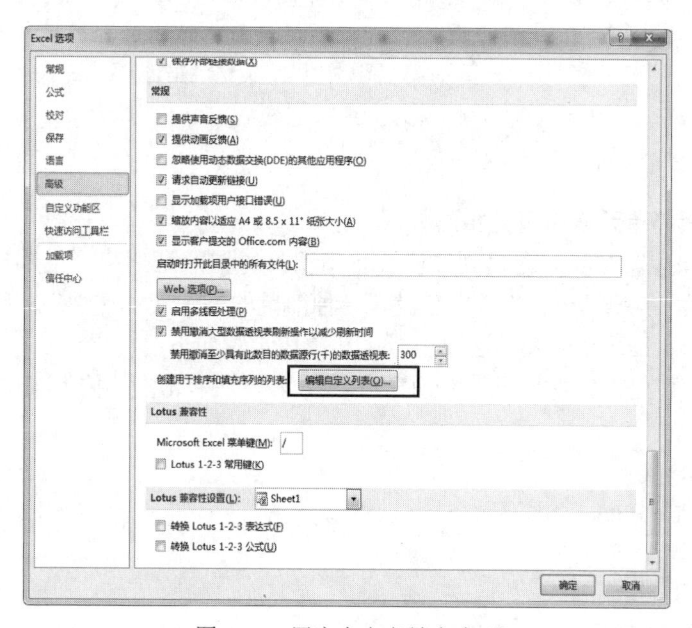

图 4-24　用户自定义填充序列

（2）弹出“自定义序列”对话框，如图 4-25 所示，其中“自定义序列”列表框中列出了 Excel 已经定义好的填充序列。

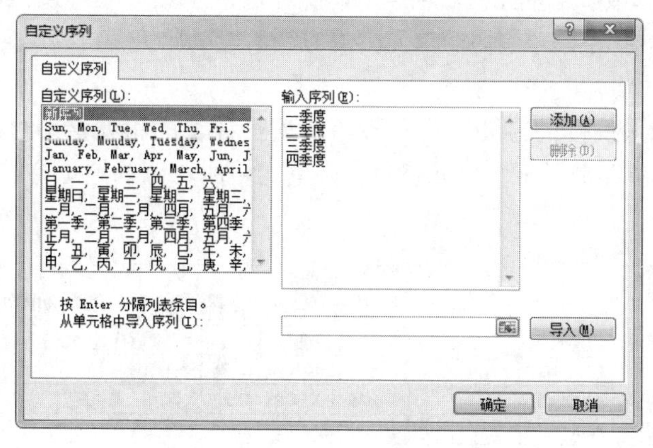

图 4-25　“自定义序列”对话框

（3）在“自定义序列”列表框中选择“新序列”选项。

（4）在“输入序列”框中输入自定义的填充序列项，每项末尾按“回车键”分隔。

（5）单击“添加”按钮，新定义的填充序列出现在“自定义序列”列表框中。

（6）单击“确定”按钮。

添加好了自定义序列后，我们就可像系统预定义序列一样进行填充了（如图 4-24 中“用户自定义序列”所示）。

（1）如果想要删除自定义序列，应首先在“自定义序列”列表框中选择希望删除的序列，然后单击“删除”按钮即可，但是用户不能删除系统内置的自定义序列。

（2）如果右击填充柄并向下拖动，将弹出一个快捷菜单，从中选择不同的菜单项，可选择不同的填充方式及格式选择等。

（3）无论使用哪一种方法填充数据，被填充数据的单元格中如有数据，那么它将被新的数据覆盖。

（四）在不相邻单元格中填充相同数据

在制作班级课程表时我们会遇到这样一种情况，每周的星期一至星期五每天都会开设的课程如语文、数学、英语、计算机等，有没有一种简单的方法能一次性地将语文填写在所需要填写的单元格。Excel 2010 提供了这种功能，其操作步骤如下：

（1）选定需要填充相同数据的单元格。（单击第一个单元格，按下 Ctrl 键同时再单击其他的单元格）

（2）输入“语文”。

（3）按“Ctrl + Enter”组合键。

三、单元格的编辑

对已经录入数据的工作表，我们可根据自己的需要对数据进行编辑修改，如移动、删除、复制单元格等。但无论对单元格进行何种操作，首先都要选定单元格。

（一）单元格的选定

用户可以选定一个或多个单元格，也可以一次选定整行或整列，还可以一次将所有的单元格都选中。熟练地掌握选择不同范围内的单元格的方法，可以加快编辑的速度，从而提高效率。

1．选定一个单元格

选定一个单元格最简便的方法就是直接单击所需编辑的单元格即可，也可直接在名称框输入该单元格地址。当选定了某个单元格后，该单元格所对应的地址会显示在名称框内，而它的内容会出现在编辑栏，如图 4-26 所示。

	A	B	C	D	E	F	G	H	I	J	K
1	高2015级新生入学登记表										
2	班级	姓名	性别	民族	出生日期	专业	身份证号码	家庭住址	家长姓名	联系电话	交费（元）
3	1班	曹释艺	女	汉族	2001/8/27	计算机	513124200108270025	富林镇源祥路一段	朱洪梅	13551579356	
4	2班	陈美燕	女	汉族	2000/9/17		51312420000917402X	梨园乡三江村2组	李洪兵	13795868389	
5	3班	冯花	女	汉族	2000/7/13		513124200007133064	后域乡全新村9组	冯德军	15181200495	

图 4-26 选定一个单元格

2. 选定多个相邻的单元格

如果用户想选定连续的单元格，可先单击起始单元格，然后按住鼠标左键，拖至需连续选定单元格的终点即可，这时所选区域反白显示，如图 4-27 所示。

	A	B	C	D	E	F	G	H	I	J	K
1	高2015级新生入学登记表										
2	班级	姓名	性别	民族	出生日期	专业	身份证号码	家庭住址	家长姓名	联系电话	交费（元）
3	1班	曹释艺	女	汉族	2001/8/27	计算机	513124200108270025	富林镇源祥路一段	朱洪梅	13551579356	
4	2班	陈美燕	女	汉族	2000/9/17	计算机	51312420000917402X	梨园乡三江村2组	李洪兵	13795868389	
5	3班	冯花	女	汉族	2000/7/13	计算机	513124200007133064	后域乡全新村9组	冯德军	15181200495	
6	4班	冯珂	男	汉族	########	计算机	513124200010120192	九襄镇堰沟村7组	赵建英	15328162892	
7	5班	冯婷	女	汉族	2001/4/2	计算机	51312420010402306X	后域乡全新村6组	冯维高	13796864759	
8	6班	辜雪霞	女	藏族	########	电子	513124200212295265	小堡藏族彝族乡团	辜义明	13981648717	
9	7班	郝茂媛	女	汉族	2000/7/18	电子	51312420000718016X	九襄镇民主村14组	郝钦强	15881243013	
10	8班	何顺美	女	汉族	2000/8/3	学前教育	513435200008031022	富林镇鸣鹿村1组	彭永连	18095095187	

图 4-27　选定连续的单元格

3. 选定多个不相邻的单元格

用户不但可以选择连续的单元格，还可选择间隔的单元格。方法是：先选定第一个单元格，然后按下 Ctrl 键，再依次单击其他单元格即可，如图 4-28 所示。

	A	B	C	D	E	F	G	H	I	J	K
1	高2015级新生入学登记表										
2	班级	姓名	性别	民族	出生日期	专业	身份证号码	家庭住址	家长姓名	联系电话	交费（元）
3	1班	曹释艺	女	汉族	2001/8/27	计算机	513124200108270025	富林镇源祥路一段	朱洪梅	13551579356	
4	2班	陈美燕	女	汉族	2000/9/17	计算机	51312420000917402X	梨园乡三江村2组	李洪兵	13795868389	
5	3班	冯花	女	汉族	2000/7/13	计算机	513124200007133064	后域乡全新村9组	冯德军	15181200495	
6	4班	冯珂	男	汉族	########	计算机	513124200010120192	九襄镇堰沟村7组	赵建英	15328162892	
7	5班	冯婷	女	汉族	2001/4/2	计算机	51312420010402306X	后域乡全新村6组	冯维高	13796864759	
8	6班	辜雪霞	女	藏族	########	电子	513124200212295265	小堡藏族彝族乡团	辜义明	13981648717	
9	7班	郝茂媛	女	汉族	2000/7/18	电子	51312420000718016X	九襄镇民主村14组	郝钦强	15881243013	
10	8班	何顺美	女	汉族	2000/8/3	学前教育	513435200008031022	富林镇鸣鹿村1组	彭永连	18095095187	

图 4-28　选定不连续的多个单元格

4. 选定整行

选定整行所有单元格的方法是单击该行的行标签即可，如图 4-29 所示。在行标签上按住鼠标拖动可以实现多行的选定。

	A	B	C	D	E	F	G	H	I	J	K
1	高2015级新生入学登记表										
2	班级	姓名	性别	民族	出生日期	专业	身份证号码	家庭住址	家长姓名	联系电话	交费（元）
3	1班	曹释艺	女	汉族	2001/8/27	计算机	513124200108270025	富林镇源祥路一段	朱洪梅	13551579356	
4	2班	陈美燕	女	汉族	2000/9/17	计算机	51312420000917402X	梨园乡三江村2组	李洪兵	13795868389	
5	3班	冯花	女	汉族	2000/7/13	计算机	513124200007133064	后域乡全新村9组	冯德军	15181200495	
6	4班	冯珂	男	汉族	########	计算机	513124200010120192	九襄镇堰沟村7组	赵建英	15328162892	
7	5班	冯婷	女	汉族	2001/4/2	计算机	51312420010402306X	后域乡全新村6组	冯维高	13796864759	
8	6班	辜雪霞	女	藏族	########	电子	513124200212295265	小堡藏族彝族乡团	辜义明	13981648717	
9	7班	郝茂媛	女	汉族	2000/7/18	电子	51312420000718016X	九襄镇民主村14组	郝钦强	15881243013	

图 4-29　选定整行

5. 选定整列

同理，要选定整列的单元格则可直接单击对应列的列标签，如图 4-30 所示，也可通过在列标签上拖动鼠标来完成多列的选定。

	A	B	C	D	E	F	G	H	I	J	K
1	高2015级新生入学登记表										
2	班级	姓名	性别	民族	出生日期	专业	身份证号码	家庭住址	家长姓名	联系电话	交费（元）
3	1班	曹释艺	女	汉族	2001/8/27	计算机	513124200108270025	富林镇源祥路一段	朱洪梅	13551579356	
4	2班	陈美燕	女	汉族	2000/9/17	计算机	51312420000917402X	梨园乡三江村2组	李洪兵	13795868389	
5	3班	冯花	女	汉族	2000/7/13	计算机	513124200007133064	后域乡全新村9组	冯德军	15181200495	
6	4班	冯珂	男	汉族	########	计算机	513124200010120192	九襄镇堰沟村7组	赵建英	15328162892	
7	5班	冯婷	女	汉族	2001/4/2	计算机	51312420010402306X	后域乡全新村6组	冯维高	13796864759	
8	6班	辜雪霞	女	藏族	########	电子	513124200212295265	小堡藏族彝族乡团	辜义明	13981648717	
9	7班	郝茂媛	女	汉族	2000/7/18	电子	51312420000718016X	九襄镇民主村14组	郝钦强	15881243013	

图 4-30　选定整列

6. 选定整张工作表

要选定整张工作表，单击行标签和列标签交汇处的“全选”按钮即可，如图 4-31 所示，也可按全选快捷键“Ctrl+A”。

全选按钮

	A	B	C	D	E	F	G	H	I	J	K
1	高2015级新生入学登记表										
2	班级	姓名	性别	民族	出生日期	专业	身份证号码	家庭住址	家长姓名	联系电话	交费（元）
3	1班	曹释艺	女	汉族	2001/8/27	计算机	513124200108270025	富林镇源祥路一段	朱洪梅	13551579356	
4	2班	陈美燕	女	汉族	2000/9/17	计算机	51312420000917402X	梨园乡三江村2组	李洪兵	13795868389	
5	3班	冯花	女	汉族	2000/7/13	计算机	513124200007133064	后域乡全新村9组	冯德军	15181200495	
6	4班	冯珂	男	汉族	########	计算机	513124200010120192	九襄镇堰沟村7组	赵建英	15328162892	
7	5班	冯婷	女	汉族	2001/4/2	计算机	51312420010402306X	后域乡全新村6组	冯维高	13796864759	
8	6班	辜雪霞	女	藏族	########	电子	513124200212295265	小堡藏族彝族乡团	辜义明	13981648717	
9	7班	郝茂媛	女	汉族	2000/7/18	电子	51312420000718016X	九襄镇民主村14组	郝钦强	15881243013	

图 4-31　选定整个表格

（二）单元格内容的编辑

选定单元格后，我们就可以对单元格内的数据进行编辑修改，编辑单元格数据的方法有两种：通过编辑栏进行编辑或在单元格中直接进行编辑。

1. 在编辑栏内编辑数据

选定单元格后，单元格中的数据显示在编辑栏中。单击编辑栏可以对单元格中的数据进行输入、修改等编辑操作了。

2. 在单元格内编辑数据

双击单元格进入单元格编辑状态，即可直接输入、修改单元格内的数据。

直接单击选定单元格后输入数据会全部替换单元格原有的数据。

（三）移动和复制数据

在编辑过程中，若要对单元格内容进行移动、复制等操作，可以利用“开始”选项卡上“剪贴板”组中相应的“剪切”“复制”“粘贴”工具按钮，或用对应功能的快捷键，或者利用鼠标拖动来实现。

1. 使用“开始”选项卡中“剪贴板”功能组上的快捷按钮

具体操作如下：

（1）选定要复制或移动的单元格。

（2）单击“开始”选项卡→“剪贴板”功能组→“复制”或“剪切”（移动）按钮。

（3）选中要粘贴的目标单元格（若操作对象是一个区域，则只需要选定目标区域的起始单元格即可），单击“粘贴”按钮。

在操作（2）的过程中，被复制或剪切的单元格被一个闪动的虚线框包围，这称为“活动选定框”，按 Esc 键或在工作表的任意位置处双击即可取消选定。

上述操作也可通过对应的功能键（复制“Ctrl+C”组合键，剪切“Ctrl+X”组合键，粘贴“Ctrl+V”组合键）来实现。它们都能在同一张工作表内或在不同工作表之间进行数据的复制和移动。

注意　如果要复制及移动的对象是一个区域，那只能是连续的单元格区域。

2. 使用鼠标拖动实现同一张工作表内数据的移动和复制

（1）选定要复制或移动的单元格。

（2）将鼠标移动到所选定的单元格或区域的边缘，鼠标指针由空心十字形状变成实心十字形。

（3）按住鼠标拖动到新位置释放，完成移动操作；若要复制数据，则在拖动鼠标的同时按住 Ctrl 键。

3. 填充

若想在相邻的若干单元格上复制相同的数据，也可以使用填充操作，具体操作见自动填充数据。

（四）数据的清除、删除与恢复

在 Excel 2010 中，我们不仅可以删除无用的数据，也可以根据需要只清除数据的内容或格式。

1. 清除

清除操作是指将单元格区域中的数据删除，单元格区域仍保留在原处。我们既可以选择清除数据内容，也可以选择清除数据格式、批注或超级链接。具体操作如下：

（1）选定要清除的单元格区域。

（2）单击“开始”选项卡→“编辑”组→“清除 清除”按钮，弹出如图 4-32 所示下拉列表中的 6 种清除方法，我们只需从 6 种清除方式中选择自己需要的操作即可。

图 4-32　数据的清除

- 全部清除。从选定单元格中清除数据的内容、格式、批注及超级链接
- 清除格式。只清除选定单元格的数据格式
- 清除内容。只清除选定单元格的数据内容（包括数据和公式）
- 清除批注。只清除选定单元格的批注
- 清除超链接。清除所选单元格中的超链接，保留格式
- 删除超链接。删除所选单元格中的超链接

若只清除单元格内容，也可在选定单元格后按 Delete 键。

2. 删除

如果不仅要删除单元格或所选区域中的数据，还要删除包含此数据的单元格或区域本身。则可用“删除”命令，具体操作如下：

（1）选定要删除对象，可以是一个或多个单元格，也可以是整行或整列；

（2）选择“开始”选项卡→“单元格”组→“删除 ”按钮，此时若选定的是整行或整列，则直接删除选定的行或列；若选定的是单元格区域，则会弹出如图 4-33 所示的“删除”对话框，可根据需要选择在删除选定单元格区域后，是“右侧单元格左移”还是“下方单元格上移”，或选择删除单元格所在的整行或整列；

（3）单击“确定”按钮完成删除操作。

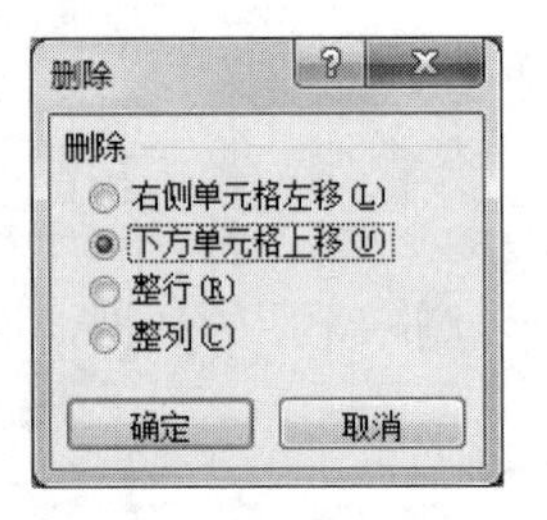

图 4-33 “删除”对话框

3. 撤消与恢复

如果在编辑操作过程中，进行了错误的操作，可以使用“快速访问工具栏”中的“撤消 ”按钮来撤消最近做过的操作，将数据恢复到操作之前的状态。也可通过“快速访问工具栏”中“恢复 ”按钮将数据或格式恢复到撤消之前的状态。

（五）行、列和单元格的插入

在工作表的编辑过程中我们常遇到这样的情况，在数据录入完毕以后，才发现少了行或列的数据，如何添加呢？Excel 遵循要多少就选多少的原则，在要增加行的下方或列的右边选定相同数量的行或列，然后右击选“插入”命令即可。也可选择“开始”选项卡→“单元格”组→“插入 ”按钮进行插入。

如果要插入空白单元格，首先选择待插入位置所在处的单元格，用上面任一种方法选择插入命令后，会出现如图 4-34 所示对话框，用户可选择插入新单元格后是“活动单元格右移”还是“活动单元格下移”或插入“整行”或“整列”。

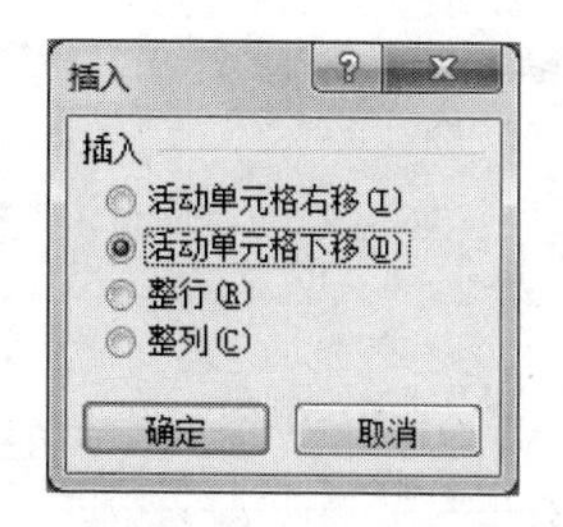

图 4-34 “插入”对话框

若要插入空白区域，操作与插入单元格类似，只是在选取插入位置时应注意：要插入多大区域，就选择多大区域。

行、列和单元格的插入都是遵循要多少就选多少的原则，即要插入多少行、列或单元格就要选中多少行、列和单元格。

（六）设置行高、列宽

工作表新建立时，所有单元格具有相同的高度和宽度。若在单元格中输入过长的数据，超出部分就不能显示完整或显示为一串“#”符号，除了可以设置“自动换行”分行显示或“缩小字体填充”外，还可以调整列宽和行高，以使数据能显示完全。使用鼠标或命令都能调整行、列的高度和宽度。

1. 拖动鼠标改变行高或列宽

将鼠标指针指向某行号（列标）的边框线上，当鼠标指针变为双向箭头时，按住鼠标左键上下（左右）拖动，可以改变行高（列宽）。

2. 双击鼠标自动调整行高或列宽

将鼠标指针指向某行号的下边框线上，当鼠标指针变为上下双向箭头时，双击鼠标左键，则自动调整行高以显示该行中最高的数据项；将鼠标指针指向某列标的右边框线上，当鼠标指针变为双向箭头时，双击鼠标左键，则自动调整列宽以显示该列中最宽的数据项。

3. 利用菜单改变行高或列宽

若要精确地设置行高或列宽，可以按照下述步骤进行：

方法一：

（1）选定要调整的行或列。

（2）选择“开始”选项卡→“单元格”组→“格式”按钮，在弹出的下拉列表“单元格大小”组中利用相关命令调整“行高”或“列宽”，如图 4-35 所示。

方法二：

直接在需要调整列宽或行高的列标或行号上单击右键，在弹出的快捷菜单中选择“列宽”或“行高”，在弹出的对话框中输入“列宽”或“行高”所需要的数值，单击“确定”即可。

四、单元格的格式化

在建立和编辑工作表之后，需要对工作表进行格式设置，使得表格更加美观。这就要用到各种格式化操作。

Excel 2010 提供了十分丰富的格式化命令，能够对单元格的数据格式、字体、对齐方式、边框、底纹、行和列的高度及宽度等方式做出设置。

图 4-35 行高和列宽的设置

我们可利用“开始”选项卡下的“字体”“对齐方式”“数字”等功能组中的相关命令完成设置；也可以利用“样式”功能组中的“自动套用格式”“条件格式”等命令快速进行格式编辑。

（一）字符格式的设置

在工作表中对不同单元格的数据使用不同的字符格式可以达到突出重点、美化表格的目的。常用方法有 3 种，都要在选定要设置格式的单元格后进行如下操作：

（1）使用“开始”选项卡下“字体”组中的相关按钮设置字符格式。

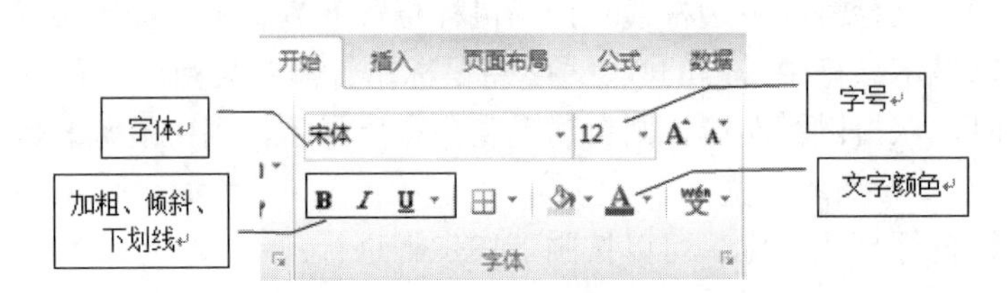

图 4-36 “字体”格式的设置

可以利用“字体”组中的相应按钮设置字符的字体、字号、字形和颜色等效果（如图 4-36 所示）。

（2）利用右键快捷菜单中的“设置单元格格式”命令，在弹出的“设置单元格格式”对话框中的“字体”选项卡设置文字格式，如图 4-37 所示。

（3）利用隐藏工具栏中的相应按钮设置字符格式。

（二）边框和底纹的设置

工作表窗口中显示的网格线是为用户输入、编辑方便而预设置的，在打印或预览时，是无法看到的。如果要给表格中的全部或部分单元格添加边框线或底纹，需要单独设置，有以下两种方法：

（1）使用“开始”选项卡→“字体”组→“边框”或“填充颜色”按钮给所选单元格添加边框或背景色，如图 4-38 所示。

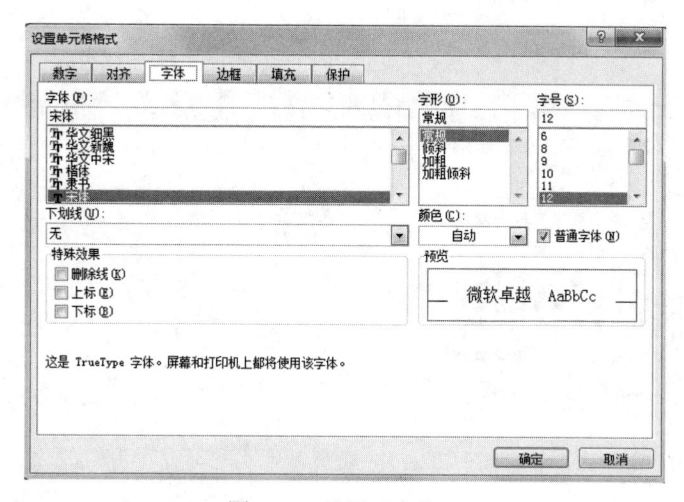

图 4-37　设置“字体”

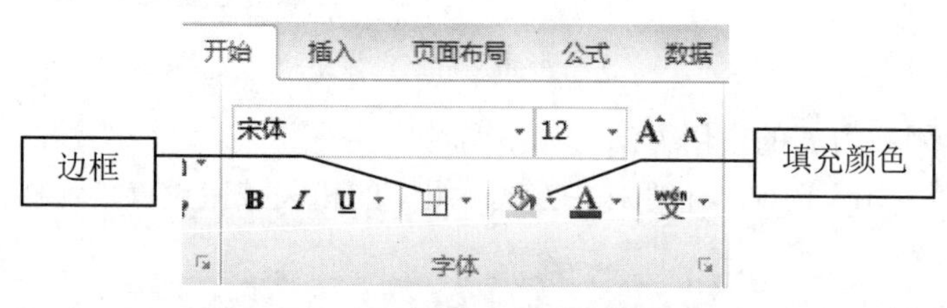

图 4-38　工具按钮添加边框和背景色

（2）使用右键快捷菜单中的“设置单元格格式”命令，在弹出的“设置单元格格式”对话框中的选择“边框”“填充”选项卡设置边框（如图 4-39 所示）和背景色（如图 4-40 所示）。

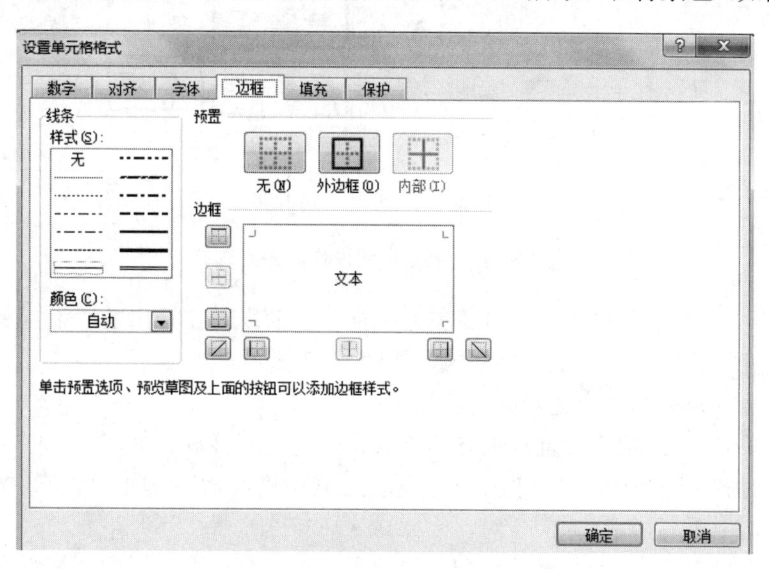

图 4-39　“边框”选项卡

（三）对齐方式

在 Excel 2010 中，系统采用默认对齐方式，即数值、日期和时间型数据按右对齐方式显示，字符型数据按左对齐方式显示。而为了满足一些单元格处理的需要，用户可以自行改变输入数据的对齐方式。

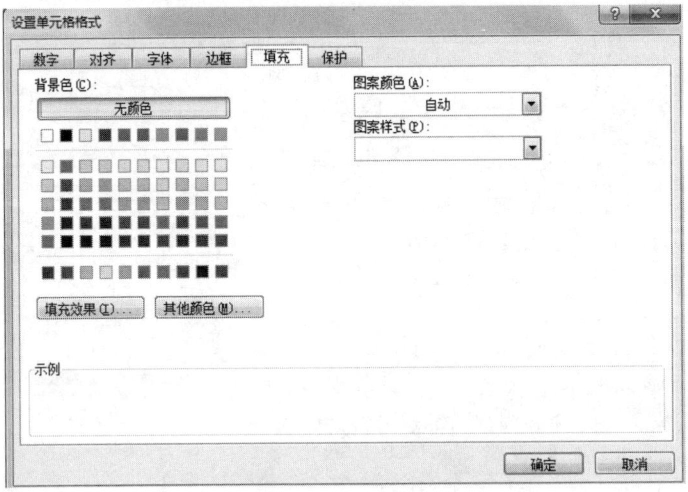

图 4-40　背景色设置

设置单元格对齐方式的常用方法有如下两种：

（1）使用“开始”选项卡下“对齐方式”组中的相关按钮设置单元格内数据的对齐方式。如图 4-41 所示。

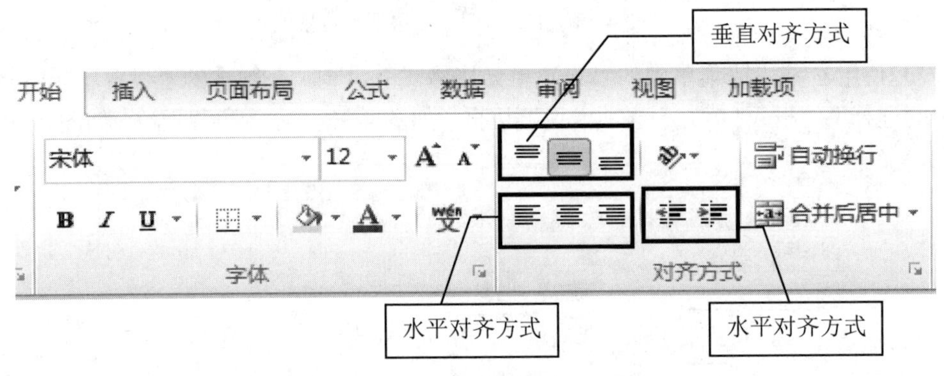

图 4-41　工具按钮设置对齐方式

（2）利用右键快捷菜单中的“设置单元格格式”命令，在弹出的“设置单元格格式”对话框中的“对齐”选项卡下设置文字格式，如图 4-42 所示。

“对齐”选项卡中的各个选项的功能如下：

- “水平对齐”：用于设置水平方向的对齐方式，有常规、靠左、居中、靠右、填充、两端对齐、跨列居中和分散对齐等选项。其中“填充”选项，可使数据在一个或多个单元格中重复显示
- “垂直对齐”：用于设置垂直方向的对齐方式，有靠上、居中、靠下、两端对齐和分散对齐等选项
- “方向”：用于设置数据在单元格中的旋转角度
- “缩进”：用于设置单元格边框与文字之间的边距

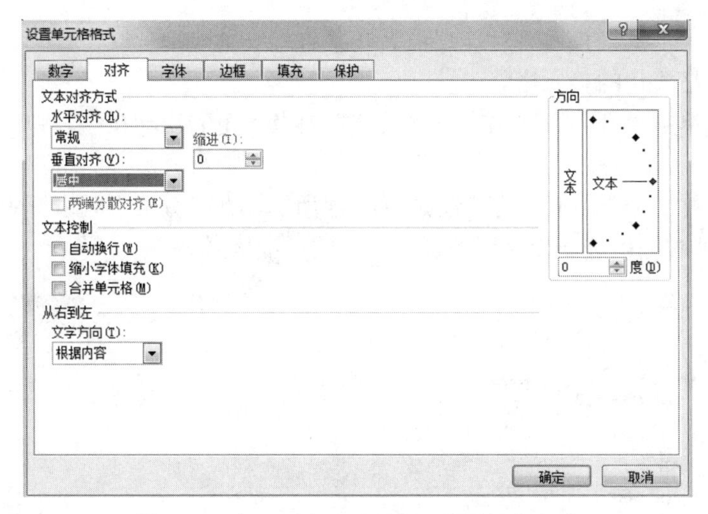

图 4-42　在“对齐”对话框里设置对齐方式

- “自动换行”：选中该复选框，可以使单元格中的文本在超过单元格宽度时自动换行
- “缩小字体填充”：选中该复选框，当文本超过单元格宽度时可以自动缩减单元格中字符的大小以便使数据调整到与该单元格的列宽一致
- “合并单元格”：选中该复选框，可以将选定的多个单元格合并为一个单元格。注意，如果选定区域包含多重数值，合并后只保留最左上角的单元格内容

（1）只有在单元格中内容为多行时，两端对齐才起作用，其作用是使各文本行等长。

（2）填充对齐通常用于修饰报表，当选择填充对齐时，即使在单元格中只输入一个“*”，Excel 2010 也会自动用多个“*”将单元格填满，而且“*”的个数会随着列宽的变化自行调整。

（四）设置数值格式

Excel 2010 的数据可设置为不同格式，包括常规、数值、货币、会计专用、日期、时间、百分比、分数、科学记数、文本、特殊、自定义等。若单元格从未设置过数据格式，则该单元格中的数据为常规格式，用户也可根据单元格数据的处理需要灵活设置。

1. 常见数值格式设置

可使用“开始”选项卡下“数字”组中的下拉列表或按钮对选定单元格进行常见格式的设置，如图 4-43 所示。

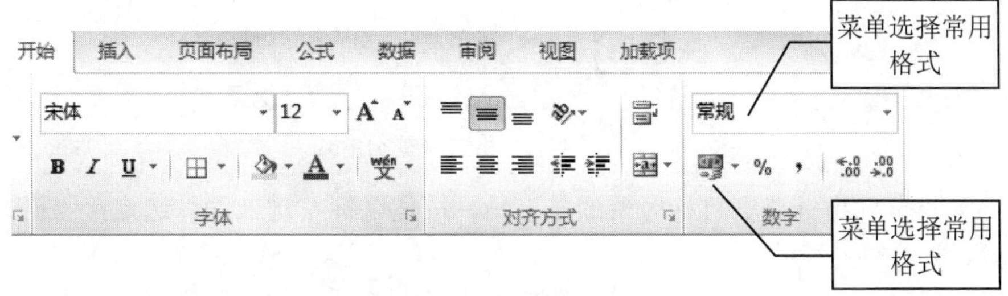

图 4-43　工具按钮设置数值格式

2. 利用“设置单元格格式”对话框设置数字格式

（1）选定要格式化的单元格。

（2）右击或单击“开始”选项卡下“数字”组右下角的启动按钮，弹出“设置单元格格式”对话框。

（3）单击“数字”选项卡，对话框如图 4-44 所示，在“分类”列表框中选择所需的数值类型后，在对话框右侧可进一步设置该类型数值的详细格式。

图 4-44 在“数字”对话框里设置数值格式

（4）单击“确定”按钮即可完成设置。

（五）格式的复制和删除

1. 格式的复制

当格式化表格时，有些格式化的操作是重复的，这时就可以使用 Excel 提供的复制格式的方法，能够节省大量格式化工作表的时间。

用“格式刷”来复制格式（与 Word 相似），常见操作步骤如下：

（1）选定要复制格式的单元格。

（2）单击“开始”选项卡下“剪贴板”组中的格式刷按钮（如图 4-45 所示），此时鼠标指针变成刷子形状。

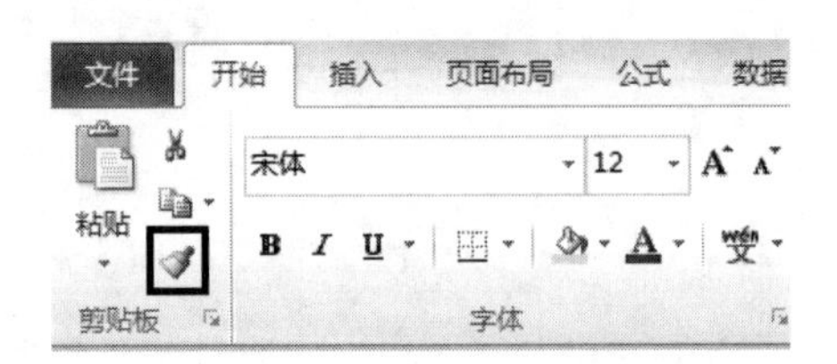

图 4-45 格式刷复制格式

（3）将鼠标指针移到目标区域的左上角，按住鼠标左键拖动，选定接收格式的单元格或单元格区域。

（4）松开鼠标左键，源单元格中的数据格式会自动复制到了目标区域中。

若在第（2）步时双击“格式刷”按钮，就可以连续使用“格式刷”在多个区域复制格式。

要结束复制格式的操作，只要按 Esc 键或者再次单击“格式刷”按钮。

2. 格式的清除

若对已设置的数据格式不满意，可清除单元格的格式，使其恢复为默认的数据格式。要清除数据格式，选定单元格后，选择“开始”→“编辑”→“清除”列表中的“清除格式”命令，如图 4-46 所示，将选中区域的数据格式全部删除。格式删除后，单元格中数据以默认通用格式显示，即宋体、12 号，文字左对齐、数字右对齐。

图 4-46　格式的清除

（六）插入批注

Excel 2010 提供了对单元格内容进行注解的功能，为指定的单元格添加注释，该注释内容不在屏幕上显示，当鼠标指针在单元格上停留时则显示注释的内容，如图 4-47 所示。

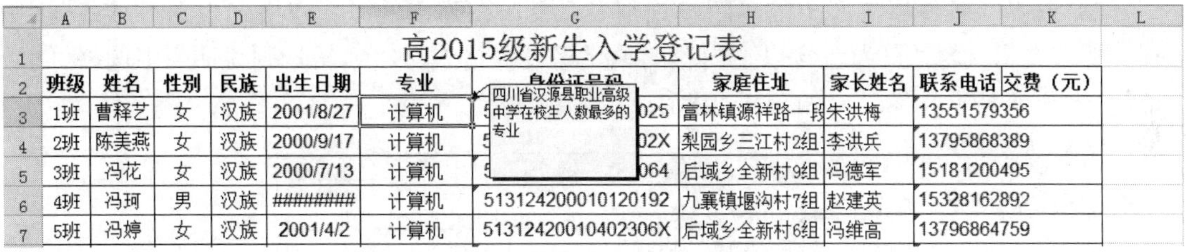

图 4-47　插入批注并显示的效果图

插入批注的具体操作步骤如下：

（1）在需要插入批注的单元格上右击。

（2）在弹出的快捷菜单中选择“插入批注”。

（3）输入批注内容。

（七）条件格式

Excel 2010 提供了条件格式功能，为选定区域内满足条件的单元格设置格式，使用条件格式可以直观地查看和分析数据、发现关键问题以及观察趋势。

选择“开始”选项卡下的“样式”组，单击“条件格式”按钮的下拉箭头，弹出设置条件格式的下拉菜单，如图 4-48 所示。

- “突出显示单元格规则”：对满足约定条件（如大于、小于、介于等）的单元格设置格式
- “项目选取规则”：对满足所占比例或项数的单元格设置格式

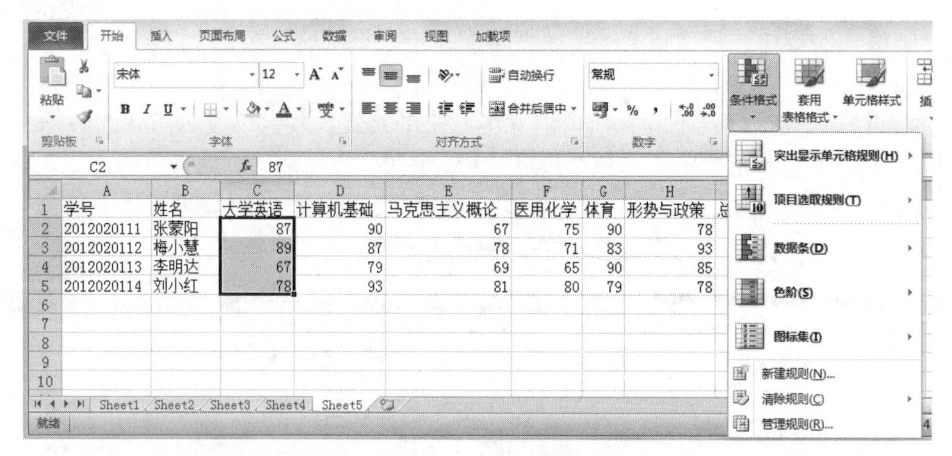

图 4-48 条件格式

➢ “数据条”：用不同长度的数据条表示数据的大小

➢ “色阶”：用双色或三色渐变的底纹表示数值的大小

➢ “图标集”：用不同的形状表示数值的大小

上面的选项中的条件和格式都是预设的，如果想要定义个性化的条件格式，则可选择“新建规则”命令。

例如：对图 4-48 所示的成绩表中“大学英语”列成绩在 85 分（含）以上的单元格设置为红色底纹，操作步骤如下：

（1）选定要设置条件格式的区域：C2:C5。

（2）选择“条件格式”下的“新建规则”命令，在弹出的“新建格式规则”对话框中先选择“规则类型”为“只为包含以下内容的单元格设置格式”，“编辑规则说明”中选择“单元格值”“大于或等于”“85”，如图 4-49 所示。

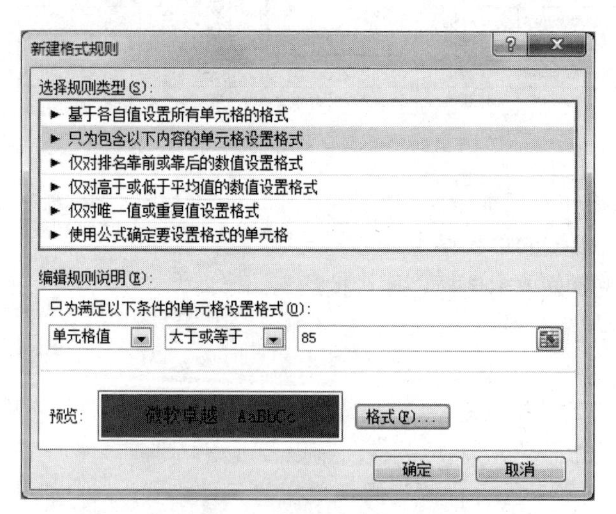

图 4-49 条件格式的新建规则

（3）单击下方的“格式”按钮，设置条件格式为“填充”选项卡下“背景色”栏中的“红色”。

（4）设置完毕后单击“确定”即可，设置效果如图 4-50 所示。

	A	B	C	D	E	F	G	H	I	J	K
1	学号	姓名	大学英语	计算机基础	马克思主义概论	医用化学	体育	形势与政策	总分	成绩等级	成绩排名
2	2012020111	张蒙阳	87	90	67	75	90	78	487	良好	3
3	2012020112	梅小慧	89	87	78	71	83	93	501	优秀	1
4	2012020113	李明达	67	79	69	65	90	85	455	良好	4
5	2012020114	刘小红	78	93	81	80	79	78	489	良好	2

图 4-50　条件格式的效果

（八）单元格样式

Excel 2010 还为我们提供了“单元格样式”功能，通过选择预定义样式，可快速设置单元格格式。操作方法如下：

（1）选择要设置快速格式的单元格。

（2）选择“开始”选项卡下的“样式”组，单击“单元格样式”按钮，在下拉列表中显示出当前预设好的各种单元格样式，如图 4-51 所示。

图 4-51　单元格样式套用

（3）在列表中单击选中的样式，该样式立即应用于当前所选单元格。

如果用户经常使用相同样式的工作表，可以创建自定义样式，以便使新的工作表直接应用该样式进行格式化。

创建方法为：选择“单元格样式”下的“新建单元格样式”命令，打开如图 4-52 所示的“样式”对话框。

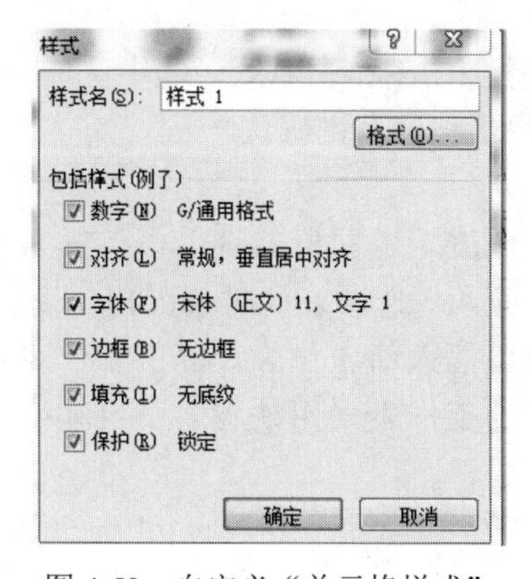

图 4-52　自定义“单元格样式”

在对话框中分别设置所需（前面有勾选标记）的各种对象如数字、对齐、字体、边框、填充及保护等的格式，设置完毕后单击“确定”即可。

五、工作表的基本操作

工作表是用于对数据进行组织和分析的区域，由排成行和列的单元格组成。一个工作簿可最多包含 255 张工作表，当打开一个工作簿文件时，它包含的所有工作表也同时被打开，工作表名均出现在 Excel 工作簿窗口下面的工作表标签栏里。用户可以根据自己的需要增加、删除、移动、复制工作表或对工作表重新命名。

（一）选择工作表

要对某一个工作表进行操作，必须先选中（或称激活）它，使之成为当前工作表。操作方法是：单击工作簿窗口下方的工作表标签，选中的工作表以高亮度显示，该工作表即为当前工作表。通常对工作表进行的各种操作，都是针对当前工作表进行的。

如果要选定多个工作表，可以使用下列方法之一：

- 选择多个不相邻工作表：按住 Ctrl 键，再逐一单击所要选择的工作表标签
- 选择多个相邻的工作表：先单击第一个工作表标签，然后按住 Shift 键，并单击要选择的最后一个工作表

在选定多个工作表后，工作簿标题栏中出现“[工作组]”字样，被选定的多个工作表标签均以白底显示。

如果当前工作簿中包含的工作表较多，所要选择的工作表标签被隐藏，可通过单击标签栏左边的标签滚动按钮调取。这 4 个按钮的作用自左至右依次为：移动到第一个、向前移一个、向后移一个、移动到最后一个。

（二）工作表的重新命名

在实际应用中，一般不使用 Excel 默认的工作表名称，而是根据见名知义的原则给工作表起一个有意义的名字，这样用工作表名查看或定位工作表就会很直观。下面两种方法都可以用来对工作表重命名：

（1）用鼠标右键单击某工作表标签，然后从弹出的快捷菜单中选择“重命名”选项（如图 4-53 所示）。

（2）双击工作表标签。

以上任一种方法都会使标签上的工作表名处于选中反白显示状态，光标在工作表名内，此时可以输入工作表新名称，最后按回车键确认。

（三）插入新工作表

要在工作簿中增加新的工作表，用鼠标右键单击待插入处的工作表标签，从弹出的快捷菜单（如图 4-53）中选择“插入”选项，此时会弹出一个如图 4-54 所示的“插入”对话框，单击其中的“工作表”即可插入新工作表。新的工作表插入在当前工作表的前面，并成为新的当前工作表。新插入的工作表采用缺省名、自动编号，如 Sheet4，用户可以将它重新命名。

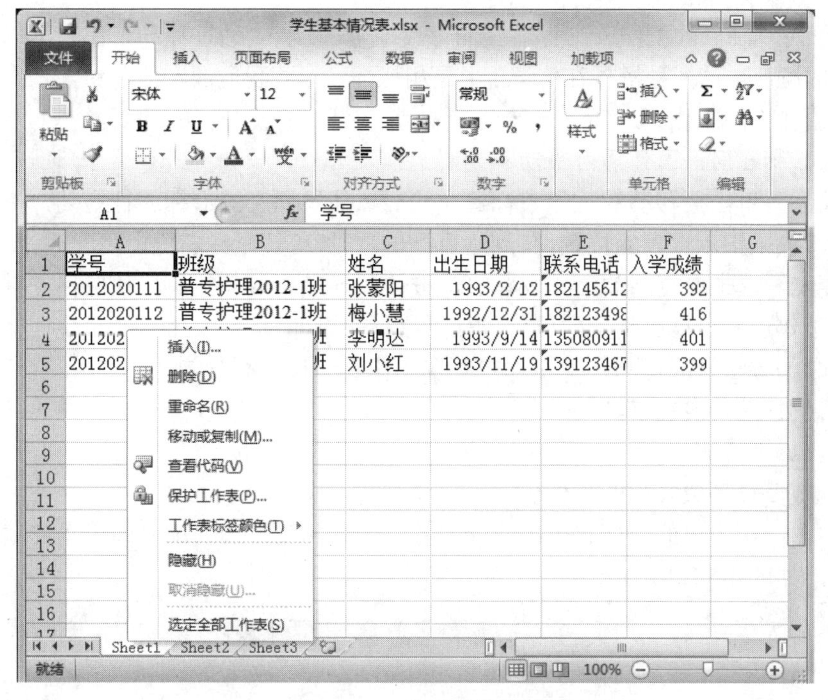

图 4-53　工作表快捷菜单

图 4-54　插入工作表

（四）删除工作表

要删除一个工作表，先选中该表，单击鼠标右键后在弹出的快捷菜单中选择“删除”命令即可。

删除工作表的操作在 Excel 中是无法恢复的。即删除了工作表就没有工作表了。若需要则只能重新建，此操作应慎用。

（五）工作表的移动和复制

在实际工作中，有时会遇到比较类似的两张表格，这时没有必要重复录入，只需复制一张工作表，再对复制后的工作表进行适当的修改即可。另外，通过移动工作表可以改变工作表在工作簿中的顺序。这两种操作在 Excel 中是相似的，因此我们放在一起讲。工作表可以在一个工作簿内或在不同工作簿之间进行移动或复制。常用的方法有如下两种：

1. 拖动鼠标在同一工作簿内移动和复制工作表

（1）移动。单击要移动的工作表标签，然后按住鼠标左键沿标签行拖动，拖动时会出现一个黑色小箭头来指示该表的位置，在到达目标位置时，松开鼠标左键即可实现工作表的移动。

（2）复制。单击要复制的工作表标签，按住 Ctrl 键不放，然后按住鼠标左键沿着工作表标签行将该工作表标签拖放到新的位置，松开鼠标左键即可。

拖动鼠标的方法只能在同一工作簿内实现工作表的移动和复制。

2. 利用快捷菜单实现移动或复制操作

操作步骤如下：

（1）选定要移动或复制的工作表。

（2）右击，在弹出的快捷菜单中选择“移动或复制工作表”项，弹出“移动或复制工作表”对话框，如图 4-55 所示。

图 4-55　移动或复制工作表

（3）若要将表移动或复制到其他工作簿，则要在“工作簿”下的列表框中选择新工作簿或当前打开的其他工作簿，否则工作表就在当前工作簿中移动或复制。

（4）在“下列选定工作表之前”列表中选择插入点，单击“确定”按钮即完成移动操作。若在对话框中选中“建立副本”复选框，则可实现复制操作。

（六）套用表格格式

为了快速格式化表格，Excel 2010 为用户预设了许多表格方案，我们可以直接套用系统定义的各种格式来美化它，这就是 Excel 2010 的“套用表格格式”功能。

操作步骤如下：

（1）选定要套用格式的单元格区域。

（2）单击“开始”选项卡→“样式”组→“套用表格格式”按钮，在下拉列表中显示出当前预设好的各种表格格式，如图 4-56 所示。

（3）在列表中单击选中的格式，该格式立即应用于所选区域。

Excel 2010 也允许用户自定义表样式，选择列表下方的“新建表样式”命令，弹出如图 4-57 所示对话框，在对话框中分别按需要设置各表元素的格式，然后单击“确定”按钮，该自定义样式就被添加到样式列表中，可供任意工作表套用了。

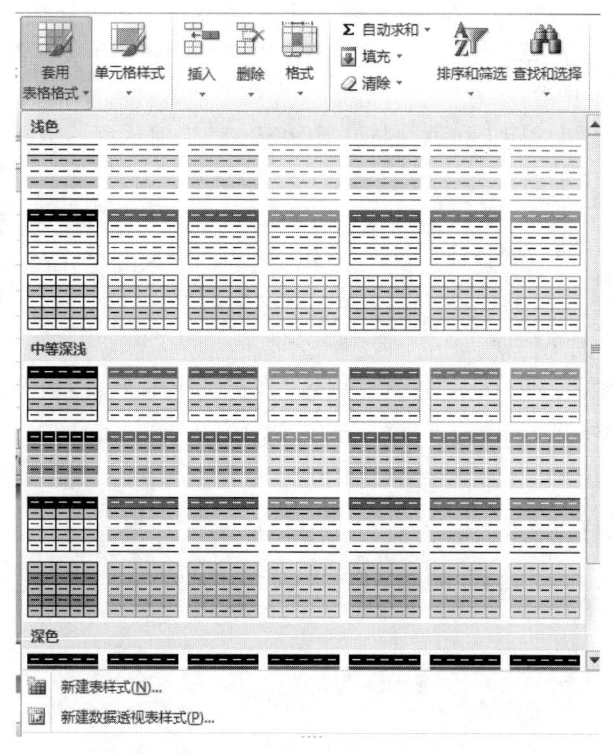

图 4-56　“套用表格格式”下拉列表

图 4-57　自定义表样式

（七）工作表的保护

在 Excel 的使用中，我们管理的数据有时是非常重要的，为避免非法操作导致数据的破坏和丢失，对工作簿和工作表及其中的数据保护是非常必要的。Excel 为数据提供了几层保护。

1. 为工作簿设置密码

如果用户创建的工作簿不想让其他用户查看或修改，可以为工作簿设置密码，具体方法是：

（1）单击“文件”按钮→“信息”列表项→“保护工作簿”按钮。

（2）在下拉列表中选择“用密码进行加密”选项。

（3）在弹出的“加密文档”对话框中输入密码，如图 4-58 所示。

（4）单击“确定”按钮后，出现“确认密码”对话框，则重新输入密码确认。

该操作完成并保存工作簿后，用户设置的密码就开始起作用了，其他用户在没有密码的情况下，不能打开该工作簿。

如果要取消密码，仍然用上述方法打开“加密文档”对话框，用 Delete 键删除原有的密码并单击“确定”按钮即可。

2. 保护工作簿

对工作簿进行保护可以防止他人破坏工作簿结构，如未经允许在工作簿中移动、删除或重命名工作表等。具体步骤如下：

（1）打开要保护的工作簿。

（2）选择“审阅”选项卡→“更改”组→“保护工作簿”命令，弹出“保护结构和窗口”对话框，如图 4-59 所示。

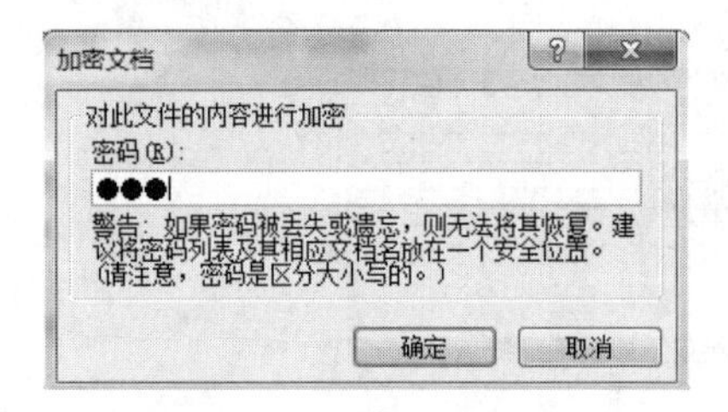

图 4-58　工作簿密码设置

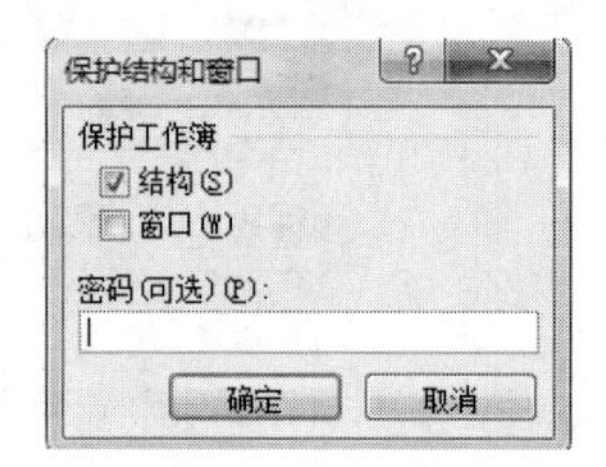

图 4-59　工作簿保护

（3）在“保护工作簿”栏选择“结构”和“窗口”复选框。

- 如果勾选“结构”复选框，可以防止修改工作表的结构，如防止删除、重新命名、复制、移动工作表等
- 如果勾选“窗口”复选框，可以防止修改工作簿的窗口，此时窗口控制按钮变为隐藏。大部分窗口功能如移动、缩放、恢复、最小化、新建、关闭窗口等将不起作用

（4）“密码”框：如在“密码”框中输入密码，单击“确定”按钮后会弹出“确认密码”对话框，要求重复输入设置的密码。密码在重新设置工作簿保护或取消保护的时候起作用，为可选项。

（5）设置完毕后单击“确定”按钮，工作簿保护开始生效。

如果要撤消工作簿的保护，可再次单击“审阅”选项卡→“更改”组→“保护工作簿”命令，即可取消保护。如果保护时设置了密码，则系统会弹出“撤消工作簿保护”对话框，在对话框中的“密码”框中输入正确的密码才能取消保护。

3. 保护单元格

如果单元格中数据是公式计算出来的，那么当选定该单元格后，在编辑栏上将会显示出该单元格的计算公式。当用户工作表中的数据比较重要时，可对工作表中单元格中的公式加以保护和隐藏，这样可以防止他人查看公式或修改数据。保护单元格的操作步骤如下：

（1）选中要保护的单元格。

（2）选择“开始”选项卡→“单元格”组→“格式”按钮，在下拉列表中选择“设置单元格格式”命令，弹出“设置单元格格式”对话框。

（3）在对话框中选择“保护”选项卡，如图 4-60 所示，其中有两个选项：

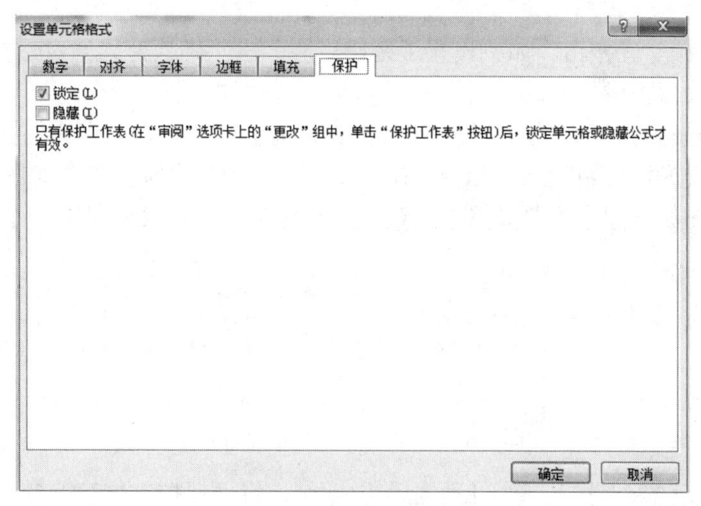

图 4-60　单元格保护

- 如果选择了“锁定”复选框，工作表受保护后，单元格不能修改
- 如果选择了“隐藏”复选框，工作表受保护后，隐藏公式

（4）单击“确定”按钮。

4. 保护工作表

对工作簿进行了保护之后，虽然不能对工作表进行删除、移动等操作，但是在查看工作表时仍然可以对工作表中的数据进行编辑修改。为了防止他人修改工作表中的数据，我们也可对工作表进行保护。操作步骤如下：

（1）选定要保护的工作表为当前工作表。

（2）选择“审阅”选项卡→“更改”组→“保护工作表”命令，弹出“保护工作表”对话框，如图 4-61 所示。

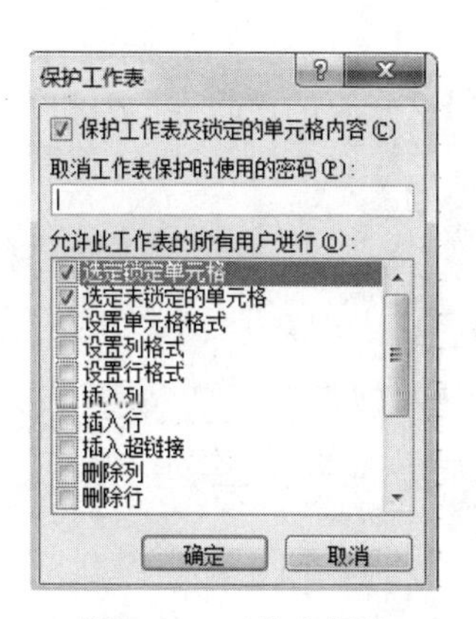

图 4-61　工作表保护

（3）勾选“保护工作表及锁定的单元格内容”复选项，对工作表进行保护。

（4）可在“取消工作表保护时使用的密码”框中输入密码以防他人随意取消工作表的保护。

（5）在“允许此工作表的所有用户进行”列表框中勾选允许用户对工作表可进行的操作项。

（6）单击“确定”按钮。如果设置了密码就会弹出“确认密码”对话框，要求再次输入密码确认，工作表保护成功。

在对工作表进行保护后，工作表中的数据将不能被修改，功能区中有关在工作表中编辑数据的命令都呈现为不可用状态。如果试图改变工作表中的内容会弹出如图 4-62 所示的警告对话框，提醒用户如果想修改单元格中的数据必须撤消对工作表的保护命令。

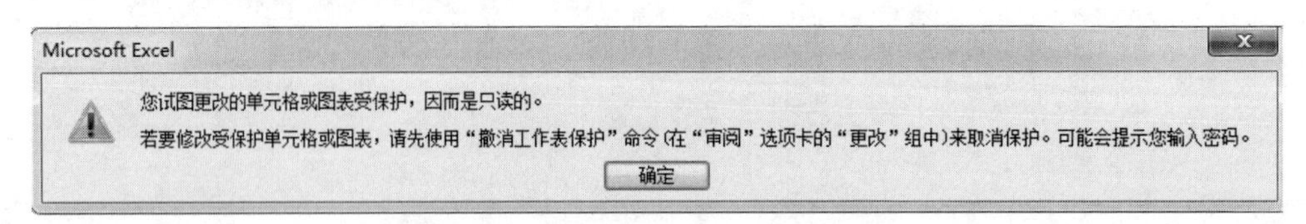

图 4-62　工作表保护后的警告信息

如果要撤消工作表保护，重复上面的保护操作，将“保护工作表及锁定的单元格内容”复选项的勾选取消即可。

只有在工作表被保护时，锁定单元格或隐藏公式才有效。对单元格设置保护后还应对工作表设置保护，这样设置的单元格保护才有效。否则，设置的单元格保护是无效的。

（八）Excel 的图表

数据表能比较客观的反映现实中的情况，而图表则可直观形象地说明问题。Excel 提供了功能强大且使用灵活的图表功能，用户可以借助此功能把表格中的数据用图表的方式展示，更有利于数据分析和数据对比，而且 Excel 的图表与生成它们的工作表链接，当更改工作表数据时，图表会自动更新，保证了数据的一致性。

1．创建图表

例如我们有如图 4-63 所示的一张教师基本情况表，我们希望更直观地用图表展示出不同职称教师的组成情况，下面我们用这张表的“职称”列和“所占比例”列建立一张分离型三维饼图，具体操作如下：

	A	B	C	D
1	××学院教师基本情况统计表			
2	职称	人数	所占比例	
3	教授	12	0.033613	
4	副教授	38	0.106443	
5	讲师	178	0.498599	
6	助教	129	0.361345	
7	总计	357		

图 4-63　图表的建立

（1）选中要建立图表的区域：A2:A6，C2:C6。

（2）单击“插入”选项卡→“图表”组→“饼图”按钮，如图 4-64 所示，在下拉列表中选中“三维饼图”中的“分离型三维饼图”。

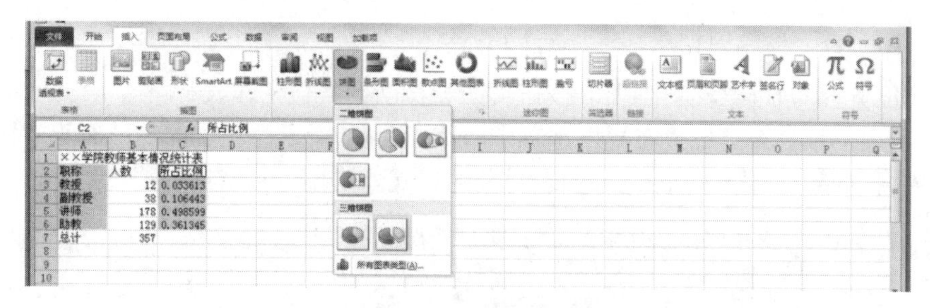

图 4-64　图表的选择

（3）选择确定时，图表自动出现在工作表窗口的中间，如图 4-65 所示，图表创建完毕。

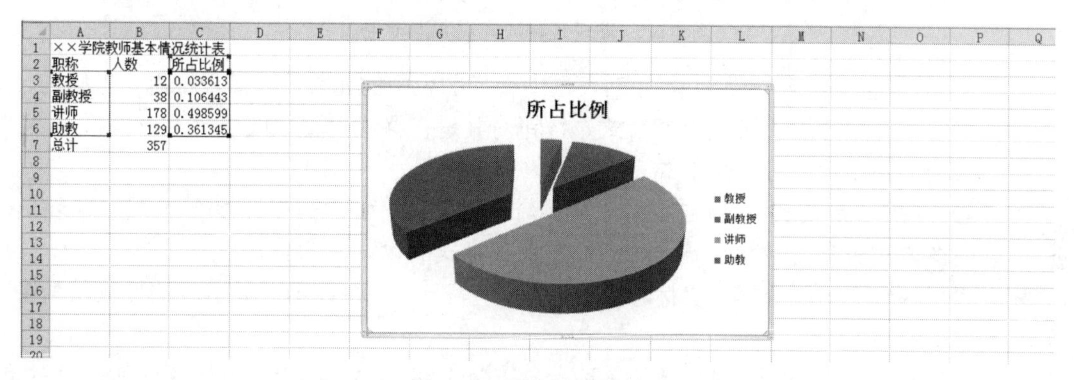

图 4-65　图表的生成效果

2. 图表格式的设置

在生成图表以后，我们可能会根据实际需要对图表中的内容及格式进行修改或调整，Excel 2010 对生成的图表提供了“设计”“布局”“格式”3 个图表工具选项卡供用户对生成的图表进行格式设置。

（1）图表工具“设计”。在“设计”选项卡（如图 4-66 所示）下的各功能组提供了对图表类型、数据、布局、样式及位置修改的选项。

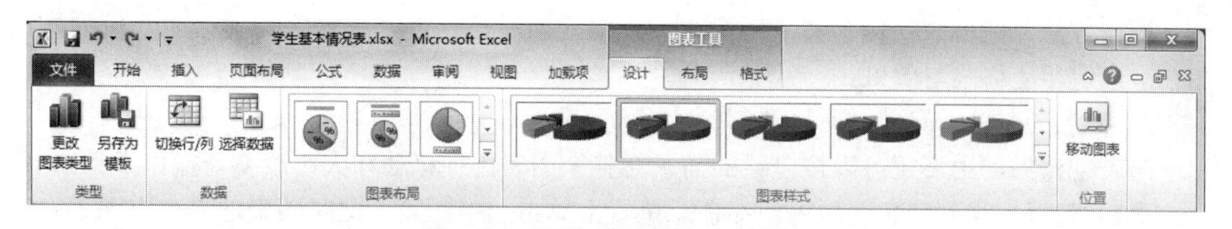

图 4-66　图表工具“设计”选项卡

- ➢ “类型”组。“类型”组提供了对当前所选图表类型进行更改的“更改图表类型”功能，以及把当前图表的格式和布局保存为模板的“另存为模板”功能
- ➢ “数据”组
  - ◆ 切换行/列：切换图表数据系列产生在行还是列
  - ◆ 选择数据：更改图表中包含的数据区域。如果生成的图表需要添加数据区域或删除数据区域，就要用到此按钮
- ➢ “图表布局”组：用于选择模板快速设置图表各元素如标题、图表、图例等对象的位置布局

- “图表样式”组：用于快速选择图表样式
- “位置”：通过“移动图表”按钮将图表移动到其他工作表

（2）图表工具“布局”。“布局”选项卡（如图 4-67 所示）包含的功能有设置图表标题、坐标轴、数据标签、网格线及图例等图表对象的格式。常用选项有：

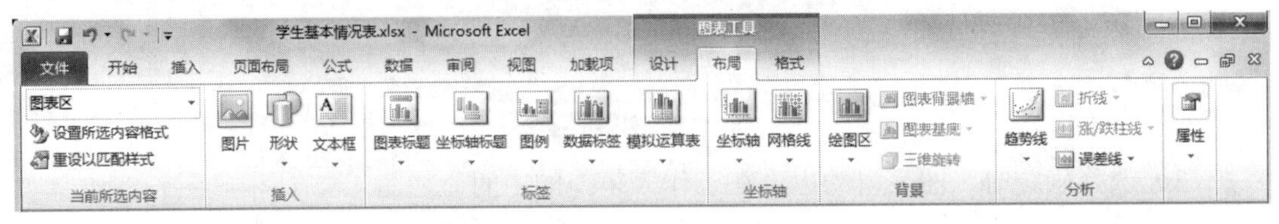

图 4-67　图表工具“布局”选项卡

- “当前所选内容”组：在上方列表框中选择图表中的元素（如图表标题、坐标轴、图例等）并用“设置所选内容格式”按钮对其进行格式设置。或用“重设以匹配样式”按钮取消用户的自定义格式
- “标签”组：选择“图表标题”“坐标轴标题”“图例”“数据标签”及“模拟运算表”等图表对象是否显示，显示时的位置及其格式的设置
- “坐标轴”组：选择“坐标轴”“网格线”等对象是否显示，显示时的位置及其格式设置

（3）图表工具“格式”。“格式”选项卡（如图 4-68 所示）用于设置图表中的所有对象，如文字、边框、填充背景等的格式、排列方式与大小等。

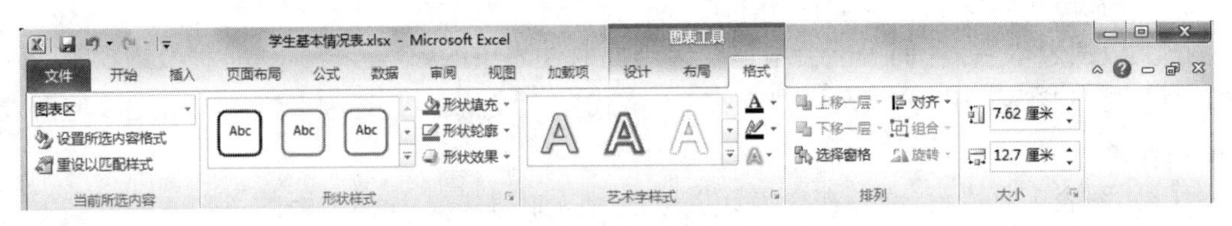

图 4-68　图表工具“格式”选项卡

操作方法为在图表所需设置的对象上单击选定对象后，在“格式”功能区中对应的按钮上单击选定相应格式与效果。

3. 图表的缩放、移动、复制和删除

图表创建后，用户还可以按自己的需求对整个图表进行移动和大小改变。操作步骤如下：

（1）将鼠标移到图表区域内，在任意位置上单击选中图表，此时图表边界上出现了立体边框，表明该图表被选定。

（2）在图表边框任意位置上拖动鼠标，可使图表缩小或放大；在图表区域内按下鼠标左键拖动图表，可使图表在工作表上移动位置；使用“开始”选项卡下“编辑”组中的“复制”和“粘贴”按钮，可将图表复制到工作表的其他地方或其他工作表上；按 Delete 键可将选定的图表从工作表中删除。

（九）迷你图

迷你图是 Excel 2010 中的一个新增功能，它是建立在一个单元格中的微型图表，能直观地显示出数据变化的趋势。

1. 迷你图的建立

Excel 2010 提供了 3 种类型的迷你图，分别是折线图、柱形图和盈亏，用户可根据需要进行选择。

以图 4-69 的数据表为例，根据各系历年招生人数，在“变化趋势”列建立迷你图，方法如下：

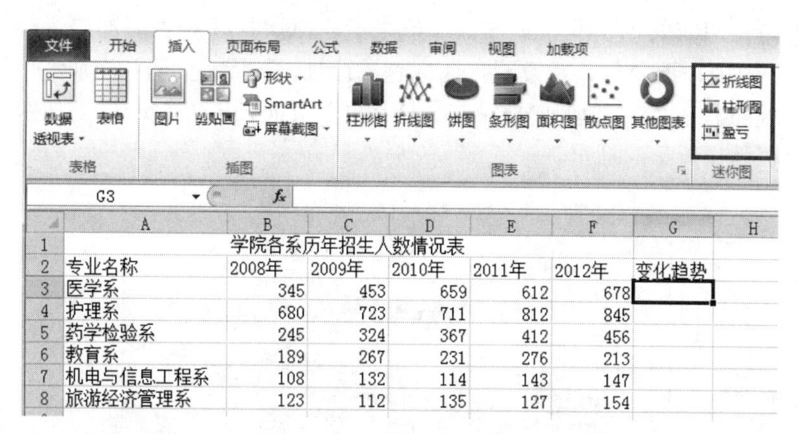

	A	B	C	D	E	F	G
1		学院各系历年招生人数情况表					
2	专业名称	2008年	2009年	2010年	2011年	2012年	变化趋势
3	医学系	345	453	659	612	678	
4	护理系	680	723	711	812	845	
5	药学检验系	245	324	367	412	456	
6	教育系	189	267	231	276	213	
7	机电与信息工程系	108	132	114	143	147	
8	旅游经济管理系	123	112	135	127	154	

图 4-69　迷你图的建立

（1）选中存放“迷你图”的单元格（如本例中的 G3 单元格），单击“插入”选项卡→“迷你图”组→“折线图”按钮，建立折线迷你图。

（2）在弹出的“创建迷你图”对话框（图 4-70）中，“数据范围”选择建立迷你图的数据区，本例选择“B3:F3”区域，“位置范围”选择位置迷你图的单元格，本例使用的默认（建立之前选定的单元格）位置“$G$3”。

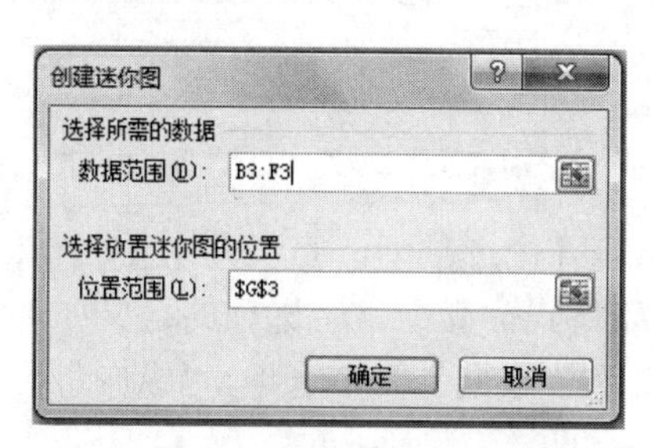

图 4-70　“迷你图”选项设置

（3）单击“确定”按钮后，迷你图在目标单元格生成。

（4）用填充的方法向下填充单元格，“变化趋势”列的迷你图生成完毕，效果如图 4-71 所示。

	A	B	C	D	E	F	G
1		学院各系历年招生人数情况表					
2	专业名称	2008年	2009年	2010年	2011年	2012年	变化趋势
3	医学系	345	453	659	612	678	
4	护理系	680	723	711	812	845	
5	药学检验系	245	324	367	412	456	
6	教育系	189	267	231	276	267	
7	机电与信息工程系	108	132	114	143	147	
8	旅游经济管理系	123	112	135	127	131	

图 4-71　“迷你图”的生成效果

（十）工作表的打印设置

1. 页面设置

工作表和图表建立好后，可以将它打印出来。在打印之前我们应通过页面设置命令设置打印的版面效果，通过打印预览命令实现“所见即所得”的效果查看，最后再通过打印操作将其打印。

页面设置是打印前的主要准备工作。一般来说，每次打印新表前都要进行页面设置。当工作表较大时，可能需要分页，并设置打印标题、行号、列标、页眉和页脚等。页面设置是通过对话框来实现的，单击“页面布局”选项卡下的“页面设置”组的启动按钮，可打开如图 4-72 所示的“页面设置”对话框。

图 4-72 “页面设置”对话框

在页面设置对话框中，共有 4 个选项卡，它们分别是：

（1）页面。用于设置打印格式，其中常用选项的含义如下：

- “方向”。有“纵向”和“横向”两个选项，“纵向”表示从左到右按行打印；“横向”表示将数据旋转 90° 打印
- “缩放比例”。用于设置打印的比例，范围可从 10%～400%，一般都采用 100%
- “纸张大小”。用于设置打印纸张的规格，可从下拉列表中选择，如 A4、A5 等
- “打印质量”。设置打印效果，可从下拉列表中选择，默认为 600 点/英寸，数字越大，质量越高
- “起始页码”。设置打印开始的页码，可直接输入页码的值

（2）页边距。用于设置页面的上、下、左、右边距和页眉、页脚与纸边的距离以及打印的位置（如图 4-73 所示）。

常用选项功能如下：

- “页边距”：在打印工作表时，Excel 2010 将按默认值自动设定页边距，上下各是 1.9cm，左右各是 1.8cm，页眉页脚各为 0.8cm。如果默认值不满足要求，也可进行调整

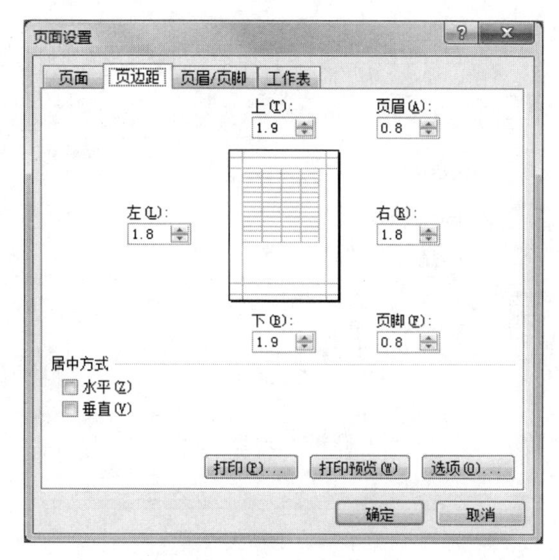

图 4-73　“页面设置”对话框中的“页边距”选项卡

- “居中方式”：可选择“水平”或“垂直”方式；用于设置表格在打印时在页面上的位置

（3）页眉/页脚。设置页眉和页脚的内容，以及页眉与页脚的相关选项，如图 4-74 所示。

图 4-74　页眉页脚设置

（4）工作表。用于设置打印参数（如图 4-75 所示），包括以下选项：

- “打印区域”。通过设置打印区域可选择打印工作表的部分区域
- “打印标题”。当工作表有多页时，如果要求每页均打印表头（顶标题或左侧标题），则可在“顶端标题行”/“左端标题行”栏中输入或选择标题所在的单元格地址
- “打印”。可设置打印的相关参数
- “打印顺序”。当表格太大，一页容纳不下（行、列都超出）时，可选择按“先列后行”或“先行后列”的顺序打印

图 4-75　工作表设置

1. 打印预览

在打印之前可利用“打印预览”功能查看各种设置是否合适，版面是否合乎要求。通过下列方法之一可打开打印预览窗口：

➢ 选择“文件”→“打印”，右边可显示预览效果
➢ 在“页面设置”对话框中单击“打印预览”按钮

2. 打印工作表

在所有设置完成后，就可打印工作表了，执行打印命令的常用方法有：

➢ 单击“文件”→“打印”选项下的“打印”按钮
➢ 在“页面设置”对话框中单击“打印”命令按钮

以上两种方法都会打开如图 4-76 所示的“打印”窗格，常用选项如下：

➢ “打印”：设置打印份数及开始打印
➢ “打印机”：在有多台打印机的情况下选择当前要使用的打印机型号

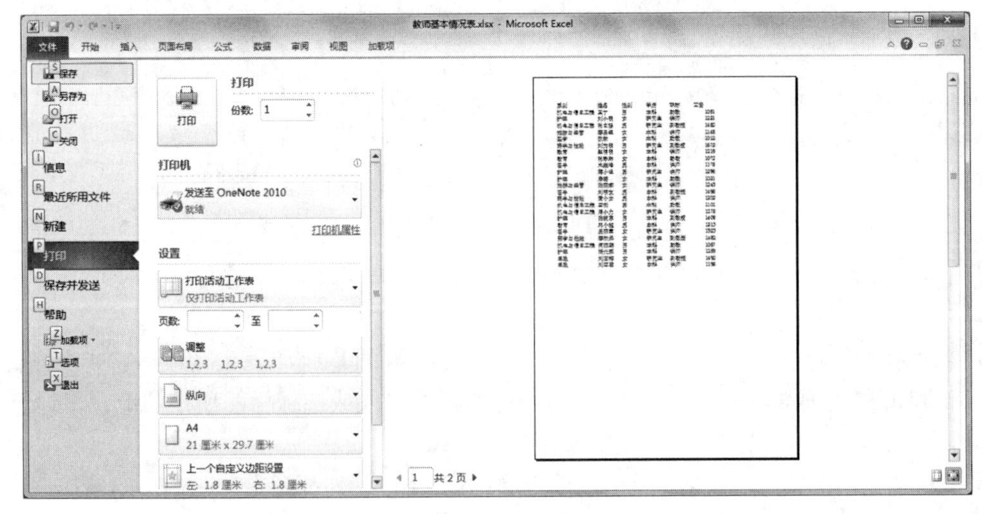

图 4-76　打印设置

➢　“设置”：设置打印范围

还可设置打印方向、纸张大小、自定义边距和打印缩放等效果。

任务实施

1．打开“班级管理”工作簿。

2．建立各种工作表。

巩固练习

在“班级管理”工作簿中建立“班级课程表”“学生入学登记表”“平时成绩统计表”“清洁卫生安排表”和“考勤信息统计表”等各类表格，其样表如下：

【课程表】：

A	B	C	D	E	F	G	H
高二3班课程表							
	节次	上课时间	星期一	星期二	星期三	星期四	星期五
上午	早自习	8：00—8：20	英　语	英　语	语　文	语　文	计算机
	第一节	8：30—9：10	数　学	数　学	语　文	计算机	数　学
	第二节	9：20—10：00	计算机	英　语	计算机	计算机	英　语
	大课间						
	第三节	10：40—11：20	计算机	美　术	计算机	英　语	语　文
	第四节	11：30—12：10	语　文	体　育	体　育	数　学	普通话
午休							
下午	第五节	14：00—14：40	音乐	计算机	政治	语文	计算机
	第六节	14：40—15：30	英语	计算机	数学	书法	计算机
	第七节	15：55—16：35	安全教育	语文	计算机	计算机	劳动

学生入学登记表　课程表　清洁卫生安排表　平时成绩统计表　考勤数据登记表

【清洁卫生安排表】：

卫生安排										
组别	环境				厕所		教室			
第一组	袁　浩	陈浩杰	李昀飞	李　欢	张　妙	牟鑫鑫	冯保顺	冯　凯	郑天赐	马星宇
第二组	顾超越	冯海瑞	伏晨昊	骆　瑞	龚永艳	罗春宇	曹家豪	冯　旭	周星宇	王海龙
第三组	黄　璐	白云峰	刘嘉晨	陈健苹	王娜梅	庹晓娜	杜鉴昊	庞华治	张雅婷	陈天宇
第四组	刘洪辉	王雨佳	任凌翰	李　勇	肖　叶	李佳欢	魏　娟	任亚玲	冉雪琴	倪朝星
第五组	周　文	李佳毓	李　敖	任泽明	甘　巧	岳雅诗	曹一婷	牟润玲	任雅梅	李成智

学生入学登记表　课程表　清洁卫生安排表　平时成绩统计表　考勤数据登记表

【学生入学登记表】:

新学期入学登记表

序	姓名	性别	民族	身份证号	是否住校	详细地址	家长姓名	家长电话	中职学生资助卡号	交费	备注
1	白云峰	男	汉族	51312419990915191X		新中6组	白东才	13547427446	6212812319000234952	1000	
2	曹家豪	男	汉族	513124199909170176		九襄镇堰沟村7组	冯丽华	13438689992	6212812319000234960	1000	
3	曹一婷	女	汉族	51312420010203446X	是	汉源县双溪乡申沟村5组	曹正清	13981628557	6212812319000234978	2200	
4	曹渝宗	男	汉族	513124199805212474		唐家镇荷云村6组	曹正伟	15284785185	6212812319000234390	1000	
5	陈浩杰	男	汉族	513124200007280179		满堰村8组	张永和	15283507764	6212812319000234994	1000	
6	陈建琼	女	汉族	51312419991104446X		双溪乡松合村1组	陈红	15008316518	6212812319000235009	1000	
7	陈健苹	男	汉族	513124199909294013	是	梨园乡大树村3组	陈廷斌	18783517284	6212812319000235017	2200	
8	陈天宇	男	汉族	513124200007030014	是	友谊路122号3栋3单元	王树莲	18080571955	6212812319000234416	2200	
9	陈毅	男	汉族	513124199810253414		大堰乡新林村7组38号	陈登元	15808152428	6212812319000234424	1000	
10	杜鉴昊	男	汉族	513124199904021913		大田乡建设村3组	杜登文	13795866572	6212812319000234432	1000	
11	杜璋渐	男	汉族	513124200005110192		九襄镇后山村10组	张玲	15378168506	6212812319000235041	1000	
12	冯保顺	男	汉族	513124200007032298		唐家乡新场村5组	冯钰婷	18123479263	6212812319000234440	1000	
13	冯海瑞	男	汉族	513123200005312214		双溪乡松合村3组	唐明英	15983543899	6212812319000235058	1000	
14	冯凯	男	汉族	513124199904162273		唐家镇洪水村1组41号	冯万清	15181219061	6212812319000234465	1000	
15	冯旭	男	汉族	513124199910300177		汉源县九襄镇堰沟村7组	冯全高	13438689863	6212812319000234473	1000	
16	伏晨昊	男	藏族	513124199908220012		富林大道二段169号1栋3单元8号	伏勇	13881626525	6212812319000235066	1000	
17	甘巧	女	汉族	513124199808081166	是	安乐乡鹤梧村2组	甘治军	15281281775	6212812319000235074	2200	
18	龚永艳	女	汉族	513124199905144464	是	双溪乡东乐村2组	程持茉	15183537337	6212812319000234499	2200	
19	顾超越	男	彝族	513124200007080177		九襄镇枣林村6组	顾国庆	18283557638	6212812319000235082	1000	
20	郝勋	男	汉族	513124199704282270		唐家镇小关村2组99号	郝建荣	18783579676	6212812319000235504	1000	
21	何宗轶	男	汉族	513124199901305419		河南乡河南村1组	何文勇	15281297579	6212812319000234515	1000	
22	洪胡蓉	女	汉族	513124200001100181		汉源县九襄镇堰沟村2组	胡守银	15984513220	6212812319000235090	1000	

【平时成绩统计表】:

高二3班　　成绩统计表

学号	姓名	平时成绩									半期	期末
1	白云峰											
2	曹家豪											
3	曹一婷											
4	曹渝宗											
5	陈浩杰											
6	陈建琼											
7	陈健苹											
8	陈天宇											
9	陈毅											
10	杜鉴昊											
11	杜璋渐											
12	冯保顺											
13	冯海瑞											
14	冯凯											
15	冯旭											
16	伏晨昊											
17	甘巧											
18	龚永艳											
19	顾超越											
20	郝勋											
21	何宗轶											
22	洪胡蓉											

学生入学登记表　课程表　清洁卫生安排表　平时成绩统计表　考勤数据登记表

【考勤数据登记表】:

四川省汉源县职业高级中学高二3班3月份考勤统计表

日期	姓名	迟到	早退	请假	旷课
2017/3/1	李勇			0	
2017/3/1	郑天赐			0	
2017/3/1	陈浩杰			0	
2017/3/1	陈天宇			0	
2017/3/1	王海龙			0	
2017/3/1	骆瑞			0	
2017/3/1	鲜肖			0	
2017/3/2	李勇	0			
2017/3/2	郑天赐		0		
2017/3/2	陈浩杰				0
2017/3/2	陈天宇		0		
2017/3/2	王海龙	0			
2017/3/2	骆瑞				0
2017/3/2	鲜肖				0
2017/3/2	马星宇	0			
2017/3/2	王雨佳	0			
2017/3/3	任凌翰	0			
2017/3/4	李勇	0			0
2017/3/5	袁浩				

注释：0表示该生当天迟到、早退、请假、旷课。

学生入学登记表　课程表　清洁卫生安排表　平时成绩统计表　考勤数据登记表

项目三　Excel 数据处理

任务情境

李敖同学要为班主任老师收集并统计半学期考试成绩登记表，做出如下图所示的成绩分析表，该如何进行操作呢？

半期成绩分析表

学号	姓名	语文	数学	英语	计算机	总分	名次
1	白云峰	62	99	92	99	352	1
2	曹家豪	40	79	80	53	252	7
3	曹一婷	63	67	46	58	234	10
4	陈健苹	25	59	76	48	208	13
5	冯海瑞	26	79	41	26	172	16
6	伏晨昊	42	70	66	56	234	10
7	甘巧	27	62	46	56	191	15
8	顾超越	7	22	26	49	104	23
9	黄璐	44	63	71	75	253	6
10	李敖	56	46	72	72	246	8
11	李成智	12	24	68	52	156	20
12	李建芬	39	40	36	24	139	21
13	李勇	31	68	56	46	201	14
14	刘洪辉	27	34	34	71	166	17
15	牟润玲	56	36	15	56	163	18
16	牟鑫鑫	65	80	67	91	303	5
17	倪朝星	14	21	29	23	87	24
18	冉雪琴	60	30	75	77	242	9
19	任雅梅	41	35	30	56	162	19
20	任亚玲	55	77	38	48	218	12
21	任泽明	17	40	27	31	115	22
22	王强	56	97	86	74	313	3
23	王雨佳	54	95	81	79	309	4
24	魏娟	53	89	80	92	314	2
	单科最高分	65	99	92	99		
	单科最低分	7	21	15	23		
	单科平均分	40.5	58.833	55.75	58.833		
	及格人数	4	13	12	9		
	80分以上人数	0	5	5	3		

学生入学登记表　课程表　清洁卫生安排表　平时成绩统计表　考勤数据登记表　期中成绩分析统计表

任务分析

- 打开平时成绩登记表
- 计算总分
- 排列名次
- 求各科平均分、最高分、最低分、及格人数和统计各分数段人数等

知识准备

一、公式的使用

在前面 Excel 2010 的学习中，我们在工作表中输入的数据都是固定不变的，这与我们用字处理软件相比，优势仅在于管理的数据量比较大而已。在实际工作中，除了输入原始数据外，我们还要对数据进行大量的统计计算，如求和、计数、排名等，并将结果也放在工作表当中，这些功能可以由 Excel 提供的公式与函数来实现。公式与函数作为 Excel 2010 的重要组成部分，具有非常强大的计算功能，为用户建立、分析与处理工作表中的数据提供很大的方便。Excel 提供了各种计算功能，用户用系统提供的运算符和函数创建公式，系统将按公式进行计算，并将结果反映在表格中，特别是引用的相关数据改变后，Excel 2010 会重新计算并自动更新结果，从而展示出它的优势。

（一）公式的输入

Excel 2010 为我们提供了若干的运算符，使我们自由地构造公式对单元格内数据进行计算。如我们已有一张工作表（如图 4-77 所示），已知各专业去年和当年的招生人数，要求“增长比例”列的值（增长比例=(当年人数-去年人数)/去年人数），最方便快捷的方法就是使用公式。如何录入公式呢？

D3 fx

	A	B	C	D	E
1	××学院机电系招生人数情况表				
2	专业名称	去年人数	当年人数	增长比例	
3	计算机应用	187	276		
4	机电一体化	240	312		
5	汽车维修	105	178		

图 4-77　公式录入示例

首先了解公式中可用到的各个元素。

1. 运算符及优先级

在公式的使用中，会用到各种运算符，Excel 中的运算符有 4 类：算术运算符、比较运算符、字符运算符和引用运算符。

（1）算术运算符。算术运算符主要有：+（加）、—（减）、*（乘）、/（除）、^（乘方）和%（百分数）。使用这些运算符进行计算时，必须符合一般数学计算准则，即“先乘除、后加减”。

（2）比较运算符。比较运算符主要有：=（等于）、>（大于）、<（小于）、>=（大于或等

于）、<=（小于或等于）和<>（不等于）。使用这些运算符可比较两个数据的大小，当比较条件成立时返回值为 TRUE（真），否则返回值为 FALSE（假）。

（3）字符运算符（&）。字符运算符&用于连接两段文本，以便产生一段连续的文本。如“MS” & “OFFICE”，则得到字符串“MS OFFICE”。

（4）单元格引用运算符。引用运算符常用的有：冒号（:）、逗号（,）和空格。

- 冒号（:）运算符用于定义一个连续的单元格区域，以便在公式中使用，如 A1:F4，表示从 A1 到 F4 的一个连续区域
- 逗号（,）运算符是一种并集运算符，它用于连接两个或多个区域，如(A1,F4)，表示 A1 和 F4 两个单元格区域
- 空格运算符用于求两个区域中公共单元格部分的数据

当在公式中用到了不同的运算符时，就要考虑运算符的优先级，下面按从高到低的顺序列出了常见运算符的优先级：

-（负号）、%、^、*和 / 、+和-、&、（=、>、<、>=、<=、<>）

2. 公式的输入

公式是用于在工作表中对数据进行计算、分析的等式，它以等号开始，由常数、单元格名称、函数和运算符组成。

输入公式的格式为：=表达式。

其中表达式由运算符、常量、单元格地址、函数及括号等组成，不能包括空格。在工作表中创建公式，也就是将公式输入到单元格中。下面以图 4-78 的案例来计算：

（1）单击第一个要输入公式的单元格 D3。

（2）输入一个等号“=”。

（3）输入公式。输入时，运算符通过键盘直接输入，而当公式中要引用单元格数据时，可在该单元格上单击或直接输入其地址，因此本例中 D3 单元格输入的公式为“=(C3-B3)/C3”，然后回车确认，Excel 自动根据公式进行计算并将结果填入当前单元格中（结果如图 4-78 所示）。

D3　fx　=(C3-B3)/B3

	A	B	C	D	E
1	××学院机电系招生人数情况表				
2	专业名称	去年人数	当年人数	增长比例	
3	计算机应用	187	276	0.475936	
4	机电一体化	240	312		
5	汽车维修	105	178		

图 4-78　公式录入结果

3. 错误信息

当某个单元格的公式中出现错误时，如数据类型不相符，引用单元格已删除，或者除数为零等，Excel 将无法计算公式的值，则将在此单元格中显示一个错误信息。由于公式中的单元格引用，有时一个错误会涉及整个工作表而产生多个错误。如表 4-1 所示列出了部分错误信息，仅供参考。

表 4-1 公式中的常见错误

错误	含义
#DIV / 0!	表示在公式中出现了除数为零
#N/A	表示没有可用的数值。在 Excel 中，空白单元格的缺省值为零，当某单元格的内容没有用时，可标上“#N/A”，这将确保不会在无意中引用空白单元格
#NAME?	表示 Excel 不能识别公式中使用的名字。这是由该名字拼写有错或未定义或已被删除所引起的错误
#NUM	表示公式中的数字有问题。在要求使用数值参数的函数中，使用了不可接受的参数。也可能是公式运算结果太大或太小，超出了 Excel 的范围
#REF	表示公式引用了无效的单元格。当引用单元格被删除时，将出现此错误值
#VALUE!	表示参数或操作数的类型有错，或者在只需单个数值的参数处输入了区域，就会出现此错误

（二）公式中的地址引用

在公式中，把单元格的地址名作为参数，使单元格的值参与运算，称为单元格的引用。在公式中引用单元格地址进行计算是非常方便的，当引用单元格中的数据发生变化时，公式的计算结果会自动更新。Excel 的地址引用分以下 3 种情况：

1. 相对地址引用

在上面的招生人数情况表中，通过公式计算得到了计算机专业的增长比例，其他专业的增长比例也可用同样的方法一个一个分别计算。但像这种计算方法相似、单元格地址有规律变化的公式其实不必重复输入，而可采用复制公式的方法，操作步骤如下：

（1）单击选中已输入公式的 D3 单元格。

（2）将鼠标指针移到 D3 单元格右下角的填充柄位置，按住鼠标左键拖动到 D5 单元格。此时，可看到公式被自动向下复制（如图 4-79 所示）。

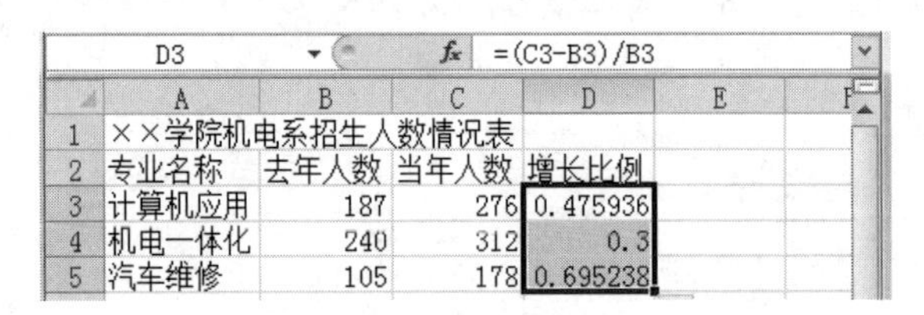

图 4-79 公式复制与相对地址示例

如果查看复制的公式会发现被复制单元格的公式自动变成了“D4=(C4-B4)/B4”，“D5=(C5-B5)/B5”，复制后公式中单元格的引用地址并没有原样照搬，而是根据公式的原来位置和复制到的目标位置关系自动推算出公式中单元格引用地址相对原位置的变化，这种自动随公式复制的单元格位置变化而变化的地址引用称为相对地址引用。我们在公式中直接引用的地址系统都默认为相对地址。

2. 绝对地址引用

相对地址引用在很多时候是很方便的，但是，当遇到如图 4-80 所示的问题的时候，相对引用就会导致错误的结果。该表中所占比例列的值“=人数/总计”，我们先计算 C3 单元格的值，公式为“C3＝B3/B7”，结果为“0.033613”，但当我们用上面的填充方法将此公式复制到该列的其他单元格时，结果发生了“#DIV/0!”的错误（如图 4-80 所示）。

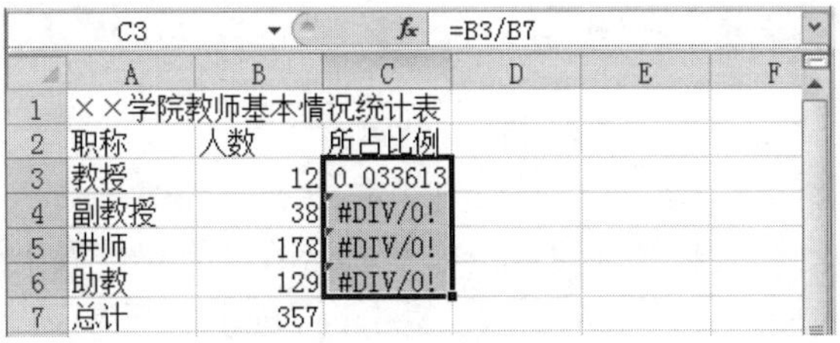

C3　　f_x　=B3/B7

	A	B	C	D	E	F
1	××学院教师基本情况统计表					
2	职称	人数	所占比例			
3	教授	12	0.033613			
4	副教授	38	#DIV/0!			
5	讲师	178	#DIV/0!			
6	助教	129	#DIV/0!			
7	总计	357				

图 4-80　绝对地址引用示例

导致该错误的原因是该公式中引用的两个地址都是相对地址，复制时都会按目标地址的变化自动变化，所以复制后 C4 单元格公式中的分子从 B3 变为 B4，分母从 B7 变成了 B8，由于分母 B8 单元格的值为空而导致除零的错误，其余单元各也是如此。因此在本例的公式复制中，我们希望分母始终引用 B7 单元格的值（总计）而不希望它改变，我们就要用到绝对地址。Excel 提供绝对地址引用来表示某个固定不变的地址。其表示形式是在相对地址的列标和行标前加“$”符号，如$B$7，表示列固定为 B，行固定为 7 的绝对地址。若在本例中将 C3 的公式改为“=B3/$B$7”，那复制到 C4 的公式就为“=B4/$B$7”，C5 为“=B5/$B$7”（如图 4-81 所示），以此类推，就不会出现上面的错误了。

C3　　f_x　=B3/$B$7

	A	B	C	D	E	F
1	××学院教师基本情况统计表					
2	职称	人数	所占比例			
3	教授	12	0.033613			
4	副教授	38	0.106443			
5	讲师	178	0.498599			
6	助教	129	0.361345			
7	总计	357				

图 4-81　绝对地址引用示例

3. 混合引用

在公式中，除了相对引用和绝对引用外，还有混合引用。混合引用是指单元格引用的地址中，“行”为相对地址，“列”为绝对地址；或者“行”为绝对地址，“列”为相对地址。如$B7（列固定为 B，行为相对地址），B$7（列为相对地址，行固定为 7）。在混合引用中，相对地址部分随公式地址变化而变化，绝对地址部分不随公式地址变化而变化。

4. 跨工作表的单元格地址引用

在同一工作簿中，当前工作表中的单元格可以引用其他工作表中的单元格，实现了不同工作表之间的数据访问。引用格式是：<工作表>!<单元格>

在不同工作簿和工作表中的单元格引用格式是：

[<工作簿>]<工作表>!<单元格>

工作簿的引用需用方括号分隔，工作表的引用与单元格的引用之间用感叹号分隔。例如，要把 Sheet1 中 B2 单元格中的数据和 Sheet2 中 C3 的数据相加，放到 Sheet3 中 D1 单元格，则在 Sheet3 中的 D1 单元格中输入公式“=Sheet1!B2+Sheet2!C3”即可。

若公式为：“=[Book2]Sheet1!B2+[Book1]Sheet2!C3”，表示 Sheet1 是工作簿 Book2 的工作表，Sheet2 是工作簿 Book1 的工作表。

无论是不同工作簿的不同工作表中的单元格引用，还是同一工作簿的不同工作表中的单元格引用，感叹号“!”都不能丢掉。

二、函数的使用

Excel 2010 的公式使用是非常方便也是非常灵活的，但我们如果遇到如图 4-82 所示的案例，要求根据学生的各科成绩计算每个学生的总分时，如果参照前面公式的做法，首先我们求第一个学生“张蒙阳”的总分，则需在 I2 单元格输入公式“=C2+D2+E2+F2+G2+H2”，如果课程再多一些，公式就会更长，输入的参数就越多，对于这类经常会用到的求和，求平均值等功能或有一些用公式无法直接计算的复杂功能，有没有更简单的方法呢？答案是有，这就要用到 Excel 2010 的函数。

I2 fx =C2+D2+E2+F2+G2+H2

	A	B	C	D	E	F	G	H	I	J
1	学号	姓名	大学英语	计算机基础	马克思主义概论	医用化学	体育	形势与政策	总分	
2	2012020111	张蒙阳	87	90	67	75	90	78	487	
3	2012020112	梅小慧	89	87	78	71	83	93		
4	2012020113	李明达	67	79	69	65	90	85		
5	2012020114	刘小红	78	93	81	80	79	78		

图 4-82　函数使用举例

函数可以理解为 Excel 2010 预先定义好的公式。Excel 2010 提供 12 类函数，其中包括财务、日期与时间、数学与三角函数、统计、查找与引用、数据库、文本、逻辑、信息、工程、多维数据集和兼容性等，同时为了方便查找函数，它还设计了常用和全部两个分类。

（一）函数的输入

函数的输入可以直接在编辑栏输入，但由于函数种类多，参数不易记忆，所以我们常用编辑栏左边的插入函数按钮或“公式”选项卡下“函数库”组中的插入函数按钮，系统会弹出“插入函数”对话框，用户可以在对话框中方便地选择函数并获得各种函数的形式、用途及使用说明，并在它的引导下，输入或选择该函数参数，从而完成函数的输入。

一般函数调用的语法包括 3 个部分：=函数名（参数）。

函数计算以“=”开头，“函数名”说明将要执行的运算功能，“参数”指定函数计算中使用的数值或单元格。函数可以有一个或多个参数，也可没有参数，但函数名后的一对圆括号是必须要的。

下面以 SUM 函数为例来看函数的插入。SUM 函数用于对数值型数据进行求和，如图 4-83 所示的数据表中的“总分”列，我们下面用 SUM 函数来对各科成绩求和。

（1）选取存放结果的单元格 I2；

（2）单击“插入函数”按钮，弹出“插入函数”对话框，对话框上方是函数分类列表框，显示函数类别；下方是函数列表，显示被选中的类的函数清单。本例我们选择“常用函数”类中的求和函数“SUM”，并单击“确定”按钮（图 4-83）。

（3）在弹出的函数参数对话框的参数框内输入参数，即求和的范围（图 4-84），本例只对一个区域求和，可在参数 number1 后直接输入求和范围“C2:H2”或用鼠标在工作表中选取区域“C2:H2”，对话框下方显示出当前的运算结果。

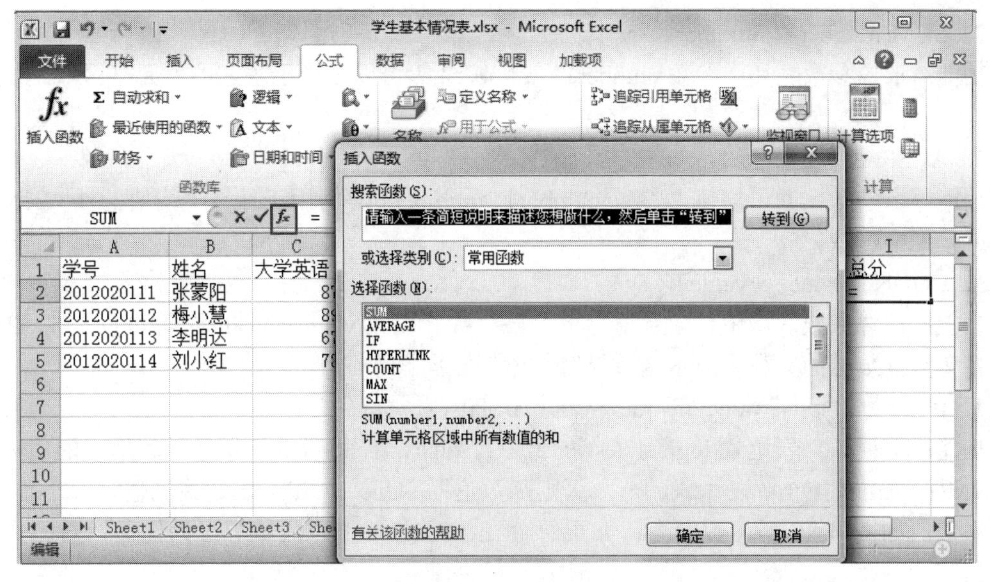

图 4-83 函数的输入

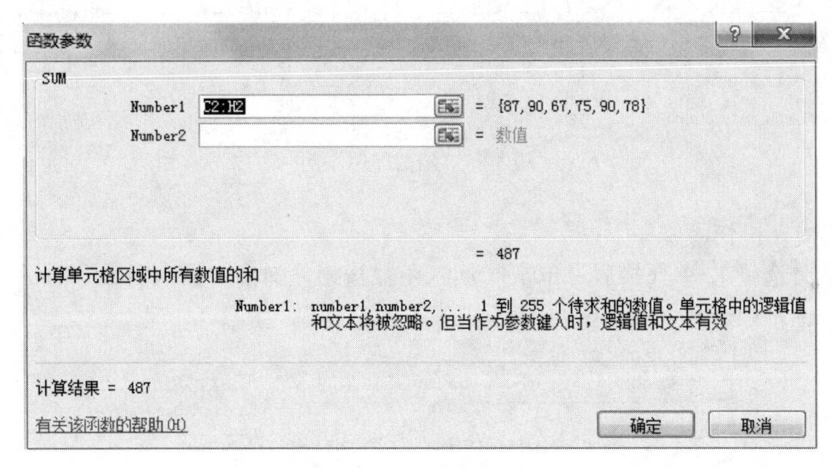

图 4-84 函数参数的选择

（4）核对无误后，单击“确定”按钮，计算结果自动显示在当前单元格中。余下的单元格利用单元格的自动填充功能进行公式的复制即可。运算结果如图 4-85 所示。

I2 =SUM(C2:H2)

	A	B	C	D	E	F	G	H	I
1	学号	姓名	大学英语	计算机基础	马克思主义概论	医用化学	体育	形势与政策	总分
2	2012020111	张蒙阳	87	90	67	75	90	78	487
3	2012020112	梅小慧	89	87	78	71	83	93	501
4	2012020113	李明达	67	79	69	65	90	85	455
5	2012020114	刘小红	78	93	81	80	79	78	489

图 4-85 函数运算结果示例

（二）常用函数介绍

Excel 的函数有很多，下面介绍一些最常用的函数。

1．SUM(number1，number2，…)

功能：求各参数之和。参数 number1、number2 等可以是用于求和的单元格区域地址或常数值。

2．AVERAGE(number1，number2，…)

功能：求各参数的平均值。参数 number1、number2 等是用于计算平均值的 1～255 数值参数或单元格区域。

3．COUNT(value1，value2，…)

功能：计算参数区域中包含数值型单元格个数。参数 value1，value2 等可以是 1～255 个包含任意类型数据的参数，但本函数只对数值型数据计数。

4．IF(logical_test，value_if_true，value_if_false)

功能：根据条件表达式 logical_test 的值进行判断，若 logical_test 条件表达式的值为真，则函数返回 value_if_true 表达式的值，否则函数返回 value_if_false 表达式的值。

举例：如图 4-86 所示数据表，如果总分在 500 分以上，成绩等级为优秀，否则成绩为良好。

J2

	A	B	C	D	E	F	G	H	I	J
1	学号	姓名	大学英语	计算机基础	马克思主义概论	医用化学	体育	形势与政策	总分	成绩等级
2	2012020111	张蒙阳	87	90	67	75	90	78	487	
3	2012020112	梅小慧	89	87	78	71	83	93	501	
4	2012020113	李明达	67	79	69	65	90	85	455	
5	2012020114	刘小红	78	93	81	80	79	78	489	

图 4-86　函数使用举例

用 IF 函数，操作步骤如下：

（1）单击选择 J2 单元格后，单击 *fx* 插入函数按钮，弹出“插入函数”对话框。

（2）对话框中选择“常用函数”类中的 IF 函数（图 4-87）。

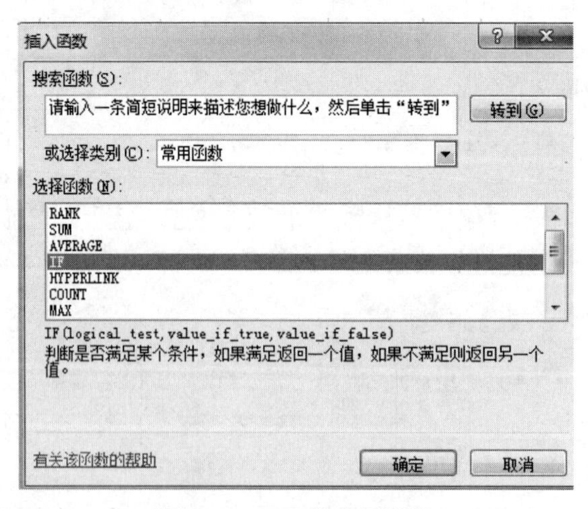

图 4-87　IF 函数使用举例

（3）在弹出的“函数参数”对话框中，Logical_test 条件输入“I2>=500”，Value_if_true 框中输入“优秀”，Value_if_false 框中输入“良好”，如图 4-88 所示。

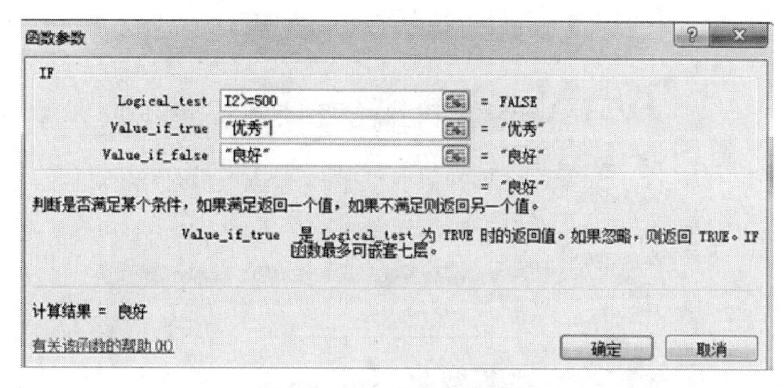

图 4-88　IF 函数参数选择

（4）单击“确定”按钮，第一条记录的成绩等级“良好”填入 J2 单元格。

（5）用公式复制的方法向下复制公式，结果如图 4-89 所示。

J2　=IF(I2>=500,"优秀","良好")

	A	B	C	D	E	F	G	H	I	J	K
1	学号	姓名	大学英语	计算机基础	马克思主义概论	医用化学	体育	形势与政策	总分	成绩等级	
2	2012020111	张蒙阳	87	90	67	75	90	78	487	良好	
3	2012020112	梅小慧	89	87	78	71	83	93	501	优秀	
4	2012020113	李明达	67	79	69	65	90	85	455	良好	
5	2012020114	刘小红	78	93	81	80	79	78	489	良好	

图 4-89　IF 函数结果

5．COUNTIF(range，criteria)

功能：计算某个区域中满足给定条件的单元格数目。range 是统计的范围，criteria 是统计的条件。

6．SUMIF(range，criteria，sumrange)

功能：对满足条件的单元格数值求和。range 是包含了条件区和求和区在内的计算范围，criteria 是求和的条件，sumrange 是实际求和的范围。

7．RANK (number，ref，order)

功能：求一个数在一组数中相对于其他数值的大小排位。number 为需要进行排位的数字；ref 是指定排位范围的一组数，可以是数字列表数组或对数字列表的引用，ref 中如果包含非数值型参数将被忽略；order 用于指明排位的方式为升序或降序。

举例：对如图 4-90 所示数据按成绩的降序求“成绩排名”列的值。

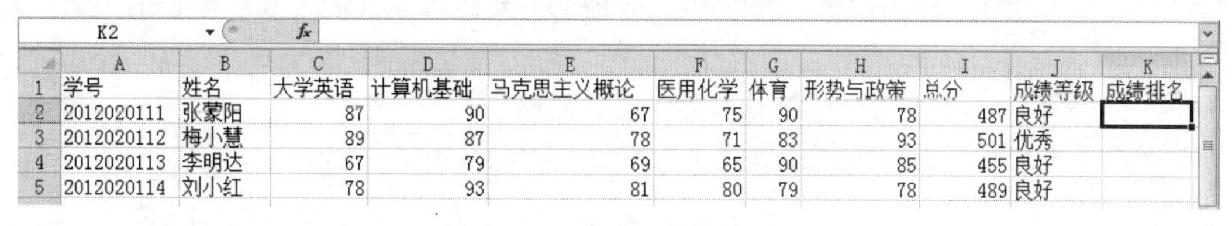

K2

	A	B	C	D	E	F	G	H	I	J	K
1	学号	姓名	大学英语	计算机基础	马克思主义概论	医用化学	体育	形势与政策	总分	成绩等级	成绩排名
2	2012020111	张蒙阳	87	90	67	75	90	78	487	良好	
3	2012020112	梅小慧	89	87	78	71	83	93	501	优秀	
4	2012020113	李明达	67	79	69	65	90	85	455	良好	
5	2012020114	刘小红	78	93	81	80	79	78	489	良好	

图 4-90　RANK 函数使用举例

用 RANK 函数，操作步骤如下：

（1）单击选择 K2 单元格后，单击 fx 插入函数按钮，弹出“插入函数”对话框。

（2）在对话框中选择“全部”类中的 RANK 函数（如图 4-91 所示）。（“全部”类中包含了 Excel 中的所有函数）

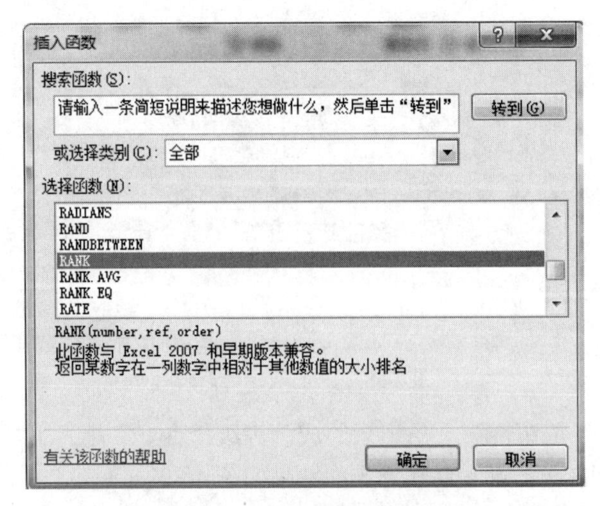

图 4-91　RANK 函数使用举例

（3）在弹出的"函数参数"对话框中，Number 参数后面输入或选择"I2"，Ref 参数后输入或选择"I2:I5"，Order 参数后输入 0 或忽略表降序，计算结果"3"显示在对话框左下方（如图 4-92 所示），单击"确定"按钮即可。

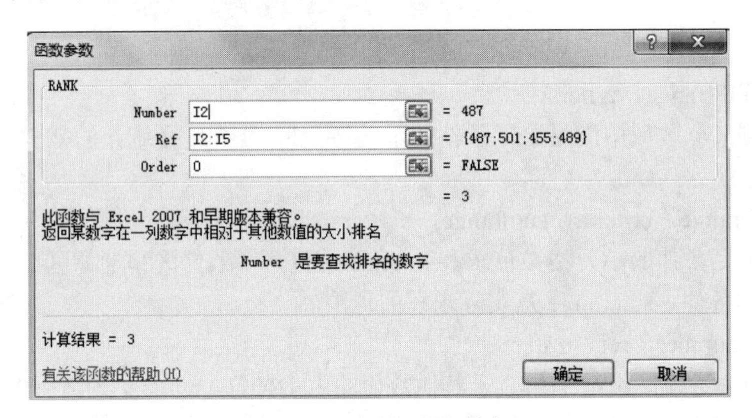

图 4-92　RANK 函数参数选择

（4）要将结果复制到其余单元格，还需将第二个参数 Ref 的范围地址改为绝对地址"$I$2:$I$5"，表示排序范围不随复制而改变。拖动填充柄向下填充到 K5 单元格即可，效果如图 4-93 所示。

K2　=RANK(I2,$I$2:$I$5,0)

	A	B	C	D	E	F	G	H	I	J	K
1	学号	姓名	大学英语	计算机基础	马克思主义概论	医用化学	体育	形势与政策	总分	成绩等级	成绩排名
2	2012020111	张蒙阳	87	90	67	75	90	78	487	良好	3
3	2012020112	梅小慧	89	87	78	71	83	93	501	优秀	1
4	2012020113	李明达	67	79	69	65	90	85	455	良好	4
5	2012020114	刘小红	78	93	81	80	79	78	489	良好	2

图 4-93　RANK 函数使用结果

以上是一些常用函数的使用，如果在实际应用中需要了解其他函数的详细使用方法，可以参阅 Excel 的"帮助"系统或其他参考资料。

三、工作表的数据操作

使用 Excel 2010 不仅可以创建工作表、生成图表，而且还可以创建数据清单，按数据库方式管理工作表。所谓数据清单就是一个由行列数据组成的特殊工作表，与我们日常生活中使用的由若干行和列组成的二维表相似。一张数据清单就可以看作是数据库的一张数据表，该工作表的第一行是各列的列标题，称之为“字段名”，字段名以下各列的数据称为该字段的值，由各字段的值组成的每一行称为数据库的一条“记录”。Excel 提供了按数据库方式管理工作表数据的功能来对数据清单进行管理。通过数据管理，可以对数据进行排序、筛选和分类汇总等操作。

（一）创建数据清单

创建数据清单应当遵循如下的规则：

（1）清单含有固定的列，一列称为一个字段，每列有列标题，列标题称作字段名。

（2）数据清单每列的数据类型应该相同。

（3）数据清单每行的数据称为一条记录。

（4）清单中不能有空白的行或列。

（二）数据清单的创建

要创建数据清单，选择一张空白的工作表，在表中的第一行依次输入列标题，在下面的每行输入一条记录即可（如图 4-94 所示的教师基本情况表）。

F25　fx　1198

	A	B	C	D	E	F	G	H
1	系别	姓名	性别	学历	职称	工资		
2	机电与信息工程	王宁	男	本科	助教	1051		
3	护理	刘小明	女	研究生	讲师	1221		
4	机电与信息工程	张志强	男	研究生	副教授	1452		
5	旅游与经管	李昌钰	女	本科	讲师	1145		
6	医学	欧歌	女	本科	助教	1012		
7	药学与检验	刘为明	男	研究生	副教授	1672		
8	教育	赵明明	女	本科	讲师	1219		
9	教育	张琳琳	女	本科	助教	1072		
10	医学	宋继峰	男	本科	讲师	1178		
11	护理	蒋小逍	男	研究生	讲师	1296		
12	护理	唐璐	女	本科	助教	1021		
13	旅游与经管	张丽娜	女	研究生	讲师	1243		
14	医学	刘明友	男	本科	副教授	1498		
15	药学与检验	黄小安	男	本科	讲师	1202		
16	机电与信息工程	王刚	男	本科	助教	1101		
17	机电与信息工程	周小力	女	研究生	讲师	1278		
18	护理	张晓东	男	本科	副教授	1409		
19	教育	邓小超	男	本科	讲师	1213		
20	医学	吴丽莹	女	研究生	讲师	1323		
21	药学与检验	李欣然	女	研究生	副教授	1482		
22	机电与信息工程	何源朝	男	本科	助教	1067		
23	护理	杨光鹏	男	本科	讲师	1259		
24	思政	刘雪梅	女	研究生	副教授	1492		
25	思政	刘亚蓉	女	本科	讲师	1198		

图 4-94　数据清单“教师基本情况表”的建立

四、数据排序

为了查询数据或以某种顺序显示数据清单，需要对数据清单中的数据按某字段值的大小进行排序。排序所依据的字段称为关键字，关键字可以是一个，也可以有多个。下面分别讲述。

（一）单关键字排序

排序时只依据工作表中某个列标题进行排序，其操作步骤如下：

（1）在工作表窗口中单击需要排序的列标题，使活动单元格置于需排序的关键字上；以学生成绩登记表为例，需按总分进行排序，则单击“总分”所在的单元格。

（2）单击“开始”选项卡→“编辑”→“排序和筛选”下拉按钮→“升序”或降序，也可单击“数据”选项卡→“排序和筛选”→“排序”按钮左边的“升序”按钮或“降序”按钮直接对当前单元格所在的列值进行升序或降序排列。

（二）多个关键字排序

当用多个关键字进行排序时，其中第一个关键字作为排序的主要依据，称为“主要关键字”，其余的称为“次要关键字”，除了主要关键字外，其余关键字都是在前一关键字的值相同的情况下才采用的排序依据。如我们需要对“教师基本情况表”按系别进行升序排序后，系别相同的再按工资的降序进行排序，操作方法如下：

（1）选中工作表，使活动单元格在数据表内。

（2）选择“数据”选项卡→“排序和筛选”→“排序”命令，弹出“排序”对话框，如图 4-95 所示。

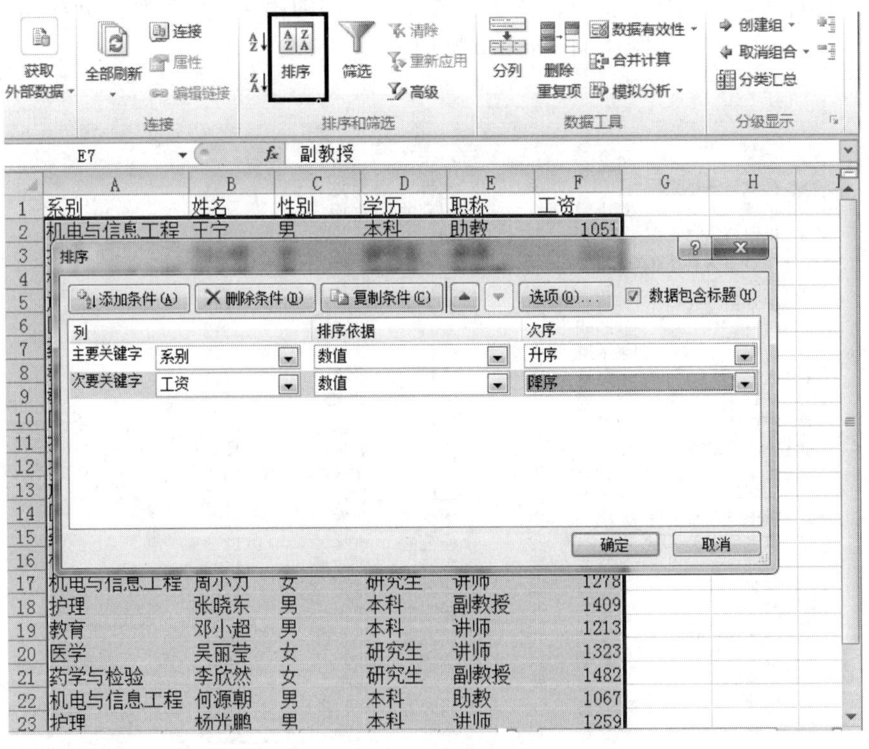

图 4-95 “排序”对话框

（3）根据本例的要求，先在“主要关键字”列表框中选择“系列”，次序为“升序”。

（4）单击“添加条件”按钮，添加“次要关键字”，在列表框中选择“工资”，次序为“降序”。

（5）单击“确定”按钮，Excel 就会对数据清单中的所有记录按照用户设置的排序方式进行排序，结果如图 4-96 所示。

	A	B	C	D	E	F
1	系别	姓名	性别	学历	职称	工资
2	护理	张晓东	男	本科	副教授	1409
3	护理	蒋小逍	男	研究生	讲师	1296
4	护理	杨光鹏	男	本科	讲师	1259
5	护理	刘小明	女	研究生	讲师	1221
6	护理	唐璐	女	本科	助教	1021
7	机电与信息工程	张志强	男	研究生	副教授	1452
8	机电与信息工程	周小力	女	研究生	讲师	1278
9	机电与信息工程	王刚	男	本科	助教	1101
10	机电与信息工程	何源朝	男	本科	助教	1067
11	机电与信息工程	王宁	男	本科	助教	1051
12	教育	赵明明	女	本科	讲师	1219
13	教育	邓小超	男	本科	讲师	1213
14	教育	张琳琳	女	本科	助教	1072
15	旅游与经管	张丽娜	女	研究生	讲师	1243
16	旅游与经管	李昌钰	女	本科	讲师	1145
17	思政	刘雪梅	女	研究生	副教授	1492
18	思政	刘亚蓉	女	本科	讲师	1198
19	药学与检验	刘为明	男	研究生	副教授	1672
20	药学与检验	李欣然	女	研究生	副教授	1482
21	药学与检验	黄小安	男	本科	讲师	1202
22	医学	刘明友	男	本科	副教授	1498
23	医学	吴丽莹	女	研究生	讲师	1323

图 4-96　排序结果

五、筛选数据

有时由于数据表的数据量比较大，我们并不想查看所有数据，而只希望查看满足条件的记录，此时，我们可用 Excel 的筛选操作只显示满足指定条件的数据行。

Excel 2010 提供了两种筛选数据的方法：“自动筛选”和“高级筛选”。

（一）自动筛选

自动筛选可对一列或多列指定筛选条件，显示满足条件的记录。它可以按值或按自定义条件进行筛选。

1. 按值自动筛选数据

举例：以图 4-94 教师基本情况表为数据，从中筛选出职称为“副教授”的记录，操作步骤如下：

（1）选中工作表，使活动单元格在数据表内。

（2）单击“数据”选项卡下“排序和筛选”组中的“筛选”按钮，此时在数据清单首行每列的列标题的右侧出现一个下拉箭头，如图 4-97 所示。

（3）单击“职称”字段名右侧的下拉箭头，从下拉列表框中的字段值中勾选“副教授”选项，如图 4-98 所示。

（4）单击“确定”按钮，此时数据表只显示出职称为“副教授”的记录，效果如图 4-99 所示。

	A	B	C	D	E	F
1	系别	姓名	性别	学历	职称	工资
2	机电与信息工程	王宁	男	本科	助教	1051
3	护理	刘小明	女	研究生	讲师	1221
4	机电与信息工程	张志强	男	研究生	副教授	1452
5	旅游与经管	李昌钰	女	本科	讲师	1145
6	医学	欧歌	女	本科	助教	1012
7	药学与检验	刘为明	男	研究生	副教授	1672
8	教育	赵明明	女	本科	讲师	1219
9	教育	张琳琳	女	本科	助教	1072
10	医学	宋继峰	男	本科	讲师	1178
11	护理	蒋小逍	男	研究生	讲师	1296
12	护理	唐璐	女	本科	助教	1021
13	旅游与经管	张丽娜	女	研究生	讲师	1243
14	医学	刘明友	男	本科	副教授	1498
15	药学与检验	黄小安	男	本科	讲师	1202
16	机电与信息工程	王刚	男	本科	助教	1101
17	机电与信息工程	周小力	女	研究生	讲师	1278
18	护理	张晓东	男	本科	副教授	1409
19	教育	邓小超	男	本科	讲师	1213
20	医学	吴丽莹	女	研究生	讲师	1323

图 4-97　自动筛选

图 4-98　按值进行筛选

	A	B	C	D	E	F
1	系别	姓名	性别	学历	职称	工资
4	机电与信息工程	张志强	男	研究生	副教授	1452
7	药学与检验	刘为明	男	研究生	副教授	1672
14	医学	刘明友	男	本科	副教授	1498
18	护理	张晓东	男	本科	副教授	1409
21	药学与检验	李欣然	女	研究生	副教授	1482
24	思政	刘雪梅	女	研究生	副教授	1492

图 4-99　按值进行筛选结果

如果要对多列进行筛选，如筛选出职称为“副教授”且性别为“男”的记录，则可在上面筛选出职称为“副教授”的结果中再用相同的方法对性别列进行筛选。

2. 自定义条件筛选

自动筛选不仅可按值进行筛选，还可自定义筛选条件，按条件进行筛选。例如我们要想显示“教师基本情况表”中工资在1300～1500之间的记录，给定的条件分解以后为“工资>=1300且工资<=1500”，包含两个条件，此时需要在自动筛选中自定义条件，操作步骤如下：

（1）用自动筛选的方法，单击“工资”列的筛选按钮，在下拉列表框中选择“数字筛选”下的“自定义筛选条件”，如图4-100所示。

图4-100 自定义筛选

1.下拉列表框中显示为“数字筛选”还是“文本筛选”取决于当前筛选列的类型。

2.“数字筛选”下的下拉列表项所列的条件可以直接使用，本例由于条件较为复杂，则选择“自定义筛选”)。

（2）在弹出的“自定义自动筛选方式”对话框中单击左上方列表框的下拉按钮“▼”，在出现的下拉列表中选择运算符（本例选择“大于或等于”），在右上方列表框中选择或输入值（本例输入“1300”），即表示了“工资>＝1300”这个条件。

（3）由于还要同时满足“工资<＝1500”的条件，我们就要在中间的单选按钮中选择“与”按钮（“与”表示上下两个条件同时满足，“或”表示上下两个条件只需满足一个即可），然后在左下方列表框的下拉列表中选择“小于或等于”，右下列表框的下拉列表中输入“1500”（如图4-101所示）。

（4）单击“确定”按钮，数据清单就只显示了满足工资在1300～1500的记录（如图4-102所示）。

3. 取消自动筛选

如果要取消筛选结果，有两种情况：

➢ 如果只取消某一列上的筛选，只需在该列名右边筛选按钮的下拉列表中选择“从‘XX（列名）’清除筛选”选项即可

➢ 如果要取消当前表中的所有自动筛选，则只需单击“数据”选项卡下的“筛选”按钮，取消它的选中状态，则所有的数据将会全部显示出来

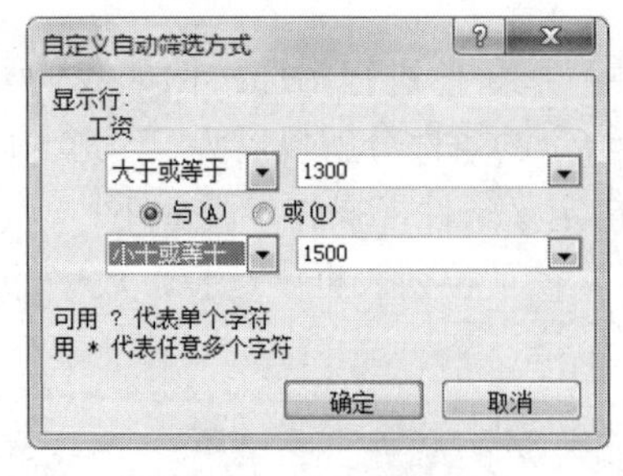

图 4-101 筛选条件定义

	A	B	C	D	E	F
1	系别	姓名	性别	学历	职称	工资
4	机电与信息工程	张志强	男	研究生	副教授	1452
14	医学	刘明友	男	本科	副教授	1498
18	护理	张晓东	男	本科	副教授	1409
20	医学	吴丽莹	女	研究生	讲师	1323
21	药学与检验	李欣然	女	研究生	副教授	1482
24	思政	刘雪梅	女	研究生	副教授	1492

图 4-102 自定义条件筛选结果

（二）高级筛选

自动筛选使用非常简便，但它无法处理一些较为复杂的筛选条件，如多列条件为“或”关系的筛选，因此，Excel 还提供了高级筛选，能够更为自由地定义筛选条件进行筛选。下面举例说明高级筛选的用法。

例：要求筛选出教师基本情况表中职称为“副教授”或者学历为“研究生”的记录，实现步骤如下：

1. 构造筛选条件

高级筛选需要用户构造筛选条件，条件区域在数据表的前或后，中间至少要空一行，条件的输入要求各条件相关的列名在同一行，条件值在对应列名的下方输入。本例的条件涉及职称和学历两列，我们在距离原表下方一行间距的空白行的相邻单元格中输入列标题“职称”和“学历”，筛选条件在下方输入。条件输入时要注意：“与”关系的条件必须在同一行输入，而“或”关系的条件不能在同一行输入。本案例的两个条件是“或”的关系，所以条件在对应列名下分两行输入（如图 4-103 所示）。

	A	B	C	D	E	F
11	护理	蒋小逍	男	研究生	讲师	1296
12	护理	唐璐	女	本科	助教	1021
13	旅游与经管	张丽娜	女	研究生	讲师	1243
14	医学	刘明友	男	本科	副教授	1498
15	药学与检验	黄小安	男	本科	讲师	1202
16	机电与信息工程	王刚	男	本科	助教	1101
17	机电与信息工程	周小力	女	研究生	讲师	1278
18	护理	张晓东	男	本科	副教授	1409
19	教育	邓小超	男	本科	讲师	1213
20	医学	吴丽莹	女	研究生	讲师	1323
21	药学与检验	李欣然	女	研究生	副教授	1482
22	机电与信息工程	何源朝	男	本科	助教	1067
23	护理	杨光鹏	男	本科	讲师	1259
24	思政	刘雪梅	女	研究生	副教授	1492
25	思政	刘亚蓉	女	本科	讲师	1198
26						
27		学历	职称			
28		研究生				
29			副教授			

图 4-103 “高级筛选”条件输入

2. 执行高级筛选

条件区域输入完毕后，我们就要通过执行筛选来查看筛选结果了。以本案例为例，操作

方法如下：

（1）单击“数据”选项卡→“排序与筛选”→“高级”按钮，弹出如图 4-104 所示的“高级筛选”对话框。

图 4-104　“高级筛选”对话框

（2）对话框的“方式”栏中选择筛选结果的显示位置，可在原区域显示也可将结果复制到其他区域，本例选择“在原区域显示筛选结果”。

（3）在“列表区域”栏中指定筛选操作的源数据区，可以直接输入，也可以在表中选择。本例中所设的数据区域是系统默认选择的“$A$1:$F$25”。

（4）在“条件区域”栏中用同样的方法选择或输入自定义的筛选条件所在的区域，本例中所设的条件区域是“$B$27:$C$29”。

（5）如果前面选择“将筛选结果复制到其他位置”，则还要输入“复制到”的目标区域，重新指定筛选结果显示的区域，否则筛选结果显示在数据表区域，隐藏不满足条件的记录。也可通过选择下方的“选择不重复的记录”复选框来去掉重复的记录。

（6）单击“确定”按钮，筛选结果如图 4-105 所示。

	A	B	C	D	E	F
13	旅游与经管	张丽娜	女	研究生	讲师	1243
14	医学	刘明友	男	本科	副教授	1498
17	机电与信息工程	周小力	女	研究生	讲师	1278
18	护理	张晓东	男	本科	副教授	1409
20	医学	吴丽莹	女	研究生	讲师	1323
21	药学与检验	李欣然	女	研究生	副教授	1482
24	思政	刘雪梅	女	研究生	副教授	1492
26						
27		学历	职称			
28		研究生				
29			副教授			

图 4-105　“高级筛选”结果

3. 高级筛选的清除

如要取消当前的高级筛选，选择“数据”选项卡下的“排序与筛选”组中的“清除”按钮即可。

六、分类汇总

Excel 2010 提供了“分类汇总”功能对数据表进行统计，便于大量数据的分析和管理。如前面的“教师基本情况表”，我们要想查看各系教师的工资额总计，利用 Excel 提供的分类汇总功能能方便地实现这一需求。

如果要对数据清单中的数据进行分类汇总操作，需在数据清单中指定要进行分类汇总的数据区域及分类汇总所用的函数，如求和、求平均值、计算最大值等，Excel 2010 将自动计算分类汇总，给出统计结果，并且可以对分类汇总后不同类别的明细数据进行分级显示。

（一）分类汇总的创建

下面还以“教师基本情况表”为例，说明数据清单的分类汇总方法及步骤。

（1）对需要进行分类汇总的字段进行排序，分类汇总功能要求必须在分类字段上进行排序，本例的分类字段是“系别”，我们对数据表按“系别”进行升序排序。

（2）选择“数据”选项卡下“分级显示”组中的“分类汇总”命令，出现如图 4-106 所示的“分类汇总”对话框。

图 4-106　分类汇总

（3）在“分类字段”框中选择要分类汇总的字，本例中选择“系别”。

（4）在“汇总方式”中，选择要分类汇总的函数，可以用求和、求平均值和计算最大值等。本例中选择“求和”。

（5）在“选定汇总项”列表框中，指定要汇总的字段，可选一个或多个，木例选择“工资”。

（6）复选项的功能：

- “替换当前分类汇总”：选中该项，则可替换以前进行过的分类汇总，不保留以前汇总的数据。本例选中该选项
- “每组数据分页”：选中该项则每类汇总数据独占一页。本例不选该项
- “汇总结果显示在数据下方”：选中该项后汇总结果显示在该类数据下方，否则显示在上方。本例选中该选项

（7）单击“确定”按钮。汇总结果如图 4-107 所示。

在分类汇总窗口的左侧，我们还可通过“折叠/展开”按钮或“层次”按钮来显示或隐藏数据项（隐藏以后就只显示汇总结果）。

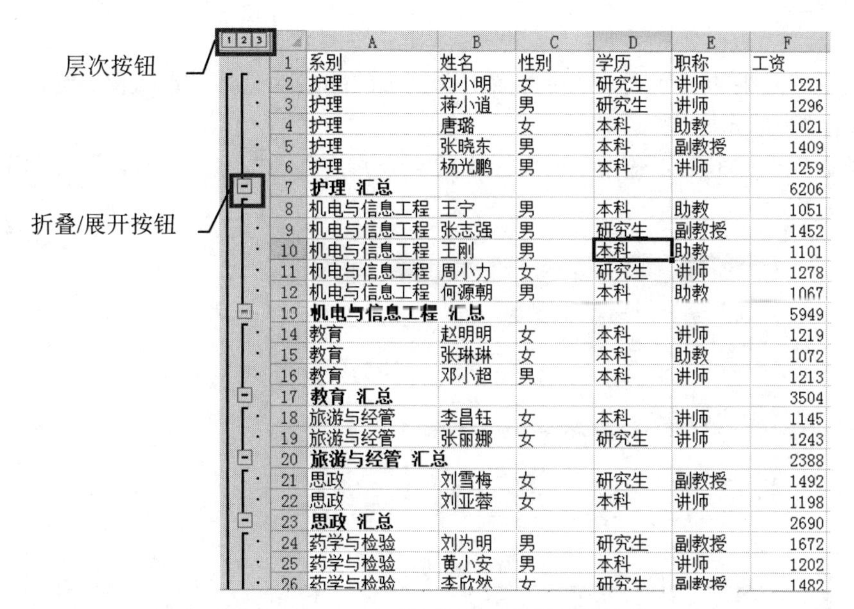

	A	B	C	D	E	F
1	系别	姓名	性别	学历	职称	工资
2	护理	刘小明	女	研究生	讲师	1221
3	护理	蒋小道	男	研究生	讲师	1296
4	护理	唐璐	女	本科	助教	1021
5	护理	张晓东	男	本科	副教授	1409
6	护理	杨光鹏	男	本科	讲师	1259
7	**护理 汇总**					6206
8	机电与信息工程	王宁	男	本科	助教	1051
9	机电与信息工程	张志强	男	研究生	副教授	1452
10	机电与信息工程	王刚	男	本科	助教	1101
11	机电与信息工程	周小力	女	研究生	讲师	1278
12	机电与信息工程	何源朝	男	本科	助教	1067
13	**机电与信息工程 汇总**					5949
14	教育	赵明明	女	本科	讲师	1219
15	教育	张琳琳	女	本科	助教	1072
16	教育	邓小超	男	本科	讲师	1213
17	**教育 汇总**					3504
18	旅游与经管	李昌钰	女	本科	讲师	1145
19	旅游与经管	张丽娜	女	研究生	讲师	1243
20	**旅游与经管 汇总**					2388
21	思政	刘雪梅	女	研究生	副教授	1492
22	思政	刘亚蓉	女	本科	讲师	1198
23	**思政 汇总**					2690
24	药学与检验	刘为明	男	研究生	副教授	1672
25	药学与检验	黄小安	男	本科	讲师	1202
26	药学与检验	李欣然	女	研究生	副教授	1482

图 4-107　分类汇总结果

（二）分类汇总的取消

在查看完分类汇总的结果后，如果想使数据恢复为原来的数据清单，只需在“分类汇总”对话框中单击“全部删除”按钮即可。

七、数据合并

（一）合并计算需满足的条件

有时我们的数据清单的内容来自于多张表，需要进行合并汇总，Excel 2010 提供数据合并功能将多表的数据合并到一张表，进行合并计算的工作表要满足如下条件：

（1）要合并的每个数据区域都采用列表格式，每列都有列标题，列中包含相应的数据，并且列表中没有空白的行或列。

（2）每个区域分别置于单独的工作表中，不能将任何数据区域放在需要放置合并结果的工作表中。

（3）每个区域都具有相同的布局。

例如，我们有两张工作表 Sheet1 和 Sheet2，分别统计的是某公司一季度和二季度各产品的销售情况，如图 4-108、图 4-109 所示（注意，两表数据顺序不一样）现需要进行合并生成一张汇总表。

	A	B	C	D
1	品名	一月	二月	三月
2	显示器	13	20	12
3	鼠标	45	34	56
4	内存条	34	41	21
5	硬盘	23	12	12
6	键盘	123	134	89
7	网卡	12	8	34
8	显卡	14	6	18

图 4-108　Sheet1 表中的一季度销售情况

	A	B	C	D
1	品名	四月	五月	六月
2	显卡	12	21	7
3	鼠标	54	43	65
4	显示器	34	42	25
5	键盘	23	12	12
6	硬盘	43	50	38
7	网卡	12	8	34
8	内存条	45	62	81

图 4-109　Sheet2 表中的二季度销售情况

（二）合并计算的操作步骤

操作步骤如下：

（1）选择存放汇总结果的工作表，选择放置汇总结果的起始单元格，本例我们选择了一张新工作表 Sheet3 的 A1 单元格。

（2）单击“数据”选项卡下“数据工具”组中的“合并计算”按钮，弹出如图 4-110 所示的对话框。

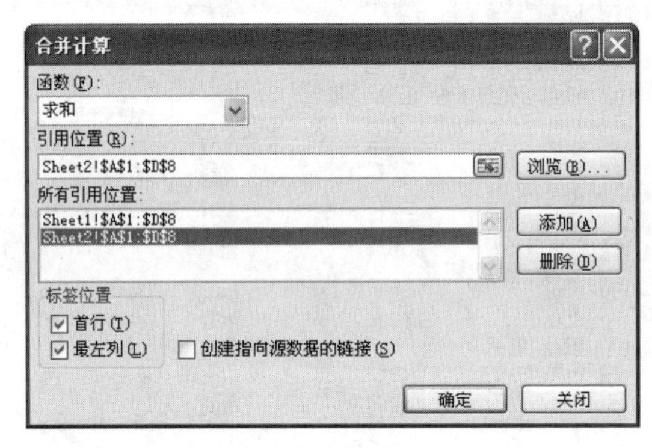

图 4-110　“合并计算”对话框

（3）在对话框的“函数”列表中选择所需的函数，“函数”是对有重复关键字的数据进行的运算，本例我们选择“求和”。

（4）在“引用位置”框输入或选择待合并区域的位置，每选择一个区域，都要单击“添加”按钮，将引用位置添加到下面“所有引用位置”列表框内。引用位置可来自本工作簿文件的工作表，也可来自其他工作簿文件。本例将两张表的数据清单区域全部添加。

（5）“标签位置”选择合并后的表应用的行标题或列标题，可选择“首行”或“最左列”，本例两个选项全选。

（6）单击“确定”按钮，合并结果如图 4-111 所示。

	A	B	C	D	E	F	G
1		一月	二月	三月	四月	五月	六月
2	显示器	13	20	12	34	42	25
3	鼠标	45	34	56	54	43	65
4	内存条	34	41	21	45	62	81
5	硬盘	23	12	12	43	50	38
6	键盘	123	134	89	23	12	12
7	网卡	12	8	34	12	8	34
8	显卡	14	6	18	12	21	7

图 4-111　数据合并结果

八、数据透视表

对于一张包含了众多数据，数据间关系又比较复杂的工作表，如何快速地理顺数据间的关系是非常重要的。数据透视表提供了一个简便的方法，可以随时按照用户不同的需要，用于对多种来源（包括 Excel 2010 的外部数据）的数据进行汇总和分析。以上面的教师基本情况表为例，如果要了解各系各职称教师的工资总额，可利用数据透视表实现。

创建数据透视表的操作方法如下：

（1）选取建立数据透视表的源数据区域。

（2）单击“插入”选项卡下“表格”组中的“数据透视表”按钮，在下拉列表中选择“数据透视表”命令，弹出“创建数据透视表”对话框（如图 4-112 所示）。

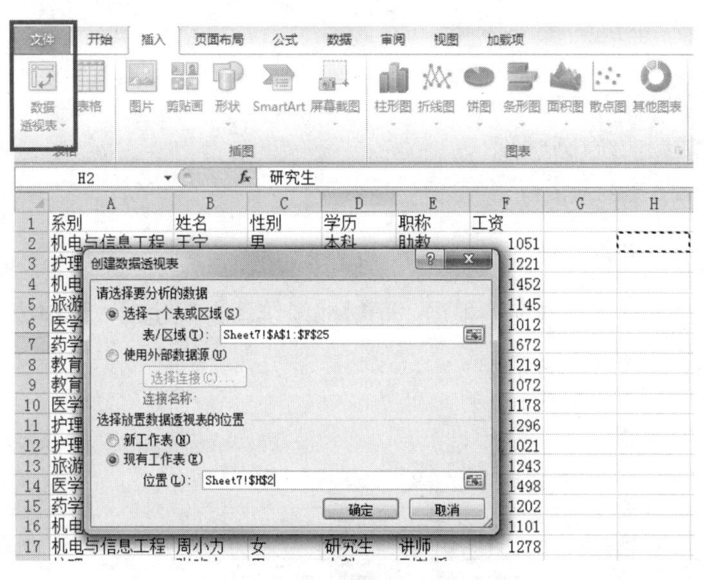

图 4-112　数据透视表建立

（3）对话框上方的“请选择要分析的数据”用于指定建立数据透视表的数据源，可来自工作表，也可来自外部数据源。本例中的数据源就是本工作表的数据区；对话框下方用于选择旋转数据透视表的位置，可新建一张表放置，也可指定放置在现工作表内的某区域内，本例我们选择放置在当前工作表内 H2 单元格开始的区域。

（4）单击“确定”按钮后，当前工作表显示出一张空的数据透视表和“数据透视表字段列表”，这是建立数据透视表的最重要的一个环节。在“字段列表”中列出当前工作表的所有字段名，我们可以根据需要选中它们中的某一个或几个（采用系统默认布局），或将字段拖到下方的“报表筛选”“列标签”“行标签”“数值”的位置上（用户自定义布局），表示该字段将会在表中出现的位置。本例我们设计行为“系别”，列为“职称”，数值为“工资求和”，效果如图 4-113 所示。

图 4-113　数据透视表布局及效果

对于生成的数据透视表，我们可在新增的“数据透视表工具”的“选项”功能区中用各功能按钮对它进行格式和效果设置。

任务实施

1．打开“班级管理”工作簿。

2．进行学生成绩的统计分析。

3．进行学生的考勤统计。

巩固练习

1．打开“班级管理”工作簿，根据“平时成绩统计表”建立“期中成绩分析统计表”，其【样表】如下。

【样表】:

半期成绩分析表

学号	姓名	语文	数学	英语	计算机	总分	名次
1	白云峰	62	99	92	99	352	1
2	曹家豪	40	79	80	53	252	7
3	曹一婷	63	67	46	58	234	10
4	陈健苹	25	59	76	48	208	13
5	冯海瑞	26	79	41	26	172	16
6	伏晨昊	42	70	66	56	234	10
7	甘巧	27	62	46	56	191	15
8	顾超越	7	22	26	49	104	23
9	黄璐	44	63	71	75	253	6
10	李敖	56	46	72	72	246	8
11	李成智	12	24	68	52	156	20
12	李建芬	39	40	36	24	139	21
13	李勇	31	68	56	46	201	14
14	刘洪辉	27	34	34	71	166	17
15	牟润玲	56	36	15	56	163	18
16	牟鑫鑫	65	80	67	91	303	5
17	倪朝星	14	21	29	23	87	24
18	冉雪琴	60	30	75	77	242	9
19	任雅梅	41	35	30	56	162	19
20	任亚玲	55	77	38	48	218	12
21	任泽明	17	40	27	31	115	22
22	王强	56	97	86	74	313	3
23	王雨佳	54	95	81	79	309	4
24	魏娟	53	89	80	92	314	2
	单科最高分	65	99	92	99		
	单科最低分	7	21	15	23		
	单科平均分	40.5	58.833	55.75	58.833		
	及格人数	4	13	12	9		
	80分以上人数	0	5	5	3		

学生入学登记表 / 课程表 / 清洁卫生安排表 / 平时成绩统计表 / 考勤数据登记表 / 期中成绩分析统计表

2．根据“班级管理”工作簿中的“考勤数据登记表”分别统计各学生的迟到、早退、请假、旷课等次数，其数据透视表【迟到统计】如下。

【迟到统计】:

计数项:迟到	列标签											
行标签	陈浩杰	陈天宇	李勇	骆瑞	马星宇	任凌翰	王海龙	王雨佳	鲜肖	袁浩	郑天赐	总计
2017/3/1												
2017/3/2			1		1		1	1				4
2017/3/3						1						1
2017/3/4			1									1
2017/3/5												
总计			**2**		**1**	**1**	**1**	**1**				**6**

习题

一、在 Excel 中建立如下图所示的表格文件，以 A1 为文件名保存在 D 盘上，并按下列要求进行操作。

	A	B	C	D	E	F	G	H
1								
2		利达公司2003年度各地市销售情况表（万元）						
3		城市	第一季度	第二季度	第三季度	第四季度		合计
4		商丘	126	148	283	384		941
5		漯河	0	88	276	456		820
6		郑州	266	368	486	468		1588
7		南阳	234	186	208	246		874
8		新乡	186	288	302	568		1344
9		安阳	98	102	108	96		404

1．设置工作表及表格，结果如【样文 4-1A】所示。

（1）设置工作表行和列。

- 在标题行下方插入一行，行高为 6
- 将“郑州”一行移至“商丘”一行的上方
- 删除第“G”列（空列）

（2）设置单元格格式。

- 将单元格区域 B2:G2 合并并设置单元格对齐方式为居中；设置字体为华文行楷，字号为 18，颜色为蓝色
- 将单元格区域 B4:G4 的对齐方式设置为水平居中
- 将单元格区域 B4:B10 的对齐方式设置为水平居中
- 将单元格区域 B2:G3 的底纹设置为红色
- 将单元格区域 B4:G4 的底纹设置为黄色
- 将单元格区域 B5:G10 的底纹设置为蓝色

（3）设置表格边框线。将单元格区域 B4:G10 的上边线设置为蓝色的粗实线，其他各边线设置为细实线，内部框线设置为虚线。

（4）插入批注。为“0”（C7）单元格插入批注“该季度没有进入市场”。

（5）重命名并复制工作表。将 Sheet1 工作表重命名为“销售情况表”，再将此工作表中的内容复制并粘贴到 Sheet2 工作表中。

（6）设置打印标题。在 Sheet2 工作表第 11 行的上方插入分页线；设置表格的标题为打印标题。

2．建立公式，结果如【样文 4-1B】所示。

在“销售情况表”的表格下方建立如样文所示的公式。

3．建立图表，结果如【样文 4-1C】所示。

使用各城市四个季度的销售数据，创建一个簇状柱形图，图表标题为“利达公司各季度销售情况表”。

【样文 4-1A】

利达公司2003年度各地市销售情况表（万元）					
城市	第一季度	第二季度	第三季度	第四季度	合计
郑州	266	368	486	468	1588
商丘	126	148	283	384	941
漯河	0	88	276	456	820
南阳	234	186	208	246	874
新乡	186	288	302	568	1344
安阳	98	102	108	96	404

【样文 4-1B】

$$A \subseteq B$$

【样文 4-1C】

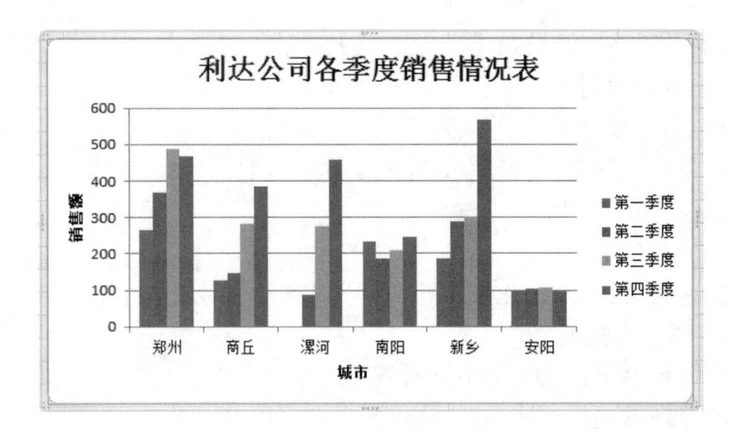

二、在 Excel 中建立文件 A2.xlsx，各工作表的数据分别如下图所示，按下列要求操作。

1．建立 Sheet1 工作表的数据如下图所示。

	A	B	C	D	E	F	G
1	恒大中学高二考试成绩表						
2	姓名	班级	语文	数学	英语	政治	总分
3	李平	高二（一）班	72	75	69	80	
4	麦孜	高二（二）班	85	88	73	83	
5	张江	高二（一）班	97	83	89	88	
6	王硕	高二（三）班	76	88	84	82	
7	刘梅	高二（三）班	72	75	69	63	
8	江海	高二（一）班	92	86	74	84	
9	李朝	高二（三）班	76	85	84	83	
10	许如润	高二（一）班	87	83	90	88	
11	张玲铃	高二（三）班	89	67	92	87	
12	赵丽娟	高二（二）班	76	67	78	97	
13	高峰	高二（二）班	92	87	74	84	
14	刘小丽	高二（三）班	76	67	90	95	
15	各科平均分						

2．应用公式（函数）：使用 Sheet1 工作表中的数据，统计“总分”并计算“各科平均分”，结果分别放在相应的单元格中，如【样文 4-2A】所示。

【样文 4-2A】

	A	B	C	D	E	F	G
1	恒大中学高二考试成绩表						
2	姓名	班级	语文	数学	英语	政治	总分
3	李平	高二（一）班	72	75	69	80	296
4	麦孜	高二（二）班	85	88	73	83	329
5	张江	高二（一）班	97	83	89	88	357
6	王硕	高二（三）班	76	88	84	82	330
7	刘梅	高二（三）班	72	75	69	63	279
8	江海	高二（一）班	92	86	74	84	336
9	李朝	高二（三）班	76	85	84	83	328
10	许如润	高二（一）班	87	83	90	88	348
11	张玲铃	高二（三）班	89	67	92	87	335
12	赵丽娟	高二（二）班	76	67	78	97	318
13	高峰	高二（二）班	92	87	74	84	337
14	刘小丽	高二（三）班	76	67	90	95	328
15	各科平均分		82.5	79.25	80.5	84.5	

3．Sheet2 工作表中的数据如下图。

	A	B	C	D	E	F	G
1	恒大中学高二考试成绩表						
2	姓名	班级	语文	数学	英语	政治	总分
3	李平	高二（一）班	72	75	69	80	296
4	麦孜	高二（二）班	85	88	73	83	329
5	高峰	高二（二）班	92	87	74	84	337
6	刘小丽	高二（三）班	76	67	90	95	328
7	刘梅	高二（三）班	72	75	69	63	279
8	江海	高二（一）班	92	86	74	84	336
9	张玲铃	高二（三）班	89	67	92	87	335
10	赵丽娟	高二（二）班	76	67	78	97	318
11	李朝	高二（三）班	76	85	84	83	328
12	许如润	高二（一）班	87	83	90	88	348
13	张江	高二（一）班	97	83	89	88	357
14	王硕	高二（三）班	76	88	84	82	330

4．数据排序：使用 Sheet2 工作表中的数据，以“总分”为主要关键字，“数学”为次要关键字，升序排序，结果如【样文 4-2B】所示。

【样文 4-2B】

	A	B	C	D	E	F	G
1	恒大中学高二考试成绩表						
2	姓名	班级	语文	数学	英语	政治	总分
3	刘梅	高二（三）班	72	75	69	63	279
4	李平	高二（一）班	72	75	69	80	296
5	赵丽娟	高二（二）班	76	67	78	97	318
6	刘小丽	高二（三）班	76	67	90	95	328
7	李朝	高二（三）班	76	85	84	83	328
8	麦孜	高二（二）班	85	88	73	83	329
9	王硕	高二（三）班	76	88	84	82	330
10	张玲铃	高二（三）班	89	67	92	87	335
11	江海	高二（一）班	92	86	74	84	336
12	高峰	高二（二）班	92	87	74	84	337
13	许如润	高二（一）班	87	83	90	88	348
14	张江	高二（一）班	97	83	89	88	357

5．Sheet3 工作表中的数据如下图。

	A	B	C	D	E	F
1	恒大中学高二考试成绩表					
2	姓名	班级	语文	数学	英语	政治
3	李平	高二（一）班	72	75	69	80
4	麦孜	高二（二）班	85	88	73	83
5	张江	高二（一）班	97	83	89	88
6	王硕	高二（三）班	76	88	84	82
7	刘梅	高二（三）班	72	75	69	63
8	江海	高二（一）班	92	86	74	84
9	李朝	高二（三）班	76	85	84	83
10	许如润	高二（一）班	87	83	90	88
11	张玲铃	高二（三）班	89	67	92	87
12	赵丽娟	高二（二）班	76	67	78	97
13	高峰	高二（二）班	92	87	74	84
14	刘小丽	高二（三）班	76	67	90	95

6．数据筛选：使用 Sheet3 工作表中的数据，筛选出各科分数均不小于 80 的记录，结果如【样文 4-2C】所示。

【样文 4-2C】

	A	B	C	D	E	F	G
1	恒大中学高二考试成绩表						
2	姓名	班级	语文	数学	英语	政治	总分
13	许如润	高二（一）班	87	83	90	88	348
14	张江	高二（一）班	97	83	89	88	357
15							

7．Sheet4 工作表中的数据如下图。

	A	B	C	D	E	F	G	H	I	J	K	L	M
1	恒大中学高二考试成绩表								各班各科平均成绩表				
2	姓名	班级	语文	数学	英语	政治			班级	语文	数学	英语	政治
3	李平	高二（一）班	72	75	69	80							
4	麦孜	高二（二）班	85	88	73	83							
5	张江	高二（一）班	97	83	89	88							
6	王硕	高二（三）班	76	88	84	82							
7	刘梅	高二（三）班	72	75	69	63							
8	江海	高二（一）班	92	86	74	84							
9	李朝	高二（三）班	76	85	84	83							
10	许如润	高二（一）班	87	83	90	88							
11	张玲铃	高二（三）班	89	67	92	87							
12	赵丽娟	高二（二）班	76	67	78	97							
13	高峰	高二（二）班	92	87	74	84							
14	刘小丽	高二（三）班	76	67	90	95							

8．数据合并计算：使用 Sheet4 工作表中的相关数据，在“各班各科成绩表”中进行“平均值”合并计算，结果如【样文 4-2D】所示。

【样文 4-2D】

各班各科平均成绩表				
班级	语文	数学	英语	政治
高二（一）班	87	81.75	80.5	85
高二（二）班	84.33333	80.66667	75	88
高二（三）班	77.8	76.4	83.8	82

9．Sheet5 工作表中的数据如下图。

	A	B	C	D	E	F
1	恒大中学高二考试成绩表					
2	姓名	班级	语文	数学	英语	政治
3	李平	高二（一）班	72	75	69	80
4	麦孜	高二（二）班	85	88	73	83
5	张江	高二（一）班	97	83	89	88
6	王硕	高二（三）班	76	88	84	82
7	刘梅	高二（三）班	72	75	69	63
8	江海	高二（一）班	92	86	74	84
9	李朝	高二（三）班	76	85	84	83
10	许如润	高二（一）班	87	83	90	88
11	张玲铃	高二（三）班	89	67	92	87
12	赵丽娟	高二（二）班	76	67	78	97
13	高峰	高二（二）班	92	87	74	84
14	刘小丽	高二（三）班	76	67	90	95

10．数据分类汇总。使用 Sheet5 工作表中的数据，以“班级”为分类字段，将各科成绩进行“平均值”分类汇总，结果如【样文 4-2E】所示。

【样文 4-2E】

A	B	C	D	E	F
恒大中学高二考试成绩表					
姓名	班级	语文	数学	英语	政治
	高二（一）班	87	81.75	80.5	85
	高二（三）班	77.8	76.4	83.8	82
	高二（二）班	84.33333	80.66667	75	88
	总计平均值	82.5	79.25	80.5	84.5

“数据源”工作表中的数据如下图：

	A	B	C	D
1	恒大中学高二晚自习考勤表			
2	日期	姓名	班级	迟到
3	2004/6/7	李平	高二（一）班	0
4	2004/6/7	麦孜	高二（二）班	0
5	2004/6/7	张江	高二（一）班	0
6	2004/6/7	王硕	高二（三）班	0
7	2004/6/7	刘梅	高二（三）班	0
8	2004/6/8	张江	高二（一）班	0
9	2004/6/8	王硕	高二（三）班	0
10	2004/6/8	刘梅	高二（三）班	0
11	2004/6/9	江海	高二（一）班	0
12	2004/6/9	李朝	高二（三）班	0
13	2004/6/9	许如润	高二（一）班	0
14	2004/6/9	张玲铃	高二（三）班	0
15	2004/6/10	赵丽娟	高二（二）班	0
16	2004/6/10	高峰	高二（二）班	0
17	2004/6/10	刘小丽	高二（三）班	0
18	2004/6/10	李朝	高二（三）班	0
19	2004/6/11	许如润	高二（一）班	0
20	2004/6/11	张玲铃	高二（三）班	0
21	2004/6/11	赵丽娟	高二（二）班	0
22	2004/6/11	李平	高二（一）班	0
23	2004/6/11	刘梅	高二（三）班	0
24				
25	注释：0表示该生该天迟到			

11．建立数据透视表。使用“数据源”工作表中的数据，布局以“班级”为分页，以“日期”为行字段，以“姓名”为列字段，以“迟到”为计数项，从 Sheet6 工作表的 A1 单元格起建立数据透视表，结果如【样文 4-2F】所示。

【样文 4-2F】

A	B	C	D	E
班级	高二（二）班			
计数项:迟到	姓名			
日期	高峰	麦孜	赵丽娟	总计
2004/6/7		1		1
2004/6/10	1		1	2
2004/6/11			1	1
总计	1	1	2	4

第五章　演示文稿软件 PowerPoint 2010

PowerPoint 2010 是 Office 2010 套装软件中专门用于制作演示文稿的软件，它集文字、声音、图形、动画等多媒体对象于一体。PowerPoint 2010 操作简单、容易上手，制作出来的幻灯片有声有色、丰富多彩，因此受到用户的欢迎，常用于产品展示和学术会议、演讲、课件制作等，是应用广泛的幻灯片制作软件。

本章学习目标：

- 掌握演示文稿的启动、退出方法
- 掌握演示文稿的创建、打开、保存和关闭方法
- 掌握演示文稿的窗口界面及视图方式
- 了解演示文稿中能播放的动画、音频、视频文件格式
- 掌握演示文稿中添加文字、插入图片、剪贴画、自选图形、音频、视频的方法
- 理解幻灯片版式、幻灯片配色方案、幻灯片背景、备注页、母版等概念
- 掌握演示文稿中设置超链接、动作按钮、动画效果、幻灯片切换的方法
- 了解演示文稿放映类型

项目一　初识 PowerPoint 2010

任务情境

雅安市教育局领导准备到汉源职高电子电器应用与维修专业进行调研，为了让领导快速了解汉源职高电子电器应用与维修专业，学校需要制作一个图文并茂的演示稿来介绍汉源职高电子电器应用与维修专业的相关情况。学校电子电器应用与维修专业的小陈接受了此项任务，但他觉得有些无从下手的感觉，于是他请同学们帮忙，共同完成这个项目。

任务分析

- 新建“电子电器应用与维修专业建设汇报.pptx”演示文稿
- 保存与关闭演示文稿
- 新建幻灯片并输入文本信息

知识准备

一、PowerPoint 2010 的启动与退出

（一）启动

PowerPoint 2010 的启动方法有多种，下面介绍两种比较常用的方法：

（1）从“开始”菜单启动。

单击“开始”菜单→“所有程序”→“Microsoft Office”→“Microsoft PowerPoint 2010”菜单命令，即可启动中文版 PowerPoint 2010 应用程序。

（2）通过双击桌面上的快捷方式来启动，如图 5-1 所示。

图 5-1 桌面 PowerPoint 2010 快捷图标

（二）退出

选择“文件”→“退出”命令，即可退出 PowerPoint 2010 应用程序。

1. 如果只打开了一个文件，则可以单击标题栏最右侧的“关闭”按钮退出 PowerPoint 2010 应用程序。

2. 如果演示文稿在修改后没有保存，则在退出 PowerPoint 2010 之前会弹出如图 5-2 所示的对话框，提示用户保存该文档，单击“保存”按钮保存文档并退出，单击“不保存”按钮则不保存修改内容并退出，单击“取消”按钮，则“退出”操作被中止。

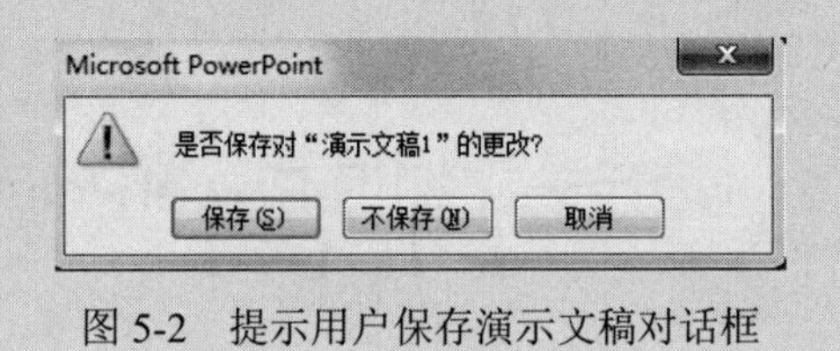

图 5-2 提示用户保存演示文稿对话框

二、认识 PowerPoint 2010 窗口

启动中文版 PowerPoint 2010 后，屏幕上就会出现中文版 PowerPoint 2010 窗口界面。PowerPoint 2010 的窗口界面是由标题栏、快速访问工具栏、“文件”按钮、功能选项卡、功能区、幻灯片/大纲浏览窗格、幻灯片编辑窗格、备注窗格、滚动条、状态栏、视图切换按钮、显示比例和“适应窗口大小”按钮组成，具体分布如图 5-3 所示。

（一）标题栏

标题栏位于窗口最上方第一栏，主要显示窗口控制图标、正在使用的文档名称、程序名称及窗口控制按钮等。

（二）快速访问工具栏

该工具栏中集成了常用的工具按钮，如“保存”“撤消”和“恢复”按钮等。单击快速访问工具栏右侧的下拉按钮，可在弹出的下拉菜单中将其他常用的命令添加至快速访问工具栏中。

（三）“文件”按钮

“文件”按钮位于标题栏下方的左上角。单击“文件”按钮，可弹出下拉菜单。在下拉菜单里选择所需用的命令，即可进行相应的操作。下拉菜单的右侧列出了最近使用的文档，单击某一个文档，就可以快速打开进行查看与编辑。下拉菜单的最下方分别有“选项”按钮 选项 和“退出”按钮 退出。单击“选项”按钮 选项，可以弹出“PowerPoint 选项”对话框，从中可以进行 PowerPoint 2010 的高级设置，如自定义文档保存方式和校对属性等。单击“退出”按钮 退出 可实现退出 PowerPoint 2010 的操作。

图 5-3 PowerPoint 2010 窗口

（四）功能选项卡和功能区

PowerPoint 2010 里面已经没有了传统的菜单栏，取而代之的是功能强大的功能选项卡。功能选项卡位于标题栏下方，单击其中的一个功能选项卡如“开始”“插入”即可在下方打开相应的功能区。功能区分成若干个组，每组包含常用的命令按钮或列表框。这些命令按钮和列表选项提供的功能可以直接添加到相对应的对象上。一部分组名的右边存在一个小组对话框启动按钮，单击此按钮即可启动对话框，进行更加全面的设置。

（五）幻灯片/大纲浏览窗格

幻灯片/大纲浏览窗格位于幻灯片编辑窗格的左侧，用于显示当前演示文稿的幻灯片缩略图、数量及位置关系。它包括“大纲”和“幻灯片”两个选项卡，可以通过单击在不同的选项卡之间切换。

（六）幻灯片编辑窗格

幻灯片编辑窗格位于功能区下方的右侧。是整个窗口中占据空间最大的一个部分。在此窗格中，用户可以对当前幻灯片进行自由编辑：录入文字、插入图片、音乐和视频，还可以进行动画设置、放映设置等一系列操作。

（七）幻灯片备注窗格

幻灯片备注窗格位于幻灯片编辑窗格的下方。用户可以将一些备注事项记录在备注窗格，在使用演示文稿前通过这些备注信息加深对文稿的理解。幻灯片备注窗格的内容在放映演示文稿时不会出现在放映视图中。

（八）状态栏及其他部分

幻灯片状态栏位于窗口最下方。左侧是状态栏，右侧依次是幻灯片视图切换按钮、显示比例调节区和“使幻灯片适应当前窗口”按钮。

幻灯片/大纲浏览窗格、幻灯片编辑窗格和幻灯片备注窗格这 3 个窗格的大小可以通过两个窗格之间的分隔线实现自由调节。

三、演示文稿的视图模式

PowerPoint 2010 提供了 4 种视图模式：普通视图、幻灯片浏览视图、备注页视图和阅读视图。其中，普通视图是默认的视图模式。通过单击“视图”选项卡→“演示文稿视图”组里的 4 个视图按钮即可实现视图切换。

（一）普通视图

当窗口处于普通视图模式时有 3 个窗格。左侧为幻灯片/大纲浏览窗格、右侧为幻灯片编辑窗格、下方为幻灯片备注窗格。在此视图模式下，幻灯片/大纲浏览窗格上有两个选项卡可以切换左侧窗格为大纲模式或幻灯片模式。大纲模式下，左窗格显示每张幻灯片大纲级别的文本内容，如图 5-4 所示。

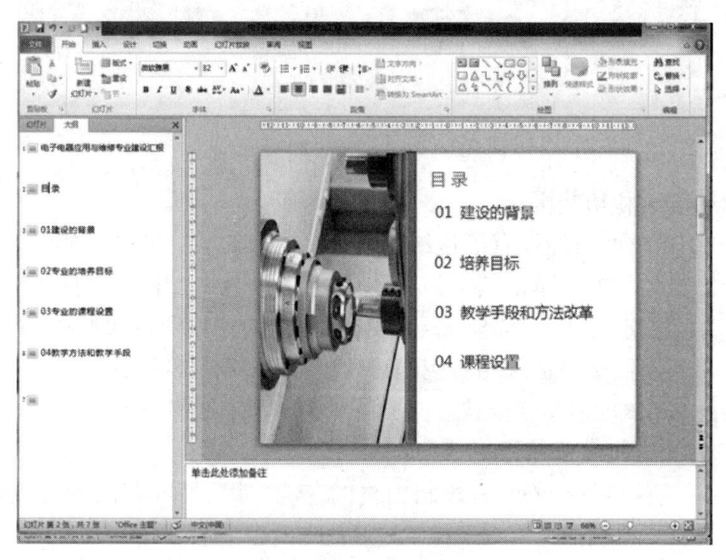

图 5-4　普通视图大纲模式

幻灯片模式下，左窗格以小幻灯片方式显示演示文稿的内容，如图 5-5 所示。在上述两种模式下均可以在左窗口内拖动幻灯片改变顺序，还可以右击幻灯片进行增删改以及复制移动等操作。

（二）幻灯片浏览视图

幻灯片浏览视图将整个演示文稿的幻灯片按编号顺序排列在窗口中，如图 5-6 所示。在此视图下不能改变幻灯片的内容，但可以对幻灯片进行复制、删除、隐藏和改变顺序、添加删除节等操作。

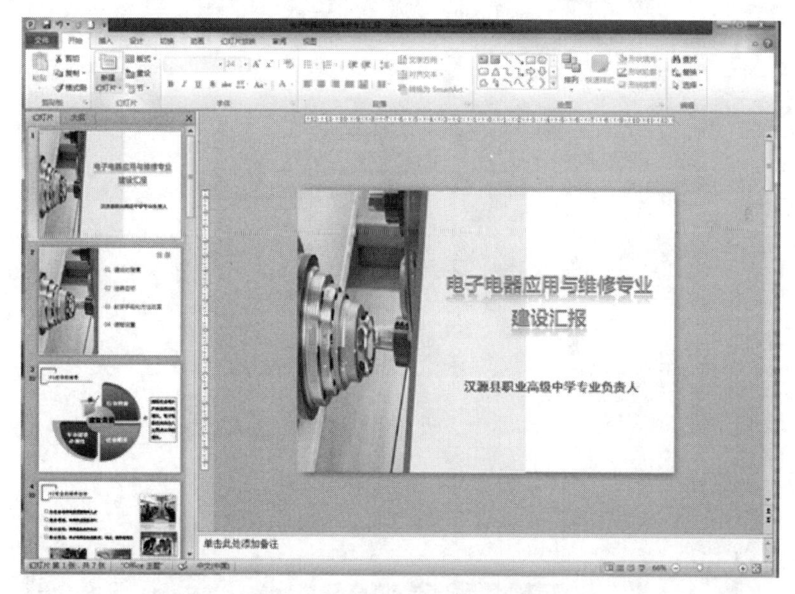

图 5-5　普通视图幻灯片模式

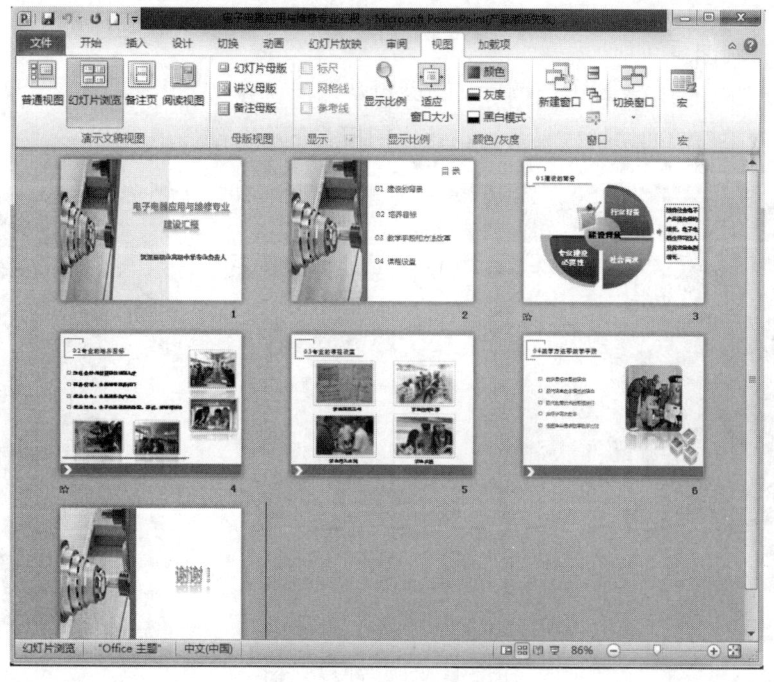

图 5-6　幻灯片浏览视图

（三）备注页视图

备注页视图是为作者提供编辑备注用的。在此视图模式下，幻灯片窗格下方有一个备注窗格，用户可以在此为幻灯片添加需要的备注内容，如图 5-7 所示。在普通视图下备注窗格中只能添加文本内容，而在备注页视图中，用户可在备注中插入图片。

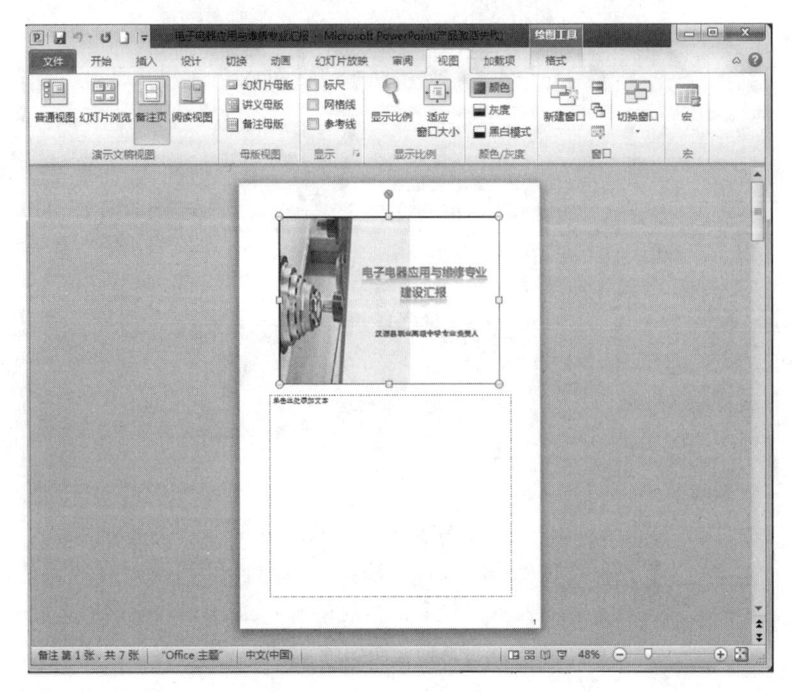

图 5-7　幻灯片备注页视图

（四）阅读视图

在阅读视图下，演示文稿中的幻灯片内容以全屏的方式显示出来。如图 5-8 所示。如果用户设置了动画效果、画面切换效果等，在该视图模式下将全部显示出来。

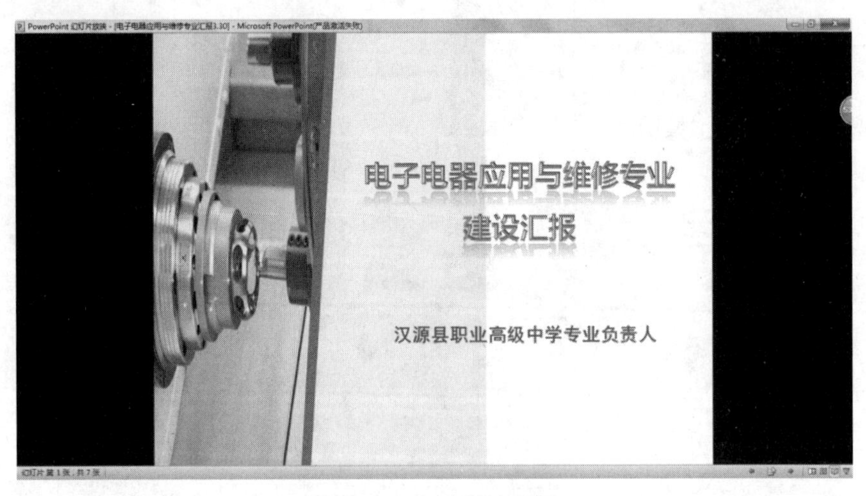

图 5-8　幻灯片阅读视图

四、创建演示文稿

（一）创建空演示文稿

使用 PowerPoint 2010 创建空白演示文稿的方法有以下几种：

（1）单击“文件”→“新建”按钮，在窗口中间“可用的模板和主题”面板中选择“空白演示文稿”按钮，如图 5-9 所示。接着单击窗口右侧面板中“创建”按钮就新建了一个空白演示文稿，如图 5-10 所示。

图 5-9　选择“空白演示文稿”按钮

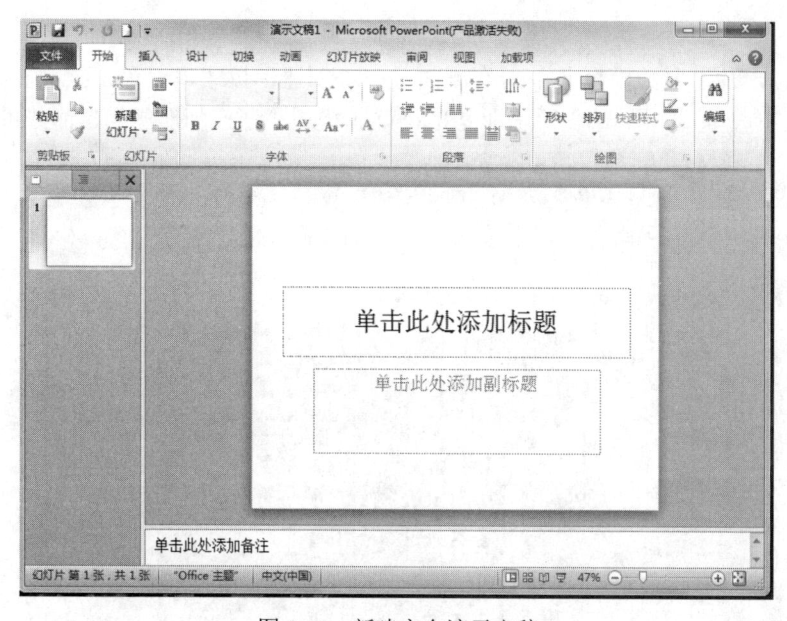

图 5-10　新建空白演示文稿

（2）通过单击快速访问工具栏中的“新建”按钮创建空白演示文稿。

（3）启动 PowerPoint 2010 时，系统默认新建一个空白演示文稿。

（二）使用模板创建演示文稿

PowerPoint 2010 为用户提供了风格各异的许多内置模板，称为样本模板。这些模板为用户提供了文本信息、背景图片、字体格式、动画等格式设置。根据样本模板创建演示文稿的步骤如下：

（1）单击“文件”→“新建”按钮，在窗口中间“可用的模板和主题”面板中单击“样本模板”按钮进入样本模板选择，如图 5-11 所示。

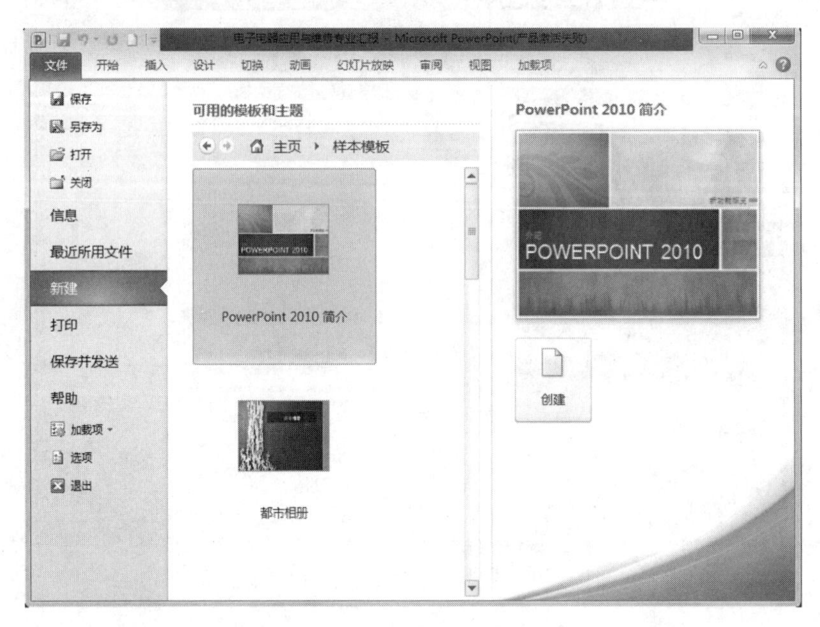

图 5-11 样本模板选择

（2）选择一种需要的模板并单击右侧面板中“创建”按钮，一个依据样本模板而创建的新演示文稿就生成了。如图 5-12 所示即是依据样本模板“都市相册”创建而成的新演示文稿。

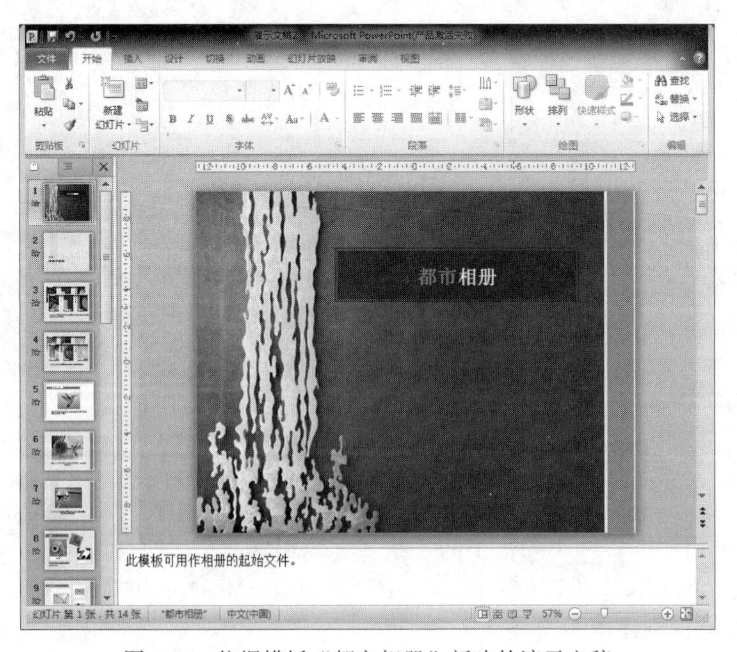

图 5-12 依据模板“都市相册”新建的演示文稿

（三）使用主题创建演示文稿

PowerPoint 2010 提供了许多风格迥异的主题。用户可以根据实际需要选择各种主题来创建自己的演示文稿。创建步骤方法如下：

（1）单击“文件”→“新建”按钮，在窗口中间“可用的模板和主题”面板中单击“主题”按钮进入主题选择，如图 5-13 所示。

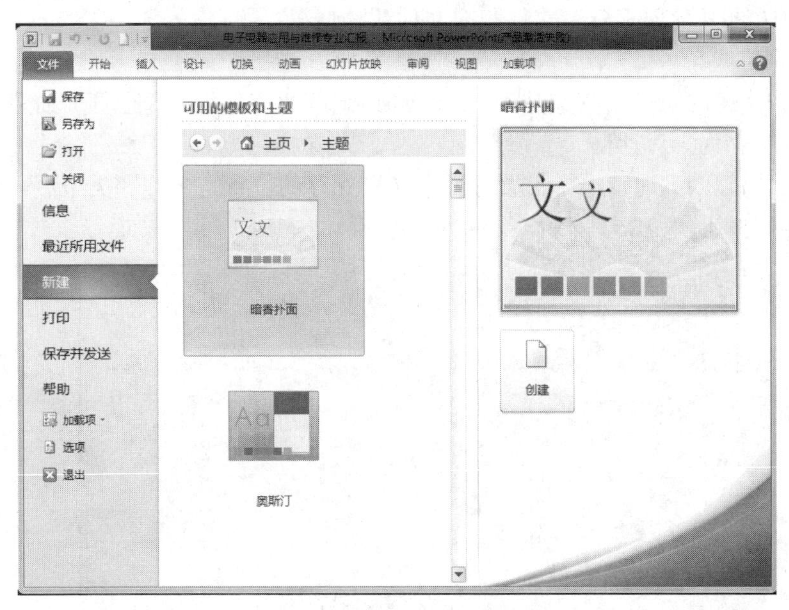

图 5-13　“主题”选择

（2）当我们选择一种需要的主题并单击右侧面板中“创建”按钮后，一个依据主题而创建的新演示文稿就生成了。如图 5-14 所示即是依据主题“波形”创建的新演示文稿。

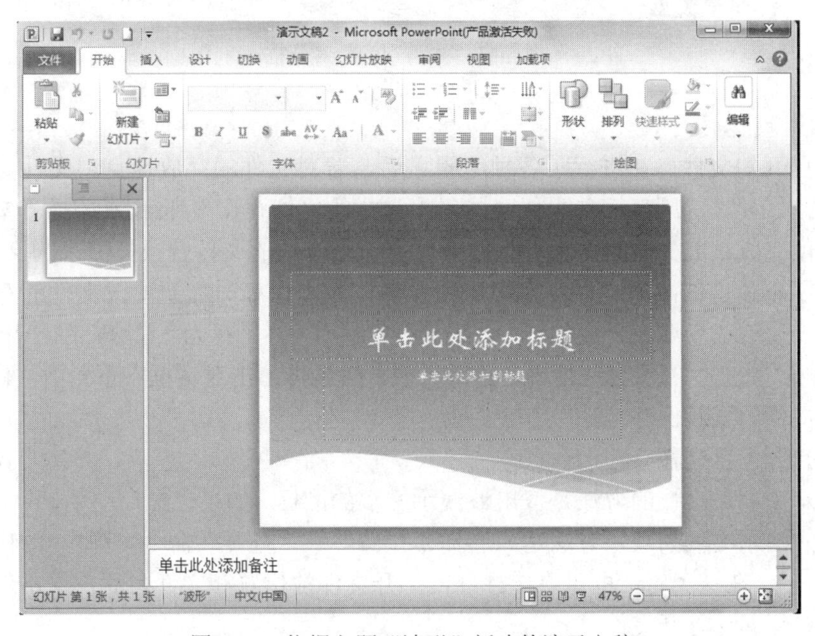

图 5-14　依据主题“波形”新建的演示文稿

五、保存和打开演示文稿

（一）保存演示文稿

为了将已经创建或编辑的演示文稿保存下来，PowerPoint 2010 提供了演示文稿保存功能。当选择演示文稿保存的类型为“PowerPoint 演示文稿”时，系统默认该文件的扩展名为“.pptx”。PowerPoint 2010 的文件保存分新文件和旧文件两种情况。

1. 新文件的保存

（1）单击快速访问工具栏“保存”按钮或选择“文件”→“保存”命令，会弹出如图 5-15 所示的“另存为”对话框。

（2）在“另存为”对话框中设置好演示文稿保存的位置、名称和类型后，单击对话框右下角的“保存”按钮就完成了对新演示文稿的保存。

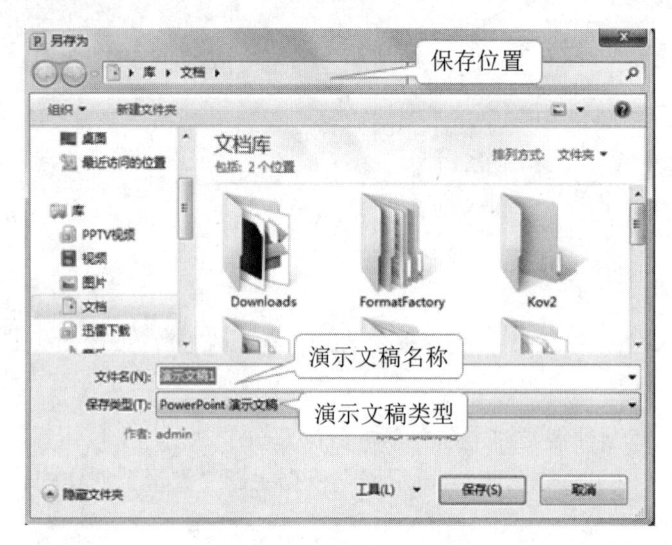

图 5-15 “另存为”对话框

2. 旧文件的保存

对于已打开的文件，在进行了各种编辑之后，若对文件的存放地点、文件名和文件类型不需要做更改保存时，则直接单击快速访问工具栏的“保存”按钮或选择“文件”→“保存”命令即可完成对旧文件的保存。这样操作会让已修改的文件替换掉原来的文件。

有时为了不让已修改的文件替换掉原始文件，则在保存时需要更改文件的存放地点、文件名或文件类型这 3 个要素之中的一个。选择“文件”→“另存为”命令，在打开的“另存为”对话框中，修改原文件的保存地址、名称或类型，然后再单击对话框右下角的“保存”按钮即可完成对旧文档的重新保存。

（二）打开演示文稿

打开演示文稿最直接的方法是双击该演示文稿的图标。如果已经启动了 PowerPoint 2010，要打开其他的演示文稿的操作方法是：选择“文件”→“打开”命令，弹出“打开”对话框，如图 5-16 所示。在这个对话框里，选择好需打开文件的位置和文件名后，单击对话框右下角的“打开”按钮即可打开文件。

图 5-16　“打开”对话框

任务实施

1. 启动 PowerPoint 2010

双击桌面上“PowerPoint 2010”快捷图标，启动 PowerPoint 2010 后会自动为用户新建一个名为“演示文稿 1”的空白文稿，默认是“标题幻灯片”版式。

2. 保存演示文稿

单击“文件”按钮→“保存”命令，在弹出的“另存为”对话框中输入文件名“电子电器应用与维修专业建设汇报.pptx”，保存在 D 盘“学校文件”文件夹中。

3. 添加幻灯片标题

（1）在“单击此处添加标题”框中输入“电子电器应用与维修专业建设汇报”。

（2）在“单击此处添加副标题”框中输入“汉源县职业高级中学”。

4. 新建幻灯片

单击“开始”选项卡→“幻灯片”组→“新建幻灯片”按钮，以最近使用的版式创建新幻灯片。也可以单击“新建幻灯片”下拉按钮，选择版式创建。

（1）新建“两栏内容”版式幻灯片，设置标题为“目录页”，输入相关文字信息。

（2）新建幻灯片，设置标题为“01 建设的背景”。

5. 复制幻灯片

第 4～7 张幻灯片，可以采用复制前面第 1～3 张幻灯片的方式建立第 4～7 张幻灯片，并输入相关文字信息。

6. 幻灯片文字设置

设置每张幻灯片大标题字体为微软雅黑，字号自行设置，大小适合即可；文字信息中涉及的标题字体为宋体，字号自行设置，其余文字信息字体为宋体，字号自行设置。

7. 保存并关闭演示文稿

完成操作后，单击快速访问工具栏上的“保存”按钮，保存演示文稿，或者单击“文件”按钮→“保存”命令。最后单击“关闭”按钮，关闭演示文稿。

项目二　美化演示文稿

任务情景

小陈创建好“电子电器应用与维修专业建设汇报.pptx”演示文稿后，发现仅有文字、图片等信息显得太单调了，为了引起大家的重视，他要向幻灯片中添加图形、表格等信息，让幻灯片变得丰富多彩，他该怎样在幻灯片中添加这些信息呢？

任务分析

- 插入图片与 SmartArt 图形
- 插入艺术字
- 插入表格

知识准备

一、幻灯片基本操作

（一）添加幻灯片

在编辑演示文稿时，用户可以发现需要不断插入新幻灯片，才能制作出完整的演示文稿，在新建幻灯片时可以选择幻灯片的版式，具体操作如下。

选择需要插入新幻灯片位置处的幻灯片，单击“开始”选项卡→“幻灯片”组的“新建幻灯片”按钮，在弹出的下拉列表中选择需要的版式，如图 5-17 所示，即可在所选幻灯片的后面添加一张新幻灯片。

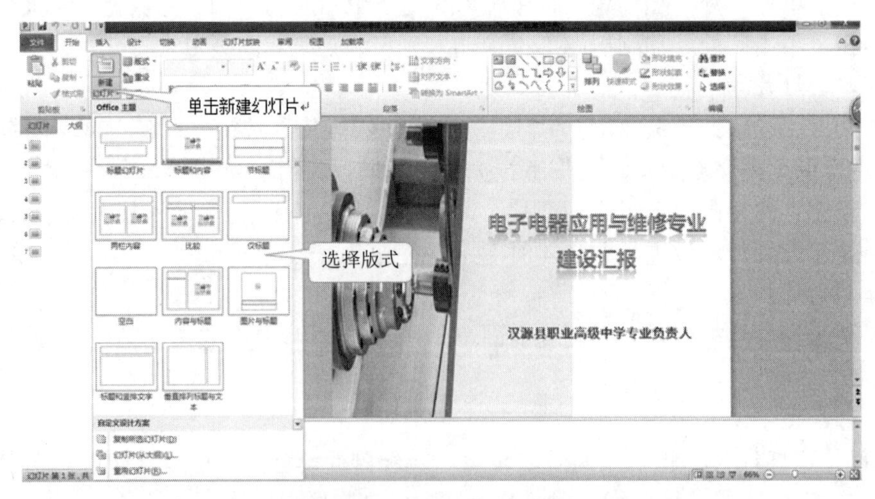

图 5-17　幻灯片版式选择

添加幻灯片时，除了选择“空白”版式得到的幻灯片是空白的幻灯片之外，其余版式的幻灯片上面均有“单击此处添加标题”“单击此处添加文本”之类的虚线框包围的文字。有些还有表格、图表之类的小按钮，鼠标指针停留在这些按钮上则弹出“插入表格”“插入图表”等提示文字。我们称这些幻灯片上的文字、按钮为文本占位符、图形占位符，如图 5-18 所示。它们是承载文本或图形的工具。当用户单击文本占位符时，该占位符中原有的提示就会自动消失并同时显示输入文本的光标待用户输入文本。当用户单击图形占位符中的某一个图形按钮时，就会打开相应的插入对象窗口，在对应的窗口中进行选择后单击“确定”按钮便可插入所选的对象。

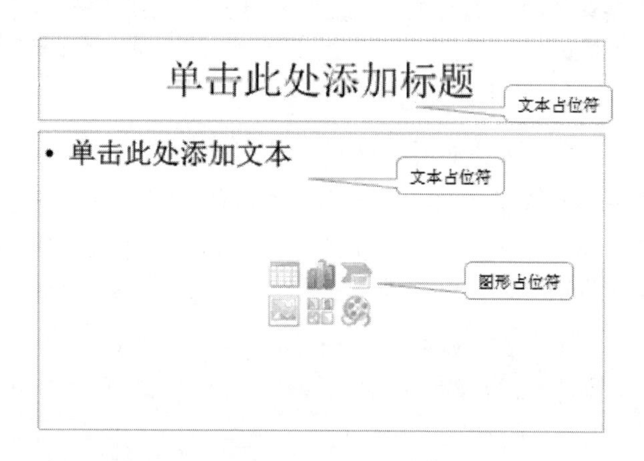

图 5-18　幻灯片占位符

幻灯片版式就是文本和图形占位符的组织安排。PowerPoint 2010 为用户提供了 11 种可供直接选用的幻灯片版式。新建演示文稿的默认版式是“标题幻灯片”，其中有两个占位符：一个是标题占位符，另一个是副标题占位符，如图 5-19 所示。选中任意一张幻灯片，单击“开始”选项卡→“幻灯片”组的“幻灯片版式”按钮就可以修改幻灯片版式。

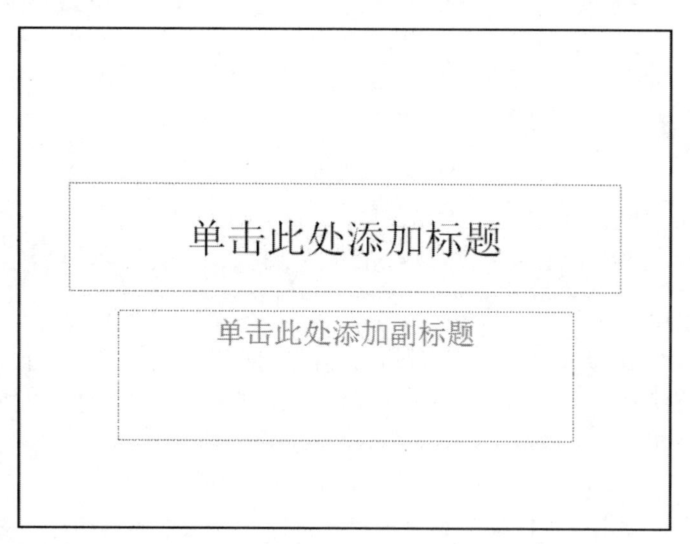

图 5-19　标题幻灯片占位符

（二）添加文本内容

文本是幻灯片上最常见的内容。幻灯片中文本的来源可以由用户直接从键盘输入，也可以从其他类型的文件中导入。下面介绍两种常用添加文本内容的方式。

（1）单击幻灯片上的文本占位符，从键盘输入文本内容。

（2）单击“插入”选项卡→“文本组”的“文本框”按钮，选择横排文本框或竖排文本框按钮，再在幻灯片上按住鼠标左键拖动，此时会在幻灯片上产生一个文本框，然后向文本框内输入文本即可。

幻灯片上文本内容的编辑方法与 Word 中文本编辑方法类似。用户可以选中需要编辑格式的文本，选择“开始”选项卡→“字体”组或“段落”组的按钮进行设置。

（三）插入表格

PowerPoint 2010 中插入表格主要有两种方法：

（1）选择带有表格占位符的幻灯片，单击表格占位符插入表格。

（2）单击“插入”选项卡→“表格”组的“插入表格”按钮，有 4 种方式生成表格，任选一种即可，如图 5-20 所示。

图 5-20　插入表格

（四）插入图像

在 PowerPoint 2010 演示文稿中插入图片，除了可以选择一张有图形占位符的幻灯片，直接单击图形占位符插入图片，还可以通过单击“插入”选项卡→“图像”组按钮插入 4 类图像：图片、剪贴画、屏幕截图和相册。

1. 插入图片

单击“插入”选项卡→“图像”组“图片”按钮，弹出“插入图片”对话框，如图 5-21 所示。在该对话框里，选定存放图片文件的地址，选择需插入的图片文件，然后单击“打开”按钮即可将所选图片插入到幻灯片，如图 5-22 所示。若选多张图片，则都会插入在同一张幻灯片上。

图 5-21 “插入图片”对话框

图 5-22 插入图片的幻灯片

2. 插入剪贴画

单击“插入”选项卡→“图像”组的“剪贴画”按钮，在幻灯片编辑窗格右侧弹出“剪贴画”面板，如图 5-23 所示。在这个面板上“搜索文字”文本框里输入关键字或不输入，然后单击“搜索”按钮，系统自动在面板下方显示符合搜索条件的剪贴画。用户单击想要的剪贴画就可在幻灯片上看见已插入的剪贴画。

图 5-23　插入剪贴画的幻灯片

3. 插入屏幕截图

单击“插入”选项卡→“图像”组的“屏幕截图”按钮，弹出“可用视窗”面板，选择需要插入幻灯片的屏幕截图就可以在幻灯片里插入该截图，如图 5-24 所示。弹出的“可用视窗”里的选项均为用户当前打开的未最小化的任务窗口。

图 5-24　插入屏幕截图

4. 插入相册

PowerPoint 2010 提供的插入相册功能解决了幻灯片上图片文件的批量插入问题。插入的图片默认状态下是一张图片放一张幻灯片。用户可以设置相册版式，让一张幻灯片上放置一、二、四张图片。插入相册的方法：单击“插入”选项卡→“图像”组的“相册”按钮，在下拉选项里选择“新建相册”选项，弹出“相册”对话框，如图 5-25 所示。

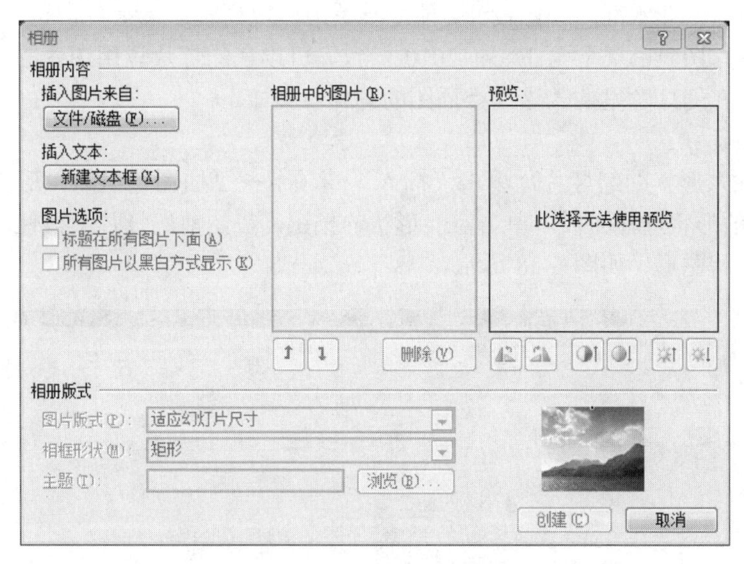

图 5-25 “相册”对话框

在该对话框里单击“文件/磁盘…”按钮，弹出“插入图片”对话框，如图 5-26 所示。在该对话框里给定存放图片文件的地点，选择一张或多张需要放入相册的图片，最后单击“打开”按钮，返回“相册”对话框。在“相册”对话框里，设置好图片版式、相框形状和主题后单击“创建”按钮，即可在 PowerPoint 2010 里创建一个新的演示文稿，第一章幻灯片名字为“相册”，其余幻灯片内容为刚选取插入相册的图像。

图 5-26 “插入图片”对话框

（五）插入插图

PowerPoint 2010 提供了“插图”功能。用户可以在幻灯片上插入 3 类“插图”，分别为：形状、SmartArt 和图表。形状包含了线条、矩形、基本形状、箭头、流程图、标注等；SmartArt 为我们提供了具有专业水准的插图设计，能更唯美地体现列表、流程、循环、图片等具有各种复杂关系的内容；图表的类型与 Excel 2010 一致，可以在幻灯片里用图表的形式直观展示数据之间的关系。在幻灯片里插入这 3 类插图的具体步骤如下：

1. 插入形状

选择需要插入形状的幻灯片，单击“插入”选项卡→“插图”组的“形状”按钮，弹出如图 5-27 所示的形状选择面板。单击需要形状的按钮，在当前幻灯片上按住鼠标左键拖动即可画出所需的形状图形，如图 5-28 所示。

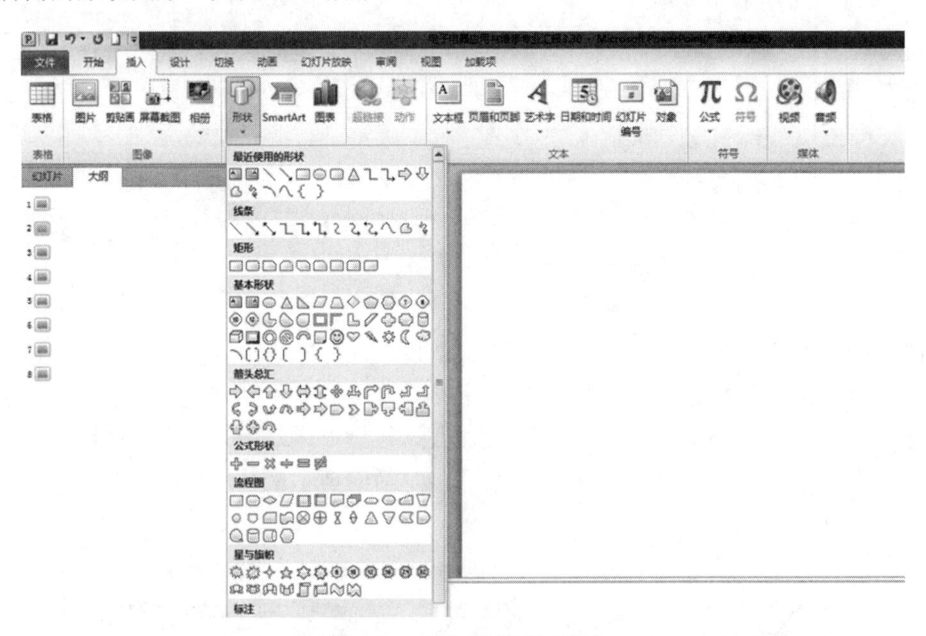

图 5-27 “形状选择”面板

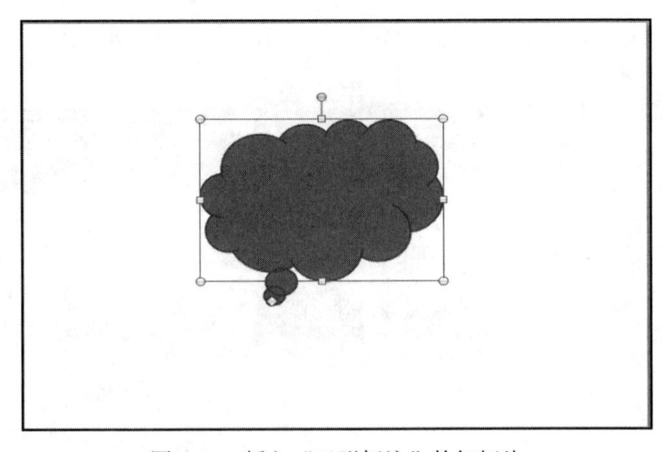

图 5-28 插入“云形标注”的幻灯片

2. 插入 SmartArt

选择需要插入形状的幻灯片，单击“插入”选项卡“插图”组的“SmartArt”按钮，弹出“选择 SmartArt 图形”对话框，如图 5-29 所示。

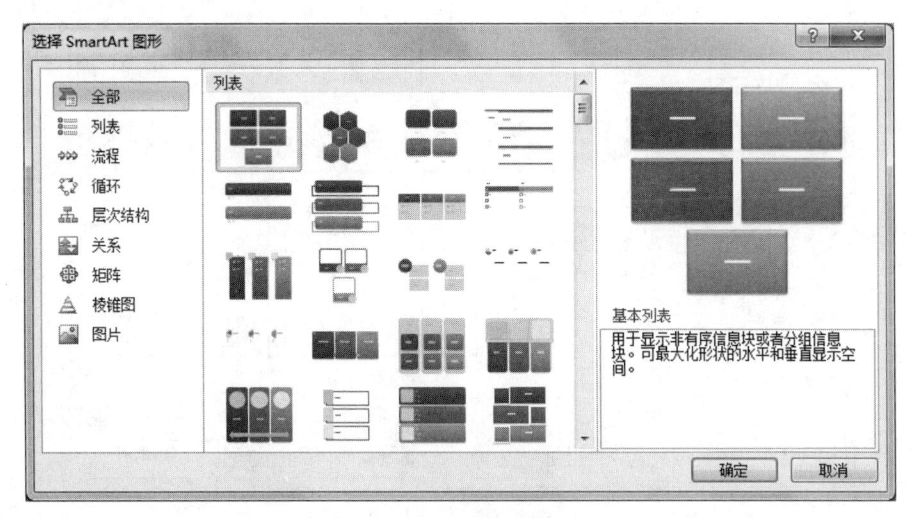

图 5-29　选择 SmartArt 图形

在该对话框里，用户可以在左侧类型列表里选择类型，在中间缩略图里单击所选图形，再单击对话框右下角的“确定”按钮即可完成在幻灯片里插入 SmartArt 图形的操作，如图 5-30 所示。

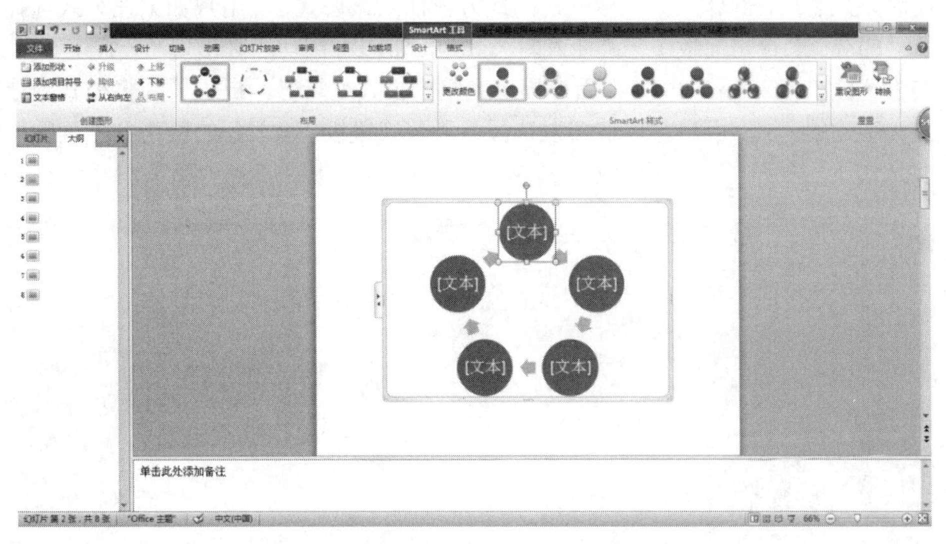

图 5-30　插入 SmartArt 图形“块循环”的幻灯片

3. 插入图表

选择需要插入图表的幻灯片，单击“插入”选项卡→“插图”组的“图表”按钮，弹出“插入图表”对话框，如图 5-31 所示。

在上述对话框里，先在左侧类型列表里选择图表类型，再单击右侧的子图表，最后单击对话框右下角的“确定”按钮，即可在幻灯片里插入图表，同时该图表对应的数据表也在 Excel 里打开。用户可以根据具体情况，修改数据表中的内容，使幻灯片图表真实展现数据之间的关系。

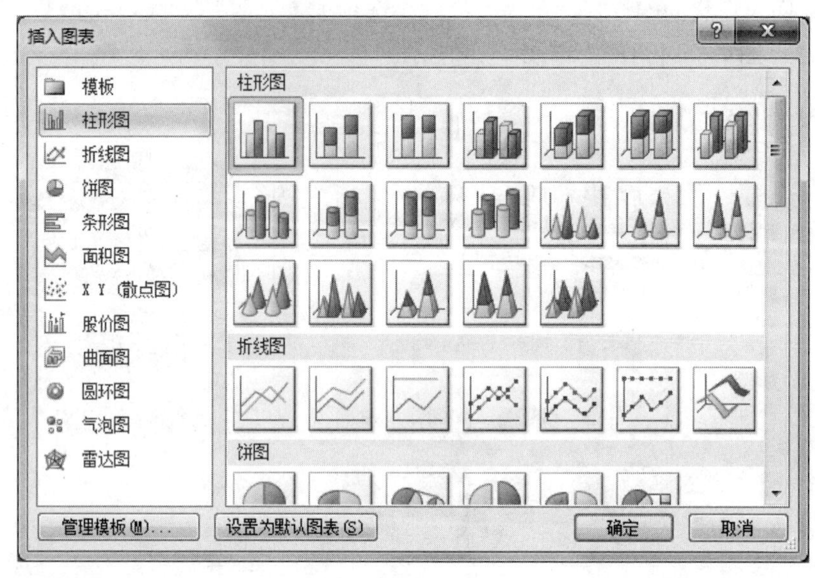

图 5-31　插入图表

（六）插入公式

在 PowerPoint 2010 中，用户可以插入各种常用公式。操作步骤为：选择要插入公式的位置，单击“插入”选项卡→“符号”组的“公式”按钮，弹出公式选择面板，如图 5-32 所示。单击所需的公式之后，幻灯片上光标所在的地方就插入该公式了。用户如果在公式选择面板上没找到所需的公式，单击面板下方“插入新公式”按钮即可在功能区出现“公式工具”功能区，如图 5-33 所示。PowerPoint 2010 为用户提供完整的公式编辑器，提供了许多公式中涉及到的符号和各种结构的公式。用户可以按需求选择各种公式模板，输入新的数值到正确的位置就生成了标准公式。

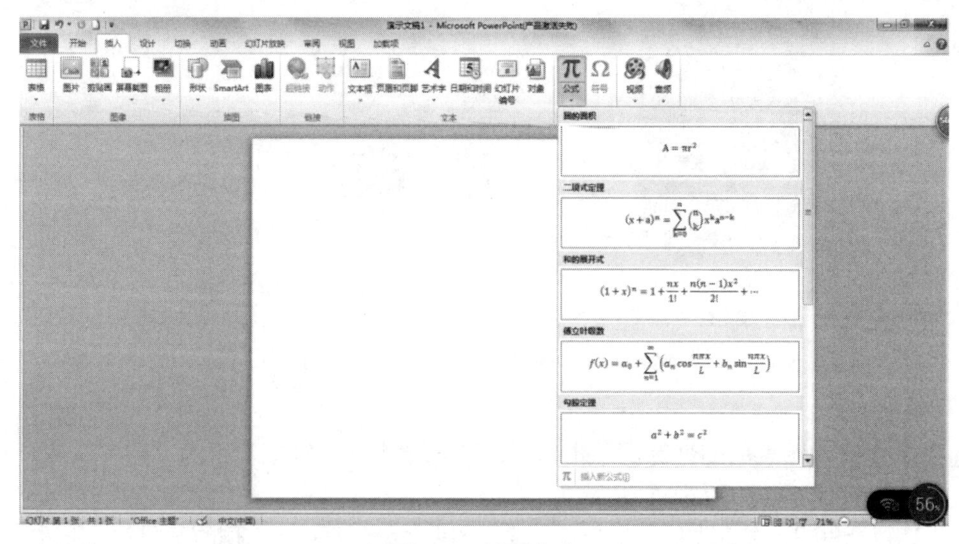

图 5-32　插入公式

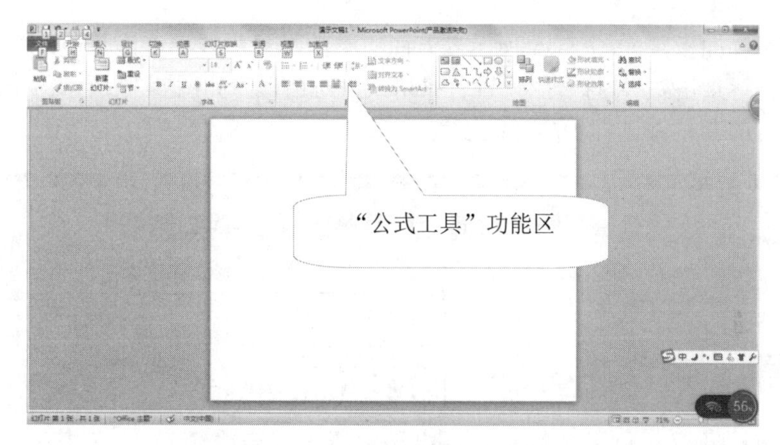

图 5-33　“公式工具”功能区

二、幻灯片设计模板

对于已经选择好了版式的幻灯片来说，如果要为每张幻灯片设置背景、文本格式，那将使用户的工作效率大大降低。PowerPoint 2010 为用户提供了幻灯片设计面板的选择，使用户对幻灯片的编辑工作效率大为提高。幻灯片设计模板的设置方法：打开演示文稿，在“设计”选项卡中单击“主题”组提供的相应模板即可更改演示文稿模板，如图 5-34 所示。

图 5-34　设计模板选择

对于一些演示文稿，如果已经选择了某个设计模板，那么在默认方式下，每个幻灯片都自动使用该模板作为背景，如果要改变幻灯片的背景，重新选择设计模板是最快最省时的方法。

三、幻灯片背景

幻灯片的背景颜色通常是在创建幻灯片时由所选模板确定的。默认状态下，一个演示文稿的所有幻灯片背景的颜色都是有所选的设计模板决定的。若没有选择设计模板，则默认状态下所有幻灯片背景均为空白。有时用户需要改变演示文稿中某个幻灯片的背景颜色来达到与众不同的效果。更换当前幻灯片背景颜色的步骤如下：

选择需要设置背景的幻灯片，单击“设计”选项卡→“背景”组的“背景样式”按钮，打开背景样式选择面板，如图 5-35 所示。若面板上的背景样式不能满足用户需求，可单击面板下方的“设置背景格式”，打开“设置背景格式”对话框，如图 5-36 所示。在该对话框里可以对所选幻灯片的背景做进一步的详细设置。

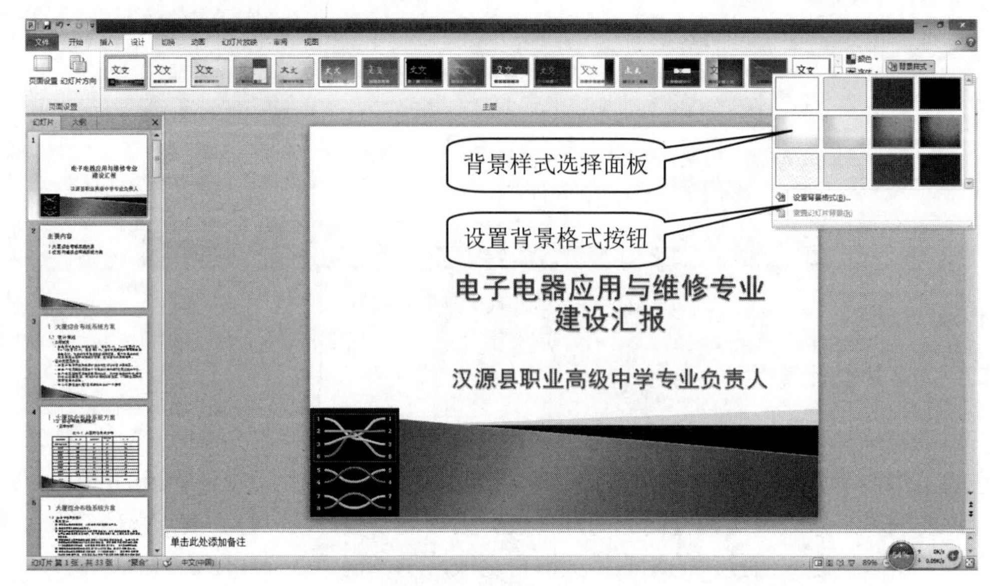

图 5-35　选择背景样式

图 5-36　设置背景格式

在对话框中左侧选择填充，右侧的“填充”面板上可以设置幻灯片背景为纯色填充、渐变填充、图片填充等等。详细设置好之后，幻灯片与众不同的背景就生成了。如果要改变当前幻灯片的背景颜色，单击“关闭”按钮。如果要改变所有幻灯片的背景颜色，单击“全部应用”按钮。

任务实施

1．打开“电子电器应用与维修专业建设汇报.pptx”演示文稿。插入与转换 SmartArt 图形切换到第 5 张幻灯片，单击“插入”选项卡→“插入”组中的“SmartArt 图形”按钮，弹出“选择 SmartArt 图形”对话框，选择如【样图 1】所示 SmartArt 图形。

【样图 1】:

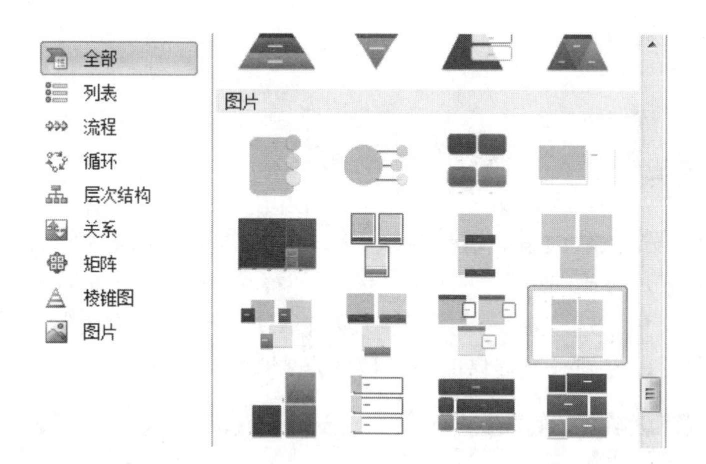

2．再插入图片完成效果如【样图 2】。

【样图 2】:

项目三　设置演示文稿切换与动画效果

任务情景

小陈创建好“电子电器应用与维修专业建设汇报.pptx”演示文稿后，演示文稿虽然比较漂亮，但是没有动态效果，比较单调乏味，怎样使幻灯片动起来，让效果更精彩呢？

任务分析

➢　设置对象播放动画

- 设置幻灯片切换效果
- 插入音频、视频文件
- 设置动作按钮
- 添加和设置超链接

知识准备

一、设置切换效果

幻灯片的切换是指放映演示文稿时两张连续的幻灯片之间的过渡效果，即从上一张幻灯片转换到下一张幻灯片时放映屏幕呈现的效果。下面介绍添加幻灯片切换效果的方法。

打开一个演示文稿，选中需要设置切换效果的幻灯片，单击“切换”选项卡，在“切换至此幻灯片”组中可以看到系统提供的各种切换方式按钮，如图 5-37 所示。

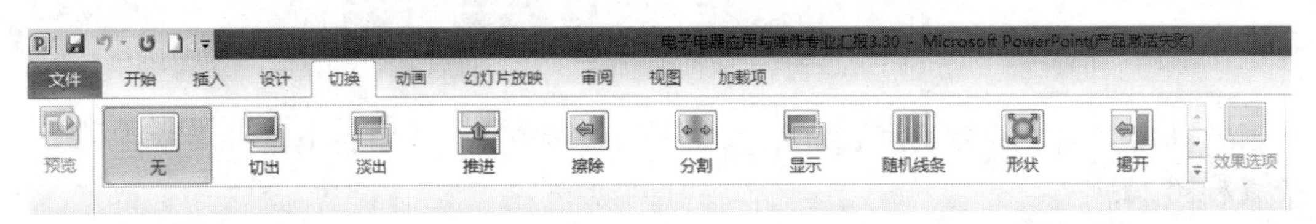

图 5-37　切换功能区

通过单击快翻按钮可以看到展开的按钮库。在展开的库中选择合适的切换方式，如“涟漪”，则为当前幻灯片设置了切换方式，如图 5-38 所示。

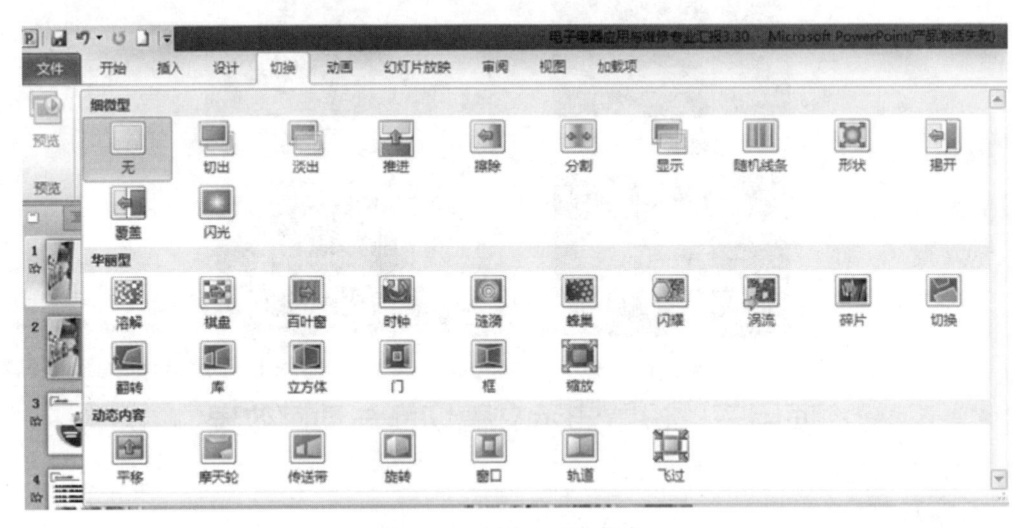

图 5-38　切换方式选择库

幻灯片的切换方式设置好后还可以再设置发生切换时的其他效果：切换时的声音效果、持续时间、换片方式等等。在“切换到此幻灯片”组中单击“效果选项”按钮，在展开的下拉列表中选择适当的选项，可以看到幻灯片切换动画效果。

幻灯片的切换默认状态下是手动完成。如果需要自动切换则必须设置幻灯片的切换时间。可以为所有幻灯片同时设定切换效果，也可以为单张幻灯片设定单独的切换效果。

设置幻灯片切换声音效果需单击“切换”选项卡→“计时”组中“声音”列表框右侧的下拉按钮，在展开的下拉列表中选择一项即可为幻灯片切换时配上声音，如图 5-39 所示。

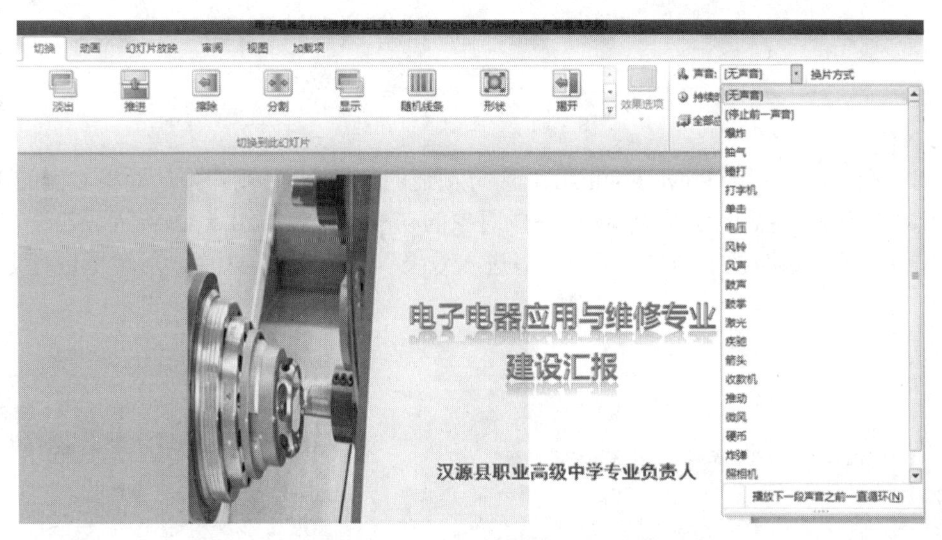

图 5-39　幻灯片切换时声音设置

设置动画持续时间只需在“计时”组中的“持续时间”列表框中设置切换动画持续的时间，单击后面的微调按钮即可进行设置，同时还可以设置幻灯片切换时手动切换还是自动按时间切换。若每张幻灯片切换效果相同，可以单击“计时”组的“全部应用”按钮。设置如图 5-40 所示。

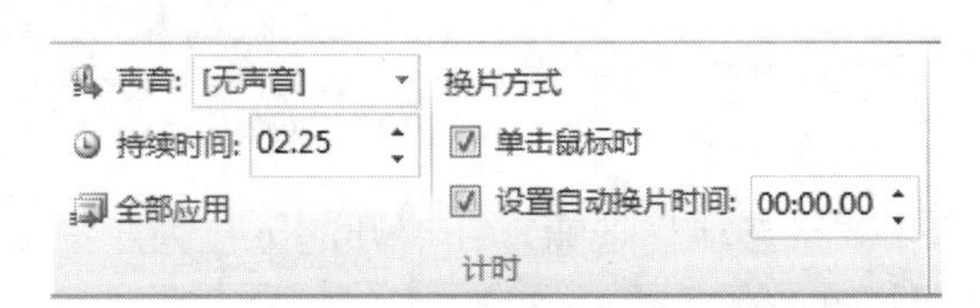

图 5-40　幻灯片切换时持续时间设置

二、设置动画效果

动画效果是 PowerPoint 2010 中可以应用于幻灯片中不同对象的效果。若给幻灯片上的各个对象设置了动画效果，则在放映时幻灯片中的各个对象不是一次全部显示，而是按照设置的顺序，以动画的方式依次显示。幻灯片上的每个对象可以有 4 类动画效果：进入时效果、强调效果、按路径运动效果和退出时效果。这 4 类效果并不是每个对象必须具备的。用户可以根据实际需要给每个对象选择性添加合适的效果。

（一）设置对象的进入效果

对象的进入效果是指幻灯片放映过程中，对象进入放映界面时的动画效果。设置对象进入效果的操作步骤如下。

选择幻灯片中的一个对象，如文本框，单击“动画”选项卡→“动画”组右侧的快翻按钮，如图 5-41 所示。

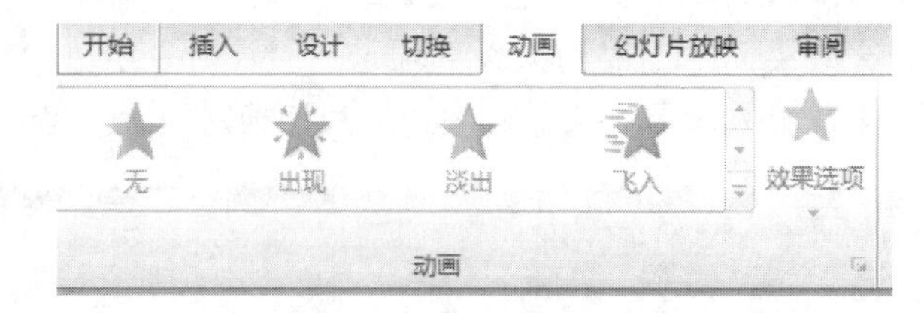

图 5-41 “动画”功能区

弹出的面板上显示了 PowerPoint 2010 所有预设的动画方案。用户拖动面板右侧的滚动条，在“进入”栏选择需要的动画方案即可完成对象的动画设置，如图 5-42 所示。若没有满意的效果，用户可单击该面板下侧的选项“更多进入效果”，在如图 5-43 所示对话框进行更详细的设置。

图 5-42 “进入”动画效果组

图 5-43 更多“进入”动画效果

在“动画”组中单击“效果选项”按钮，在展开的下拉列表中选择合适的方向按钮即可为所选对象设置动画，如图 5-44 所示。

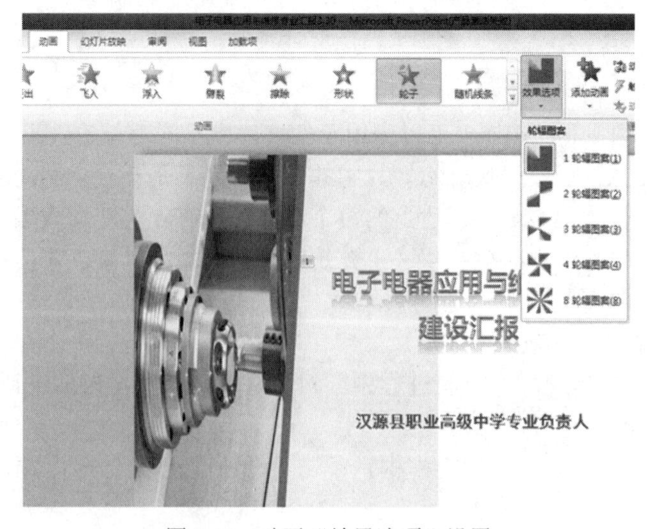

图 5-44 动画“效果选项”设置

（二）设置对象的强调效果

用户给幻灯片中的对象设置进入的动画效果之后，有时为了突出强调某些内容而设置强调动画效果来增加表现力。设置对象强调效果的操作步骤如下：

选择需要设置“强调”效果的对象，单击“动画”选项卡→“动画”组右侧的快翻按钮，在弹出的动画方案面板里选择“强调”区域的某一动画方案即可完成对象的强调效果设置，如图 5-45 所示。单击动画方案面板中的“更多强调效果”选项，进入如图 5-46 所示“更改强调效果”对话框。在该对话框里选择合适的强调效果后单击右下角的“确定”按钮，即可为选中的对象设置强调的动画效果。

图 5-45　“强调”效果组

图 5-46　更多“强调”动画效果

选中设置了“强调”动画效果的对象，单击“动画”组→“效果选项”按钮可以为刚设置的强调动画设置更多细节效果。

（三）设置对象按“动作路径”运动效果

选定幻灯片上某一对象，单击“动画”选项卡→“动画”组右侧的快翻按钮，在展开的动画方案面板里选择“动作路径”区域的某一动画方案即可，如图 5-47 所示。单击动画方案面板中的“其他动作路径”选项，进入如图 5-48 所示的“更改动作路径”对话框。在该对话框里选择用户需要的效果按钮后单击右下角的“确定”按钮，即可为选中的对象设置动作路径效果。

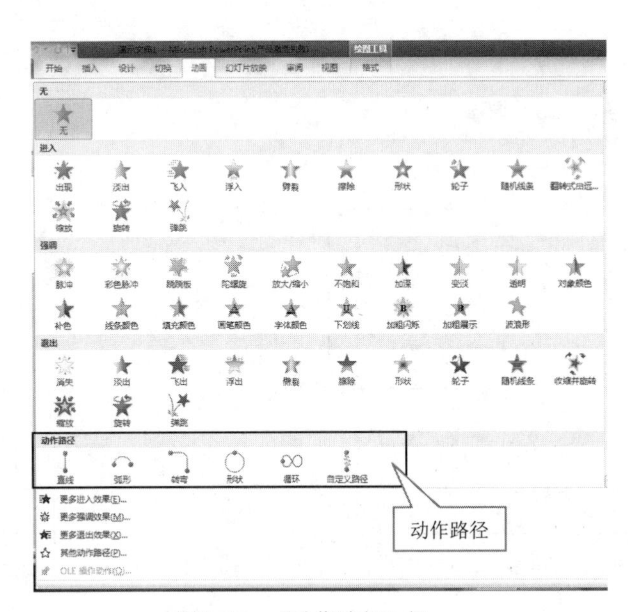

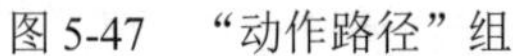
图 5-47　“动作路径”组

图 5-48　更改动作路径

设置好的“动作路径”会在幻灯片上出现。用户可以通过“动作路径”的控制块实现路径的旋转、形状与大小的变化，使对象的动作路径多样化。

（四）设置对象的“退出”效果

对象的退出效果是指幻灯片放映过程中，对象退出放映界面时的动画效果。设置对象退出效果的操作步骤如下。

选择幻灯片上的一个对象，单击“动画”组中的快翻按钮，在展开的方案面板中选择“退出”区域中的动画方案即可，如图 5-49 所示。单击该面板中的“更多退出效果”选项，进入如图 5-50 所示“更改退出效果”对话框。在该对话框里选择用户需要的效果按钮后单击右下角的“确定”按钮，即可为选中的对象设置动作路径效果。

（五）添加、设置与删除动画

1．*添加动画*

用户可以为幻灯片上的每个对象设置多个动画效果。操作方法：选中已经设置动画效果的对象，单击“动画”选项卡→“高级动画”组的“添加动画”按钮，为该对象再次添加动画效果，如图 5-51 所示。

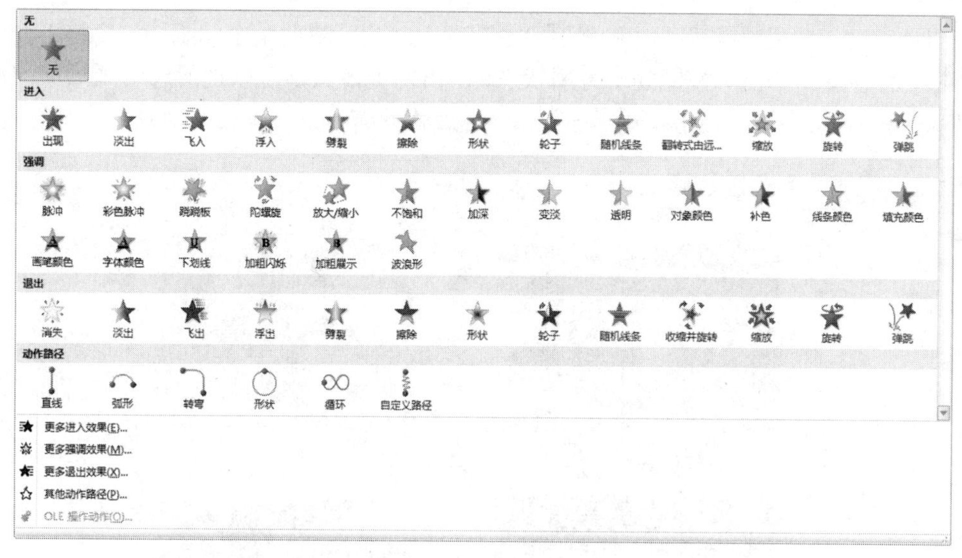

图 5-49　“退出”效果组

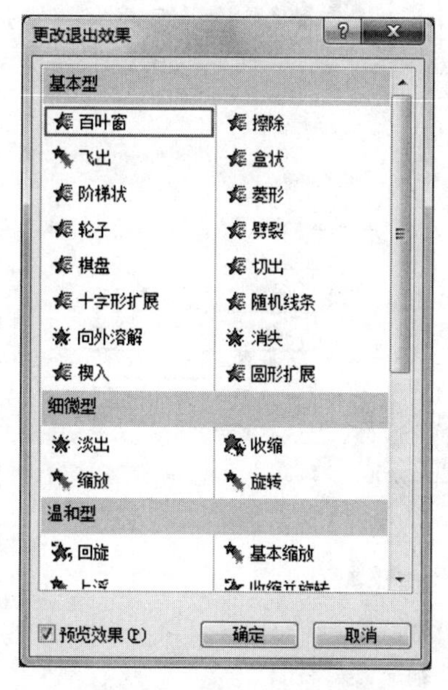

图 5-50　更改退出效果

图 5-51　添加动画面板

2. *设置动画*

幻灯片上的任何对象只要设置了动画效果，就可以再次选中该对象，对其动画效果做更进一步的设置。操作方法：选中已设置动画效果的对象，选择“动画”选项卡→“计时”组的按钮可以实现对动画开始时间、持续时间和延迟时间的设置。当一个对象或一个幻灯片上有几个动画效果时，在该对象的左侧有数字“1,2,3……”标示了动画的先后顺序，如图 5-52 所示。

当用户要更改这些动画顺序时，可以单击“高级动画”组的“动画窗格”按钮，在幻灯片编辑窗格的右侧出现动画窗格，如图 5-53 所示。

当前幻灯片上所设置的动画在动画窗格里都会显示。选中动画窗格里由数字标示的动画行后，在该行右侧出现一个下拉按钮，单击该下拉按钮可以实现对该动画的详细设置。包括设置动画启动条件、效果选项、计时和删除等。若选中动画窗格的某个动画，该窗格下侧“重排顺序”的左右各有一个箭头按钮处于可用状态，单击向上箭头则可以把所选动画顺序向前调一级，即原来是第三顺序出现的动画，向上调整之后就变成了第二顺序的动画。

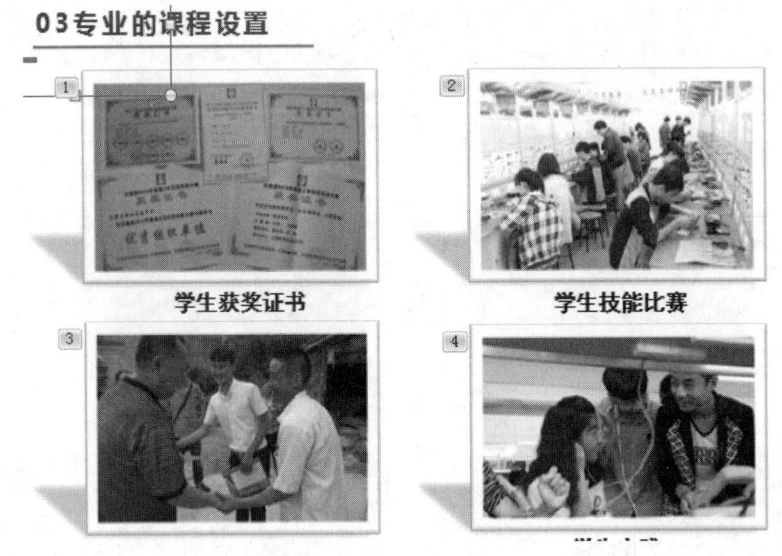

图 5-52 动画顺序标记

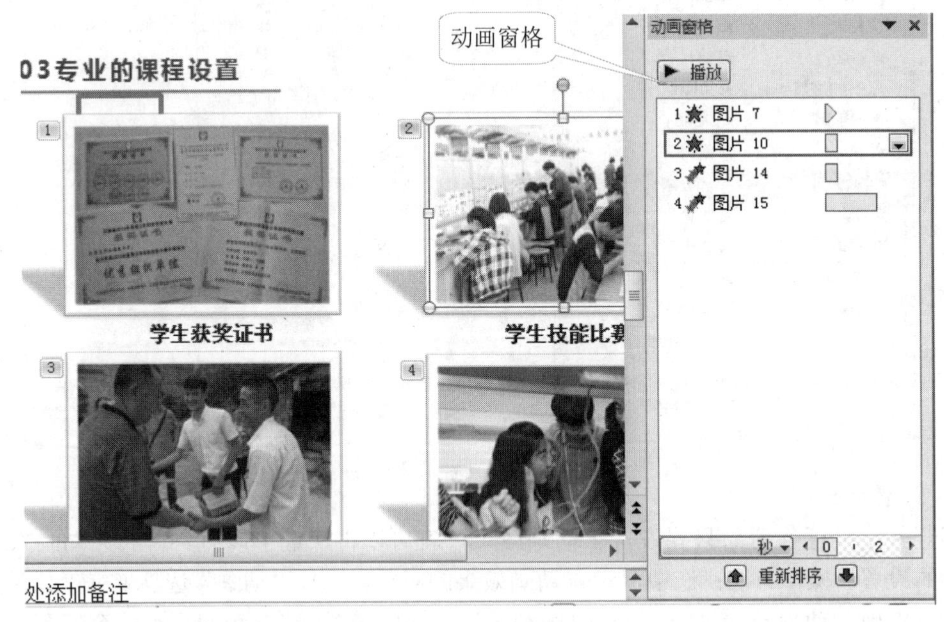

图 5-53 动画窗格

在 PowerPoint 2010 中，如果用户需要为其他对象设置相同的动画效果，那么可以在设置了一个对象动画后通过“动画刷”功能来复制动画，具体操作步骤：选择已经设置好动画的对象，单击“高级动画”组中“动画刷”按钮，切换到另一张幻灯片或就在当前幻灯片上直接单击需要应用相同动画的对象即可。

3. 删除动画

删除幻灯片某对象的动画效果有两种方法。

（1）选中对象，单击“动画”选项卡→“动画”组里的第一个动画方案按钮，如图 5-54 所示。

图 5-54　删除动画

（2）选中对象，单击“动画窗格”里需要删除的动画行右侧的下拉按钮，在下拉选项里选择“删除”选项即可。

三、添加声音效果

在制作演示文稿时，用户可以在演示文稿中添加各种声音文件，使其变得有声有色，更具有感染力。用户可以添加文件中的音频、剪贴画音频和录制音频。在添加声音后，幻灯片上会显示一个声音图标，下面介绍在幻灯片中插入声音对象的方法。

（一）添加文件中的音频

选定需要添加声音文件的幻灯片，单击“插入”选项卡→“媒体”组的“音频”按钮，如图 5-55 所示。在弹出的下拉列表里选择“文件中的音频”选项，如图 5-56 所示，弹出“插入音频”对话框。在该对话框里设置好存放音频文件的地点，选择需要插入的音频文件，单击右下角的“插入”按钮就实现了在幻灯片上插入声音文件。

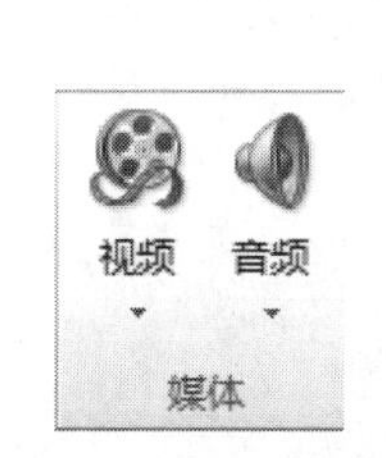

图 5-55　“音频”按钮

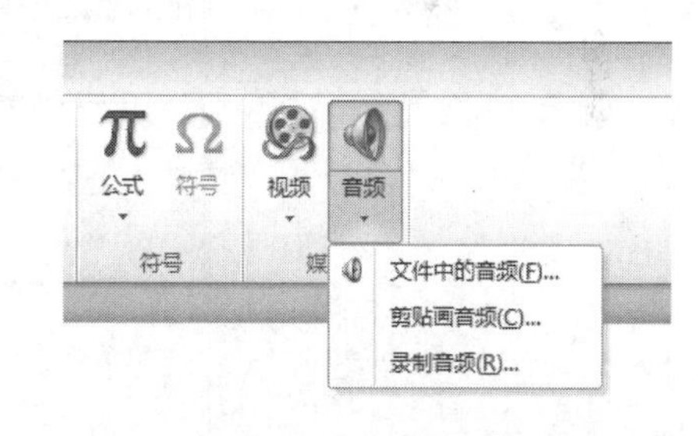

图 5-56　“音频”按钮下拉选项

插入声音文件后，编辑窗格的幻灯片上会看到一个声音图标，单击该图标，在图标下方出现一个简单的播放控制器，如图 5-57 所示。并且在当前窗口的选项卡区域出现“音频工具”区。单击其中的“格式”和“播放”选项卡可以对插入的声音文件详细设置，如图 5-58 所示。

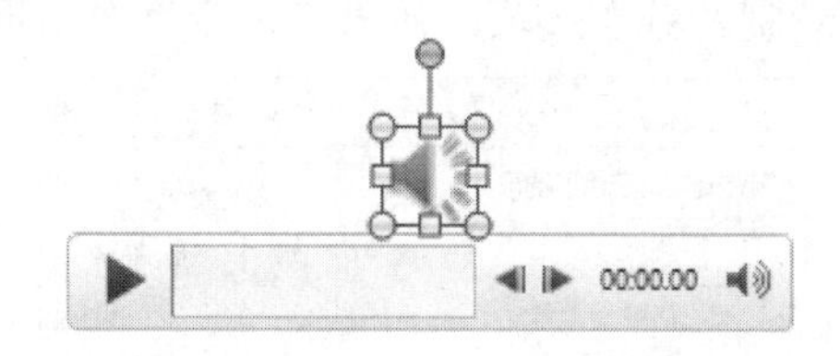

图 5-57　幻灯片上的声音图标及播放控制器

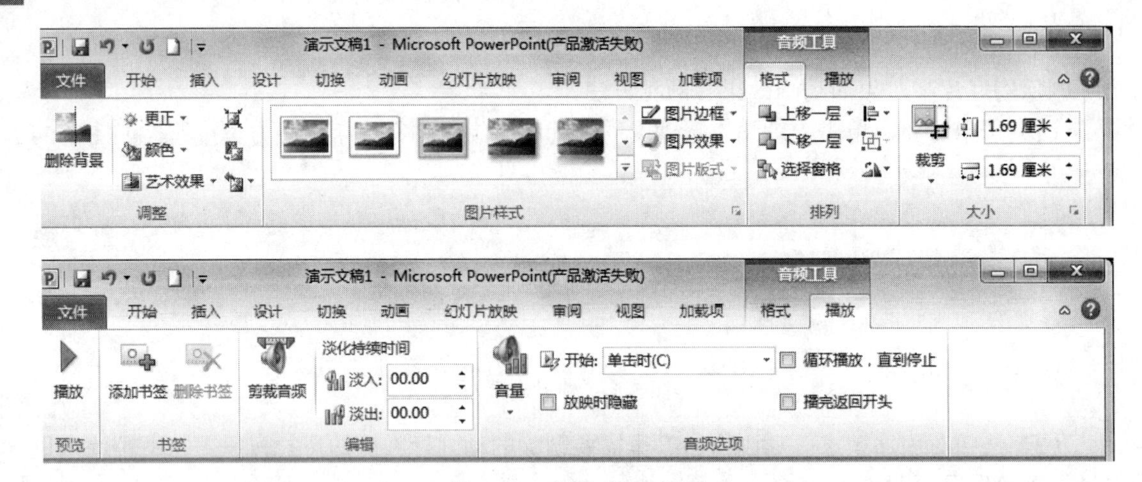

图 5-58　音频工具的设置

（二）添加剪贴画音频

选定需要添加声音文件的幻灯片，单击“插入”选项卡→“媒体”组的“音频”按钮，在弹出的下拉列表里选择“剪贴画音频”选项，在窗口右侧出现“剪贴画”面板，如图 5-59 所示。在搜索文字下面的文本框里输入关键字，单击右侧的“搜索”按钮即可将搜索结果显示在面板下方。单击任意搜索出来的剪贴画音频按钮即可在幻灯片里插入声音。对该声音的编辑与来自文件的音频相同。

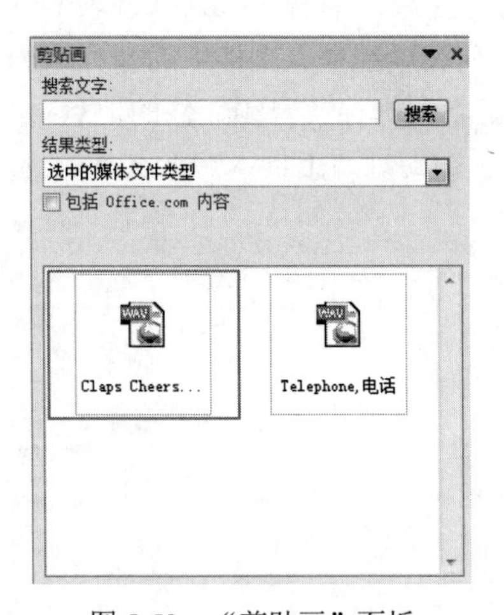

图 5-59　“剪贴画”面板

（三）添加录制音频

选定需要添加音频文件的幻灯片，单击“插入”选项卡→“媒体”组的“音频”按钮，在弹出的下拉列表里选择“录制音频”选项，弹出“录音”对话框，如图 5-60 所示。

图 5-60　“录音”对话框

在“录音”对话框里，用户编辑即将录音的音频文件的名称后，单击录音键（圆形按钮）就开始录音过程。录音完毕，单击停止键（矩形按钮）停止录音。最后单击“确定”按钮即可在幻灯片中插入刚录制而成的音频文件。对该音频文件的编辑与前面所讲的两种音频文件一致。

四、添加视频对象

在 PowerPoint 2010 中，用户不但可以设置动画和声音效果，还可以添加视频，使演示文稿更加生动有趣。在幻灯片中插入视频的操作方法与插入声音的操作方法相似。插入视频包括插入文件中的视频、来自网站的视频和剪贴画视频。为幻灯片添加视频的步骤如下：

（一）添加文件中的视频

选择要插入视频的幻灯片，单击“插入”选项卡→“媒体”组→“视频”按钮；在弹出的下拉列表里选择“文件中的视频”；在弹出的“插入视频文件”对话框中设置好存放视频文件的地址，并选中需要插入的视频；单击对话框右下角的“插入”按钮，即可在幻灯片里添加来自文件的视频。在幻灯片里选中插入的视频，使用功能选项卡区的“图片工具”按钮可以对视频图片做更所设置。

（二）添加来自网站的视频

选择要插入视频的幻灯片，单击“插入”选项卡→“媒体”组的“视频”按钮；在弹出的下拉列表里选择“来自网站的视频”；在弹出的“从网站插入视频”对话框里输入视频网址后，单击“插入”按钮即可完成视频的添加，如图 5-61 所示。

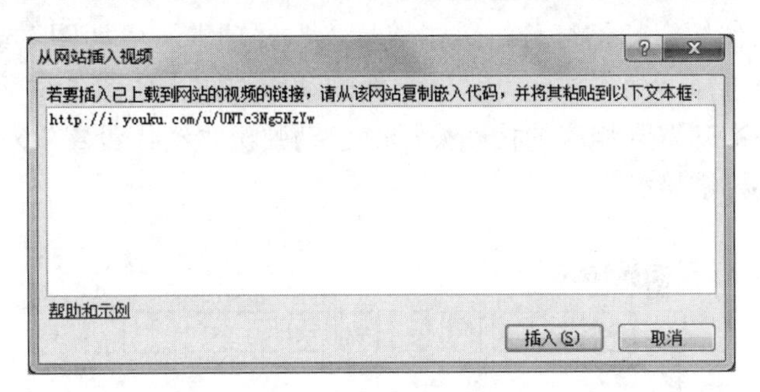

图 5-61　从网站插入视频

（三）添加剪贴画视频

选择要插入视频的幻灯片，单击“插入”选项卡→“媒体”组的“视频”按钮；在弹出的下拉列表里选择“剪贴画视频”，在窗口右侧出现“剪贴画”面板。在搜索文字下面的文本框里输入关键字，单击右侧的“搜索”按钮即可将搜索结果显示在面板下方。单击任意搜索出来的剪贴画视频按钮即可在幻灯片里插入视频。

五、设置超级链接

在 PowerPoint 中，用户可以设置将一个幻灯片链接到另一个幻灯片，还可以为幻灯片中的对象内容设置网页、文件等内容的链接。在放映幻灯片时，鼠标指针指向超链接时，指针将变成手的形状，单击则可以跳转到所设置的链接位置。下面介绍设置超级链接步骤。

选定需要设置超链接的对象，单击“插入”选项卡→“链接”组的“超链接”按钮，打开“插入超链接”对话框，如图 5-62 所示。在“链接到”选项中选择链接地点类型，再在右侧选择具体文件或幻灯片的位置，最后单击对话框右下角的“确定”按钮就完成了超链接的设置。

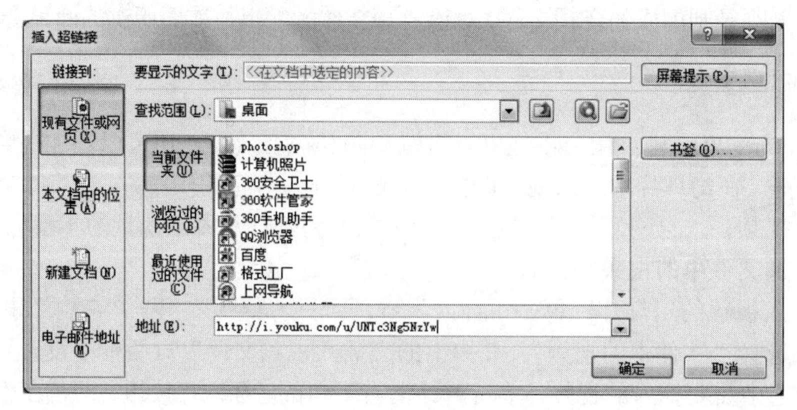

图 5-62　“插入超链接”对话框

六、添加动作按钮

在 PowerPoint 2010 中添加动作按钮可以实现各张幻灯片的链接，控制幻灯片和多媒体的播放过程。系统提供了一组预先定义好动作的常用动作按钮。用户还可以自己来完成动作按钮的外观和动作设置。下面是具体操作过程：

选择需要添加动作按钮的幻灯片，单击“插入”选项卡→“插图”组的“形状”按钮，在弹出的选择面板中选择“动作按钮”区域里面的动作按钮，如图 5-63 所示。然后在当前幻灯片中按住鼠标左键拖动得到相应的按钮，同时自动弹出“动作设置”对话框，如图 5-64 所示，在对话框里设置好链接即可。

图 5-63　插入动作按钮

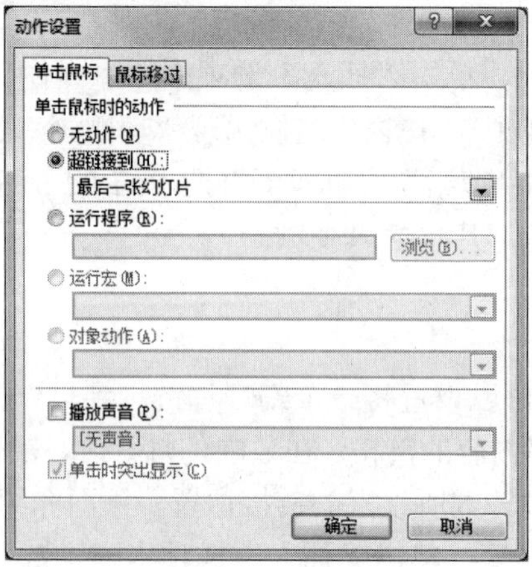

图 5-64　动作设置

一张幻灯片可以同时添加多个动作按钮。这里采用的是系统提供的动作按钮，在放映时，这些按钮是活动的。用户也可以自己设计一个图片作为按钮，然后选中此按钮右击，在弹出的快捷菜单中选择“超链接”菜单项，在“插入超链接”对话框里设置好目标位置即可。

七、设置幻灯片放映时间

用户在设置幻灯片的动画和声音时，可以实现动画和声音的自动播放。演示文稿在放映时，PowerPoint 2010 也可以实现各个幻灯片的自动播放。由于每张幻灯片中的文本和对象的数量不尽相同，所以每张幻灯片的放映时间也不尽相同，此时可以使用“排练计时”的功能。

（一）手动设置

选中幻灯片，单击“切换”选项卡，在“计时”组的换片方式下设置自动换片则可以为幻灯片自动放映提供时间依据。

（二）排练计时

使用此功能，用户可以根据每张幻灯片内容的不同从而准确地记录下每张幻灯片放映的时间，做到详略得当，层次分明。

单击“幻灯片放映”选项卡→“排练计时”按钮，系统切换到幻灯片放映视图并在屏幕左上角自动弹出“录制”工具栏，如图 5-65 所示。

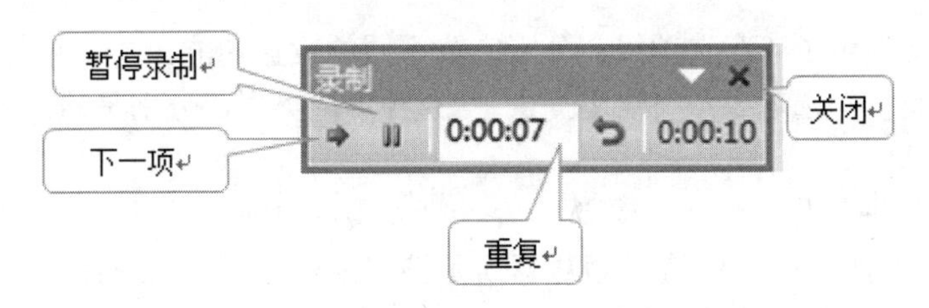

图 5-65 排练计时录制

用户只需模拟正常放映演示文稿时的速度进行幻灯片的放映。“录制”工具栏的“下一项”按钮可以实现人为控制每张幻灯片的放映时间，单击“重复”按钮可以从新排练当前幻灯片的放映时间，单击“关闭”按钮结束排练计时，同时系统会自动弹出一个对话框，询问是否保存时间，单击“是”按钮即可，如图 5-66 所示。

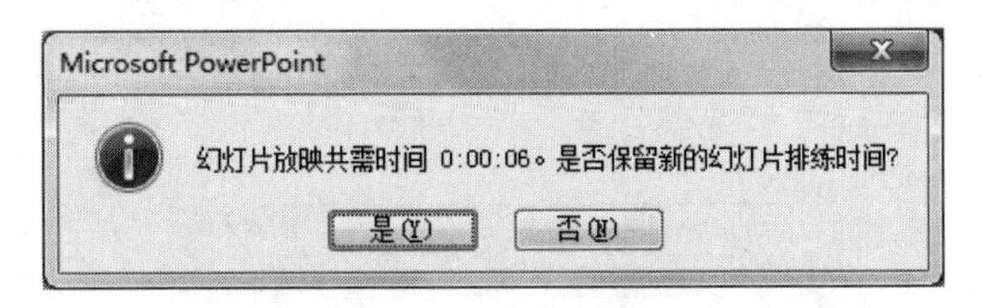

图 5-66 询问是否保存

用户在完成演示文稿的制作后，可以进行演示文稿的放映。通过放映来预览整个演示文稿的效果。PowerPoint 2010 在演示文稿放映时可以从第一张幻灯片开始放映，也可以选择从当前幻灯片开始放映，甚至可以选择演示文稿中的一部分幻灯片来放映。

八、设置幻灯片放映方式

PowerPoint 2010 为演示文稿放映的设置提供了 3 种方式：演讲者放映、观众自行浏览和在展台浏览。

（一）设置放映方式

单击 “幻灯片放映”选项卡→“设置幻灯片放映”按钮，打开“设置放映方式”对话框，如图 5-67 所示。

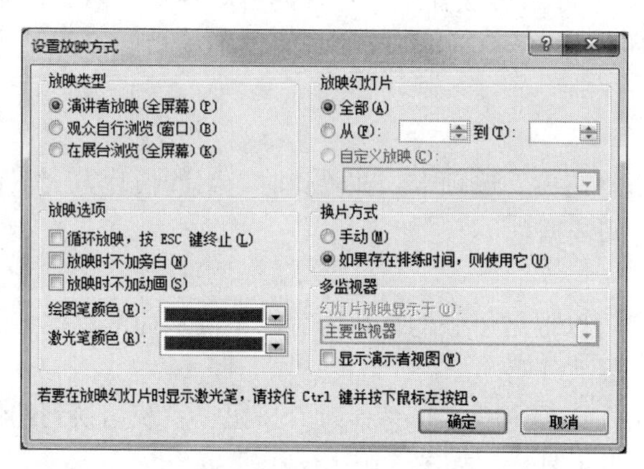

图 5-67　设置放映方式

此对话框主要提供了 4 个选项组，分别完成不同的设置功能。

（1）“放映类型”选项组：在这里提供了 3 种单选类型，分别是演讲者放映、观众自行浏览和在展台浏览。

（2）“放映选项”提供了 3 个复选内容，可以实现放映时对旁白、动画和绘图笔的不同设置，也可以实现循环播放，用户可以根据实际情况来进行不同的选择。

（3）“放映幻灯片”选项组：在这里提供了 3 个单选内容，可以实现对幻灯片放映的控制。

（4）“换片方式”选项组：提供了两个单选内容，用户可以根据实际情况选择，实现手动放映或自定义放映。

（二）自定义放映方式

使用自定义放映方式，用户可以根据实际情况调整演示文稿中幻灯片的播放顺序。

打开演示文稿后，单击“幻灯片放映”选项卡→“开始放映幻灯片”组里“自定义幻灯片放映”按钮，在下拉选项里选择“自定义放映”选项，弹出“自定义放映”对话框，如图 5-68 所示。

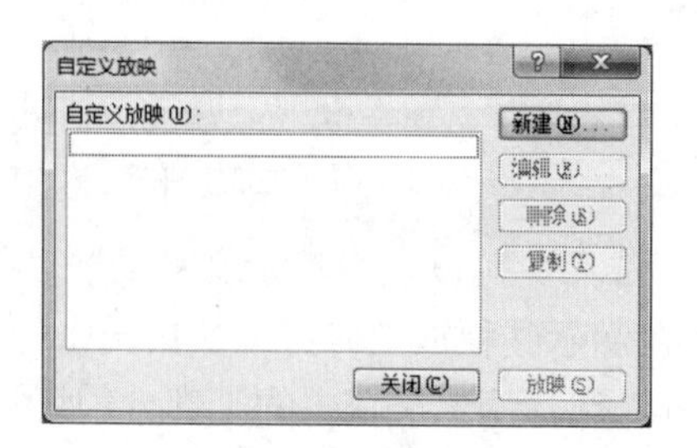

图 5-68　自定义放映

在图 5-68 所示对话框里，单击“新建”按钮进入“定义自定义放映”对话框。在该对话框里，用户可以自由选择演示文稿里的部分幻灯片组成新的“自定义放映”，如图 5-69 所示。

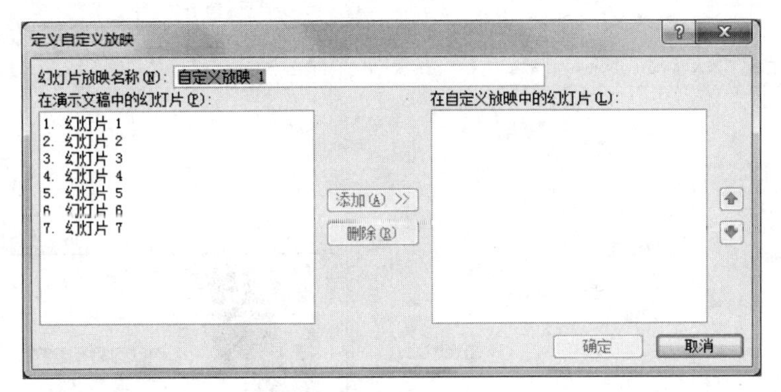

图 5-69 定义“自定义放映”

在该对话框里，左侧是演示文稿所有的幻灯片，右侧的 5 张幻灯片是用户从左侧选出来重新组成的一个新的放映内容。单击“确定”按钮即创建了“自定义放映 1”，如图 5-70 所示。

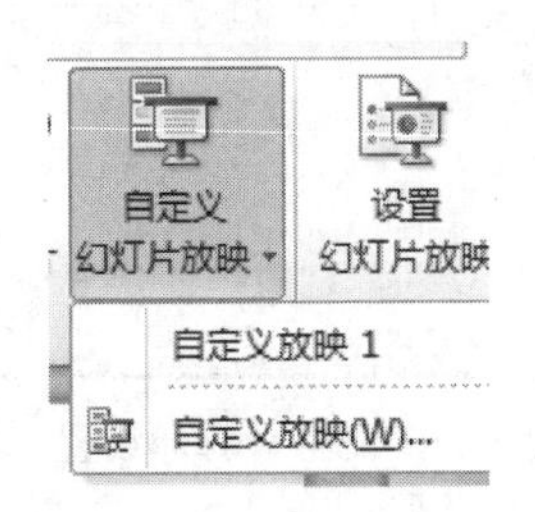

图 5-70 自定义放映 1

单击“幻灯片放映”选项卡→“自定义幻灯片放映”按钮，则下拉列表里就多了“自定义放映 1”这个选项了。选择该选项就进入自动放映，放映内容为用户刚定义的新的放映内容。

九、在 PowerPoint 2010 中放映幻灯片

（一）在 PowerPoint 2010 中放映幻灯片的方法

（1）单击“幻灯片放映”选项卡→“从头开始”按钮即可实现演示文稿的放映。

（2）单击当前演示文稿左下角的“幻灯片放映”按钮，即可从当前幻灯片开始放映。

（3）单击“幻灯片放映”选项卡→“从当前幻灯片开始”按钮可以实现从当前幻灯片开始放映。

（4）按 F5 键，实现当前演示文稿的全部放映。

（二）放映控制

在幻灯片放映时，鼠标隐藏了。但只要移动鼠标即可显现。在幻灯片放映时右击会弹出快捷菜单，通过快捷菜单可以实现对幻灯片放映的控制。

十、打印页面设置

PowerPoint 2010 为演示文稿提供了打印功能。用户可以根据需要将演示文稿制作成投影胶片或书面文稿等。

依次单击“文件”→“打印”按钮，打开如图 5-71 所示的“打印设置”窗口。可以在窗口中设置幻灯片的大小、方向等。

图 5-71 幻灯片打印设置页面

十一、打印演示文稿

完成图 5-71 所示打印及页面设置后，单击窗口上方的“打印”按钮即可按用户设置的内容打印演示文稿。

任务实施

1．打开“电子电器应用与维修专业建设汇报.pptx”，切换到第一张幻灯片

2．为标题设置动画效果

（1）选中标题“计算机应用专业建设汇报文本框”，单击“动画”选项卡→“动画”组下拉列表按钮，选择“进入—缩放”。

（2）单击“动画”选项卡→“计时”组，在“开始”下拉列表中选择“与上一动画同时”命令。

（3）单击“预览”组→“预览”按钮，查看动画效果。

3．插入音频

（1）选择第 1 张幻灯片，单击“插入”选项卡→“媒体”组→“音频”按钮，选择“文件中的音频”下拉列表命令，浏览选择素材文件“明天会更好”。

（2）用鼠标指向音频图标，出现播放工具栏，可预览声音文件。

（3）将音频图标拖动到演示文稿左下角。

（4）单击音量图标，单击“音频工具”→“播放”选项卡→“音频选项”组，在“开始”下拉列表中选择“跨幻灯片播放”行，放映演示文稿时，声音会播放到幻灯片放映结束。勾选“音频选项”组“放映时隐藏”复选框，音频图标会自动隐藏。

4．设置幻灯片切换效果

（1）将演示文稿切换到“幻灯片浏览”视图。

（2）选中第 2 张幻灯片，单击“切换”选项卡→“切换到此幻灯片”组右下角的下拉按钮，选择切换效果为“框”。其余幻灯片切换效果的设置方法同第 2 张幻灯片一致，用户自行选择切换效果。

5．自动播放幻灯片

（1）单击“幻灯片放映”选项卡→“设置”组→“排练计时”按钮。

（2）幻灯片进入到全屏播放状态，出现“录制”工具栏，借助它，可以准确记录演示当前幻灯片所使用的时间，以及从开始放映到目前为止总共使用的时间。

（3）播放完毕时，显示提示信息，单击“是”按钮，可将排练时间保存下来，下次播放时会按排练计时的时间播放。

（4）演示文稿自动进入“幻灯片浏览”视图，每张幻灯片左下角显示每张幻灯片的播放时间。

（5）选择“从头开始”放映幻灯片，会按“排练时间”设置的时间，自动播放。

6．保存演示文稿

习题

请根据“PPT 素材.docx”提供的相关素材，为“保护青少年健康发展，呼吁全国无烟立法”专家研讨会制作一份会上总结使用的演示文稿，要求图文并茂（可适当使用 Office 系统图库资料），视觉效果好，并添加适当的动画效果和幻灯片切换效果，至少 6 张幻灯片。

操作要求：

（1）整体版面美观，视觉效果好。

（2）有动画效果和幻灯片切换效果。

（3）幻灯片至少 6 张。

如何掐灭青少年手中的“烟头”

[摘要]青少年吸烟率比较高的是四川，然后是福建、内蒙古、陕西、湖南都是 10%以上，最少的是江苏。按照城市类别，乡镇吸烟比例最高，尤其是乡镇男生。不沾染有害健康的恶习是控烟的当务之急。

近日，“保护青少年健康发展，呼吁全国无烟立法”专家研讨会在北京召开。

方案一：拥有一部综合性控烟的法律

在研讨会上，周华珍主任介绍，根据研究显示，青少年吸烟以男性为主，但女性青少年吸烟呈现上升趋势；青少年吸烟比例，农村高于城市；青少年尝试吸烟的年龄逐渐上升。

“国际研究表明，如果青少年在 18 岁以前不吸第一口烟，吸烟比率基本上能够控制在 25%，如果能够推到 21 岁，就能够控制在 3%。”周华珍说，所以，为青少年提供一个健康大环境非常重要。通过立法来表明政府的态度、决心，为全社会特别是青少年降低吸烟率提供各项综合手段，改变社会习俗，不让青少年进入吸烟消费者群体。

中国青少年研究协会原副会长黄志坚教授建议，要把控烟工作纳入法制轨道，尽早出台“公共场所全面禁烟”的法规。他介绍，据卫生计生委 2013 年公布的数据显示，我们国家吸烟人数超过 3 亿人，15 岁以上人群吸烟比率达到 28.1%，已经成为全球最大的烟草生产国和烟草消费国。我国 13~15 岁初中学生“现在使用烟草”率为 6.9%，其中 82.3%的学生尝试吸烟行为发生在 13 岁之前。

中国青少年研究中心郗杰英教授认为，除了坚持不懈地推动全面立法，还应该采取综合措施控制烟草，预防二手烟，实行无烟环境只是一项措施。

中国青年政治学院法学院教授吴用建议，当前已出台了公共场所的控烟吸烟条例，但从现行青少年二手烟情况来看，27%都是在家庭二手吸烟，所以除了出台公共吸烟条例，还应该考虑无烟家庭的建设。

吴用教授指出，2014 年北京禁烟条例中有禁止通过自动售货机、移动通信以及互联网非法销售烟草的规定。他认为，应该在此基础上加入电子网购限制和一个总体条款：“以及其他任何无法辨识购买者年龄方式的行为均被禁止。”

方案二：共青团引导青年社会组织参与控烟

周华珍主任在研讨会上指出，青少年初次吸烟年龄主要集中在 15 岁和 17 岁，其中 13 岁时频率激增，15 岁到 16 岁时达到顶峰，19 岁以后则表现较少，因此 13 岁和 15 岁是需要特别关注的年龄段。

对于青少年群体的控烟工作，参加研讨会的专家都提到了要发挥共青团的作用。郗杰英教授说：“我们要树立大健康、大卫生的观念，就是要推动共识、互联和协作。”共青团作为群团组织应该可以发挥积极作用，凸显为青少年办实事、维护青少年权益、引导青少年树立健康的生活方式的作用，与其他部门合作，促进严格执法和完善立法。

中国青年政治学院共青团理论研究所所长吴庆教授认为，对于青少年的控烟问题，共青团要通过充分挖掘自身沟通优势。比如，利用每年全国两会共青团与人大、政协代表面对面交流的机会，传达青年的需求和青年现在的状况。在社会空间上，共青团要发挥社会青年组织的作用，让青年社会组织或者社会公益组织通过各种方式参与控烟工作。

北京大学儿童青少年卫生研究所星一教授认为，共青团系统能够深入到每个学校以及没有上学的群体，对青少年群体影响较大，所以“从这些系统开展干预，作出相关立法的呼吁是非常重要的”。

华中科技大学公共卫生学院教授张静建议，发动全社会各方面力量，“共青团、妇联、教育部门、相关的学校一起发挥作用，可能取得的效果会很好。”

南开大学社会学系教授黄晓燕认为，针对一些青少年吸烟群体，我们应该进行更加理性的分析。她认为，一些学生抽烟的原因在于认为通过烟草可以排解压力，“如果他知道了除了抽烟，还有其他的方式可以排解自己面临的压力；如果有人告诉他应该怎么样去逐步降低自己抽烟的量……这些引导、教育会对青少年戒烟有非常好的效果。”她强调，除了推动、加强立法工作，用服务的视角做青少年控烟工作更行之有效。

第六章 Internet 基础及应用

当今社会，计算机网络技术是发展最快，普及范围最广的学科之一，它是计算机技术与通信技术相互渗透、共同发展的产物，它已成为人们获取信息的重要手段。而 Internet 的出现和发展，在促进经济发展、信息传递、人际沟通、国家安全等方面发挥着越来越重要的作用，正在影响和改变着整个世界。

本章学习目标:

- 掌握计算机网络的概念
- 了解 Internet 的接入方式
- 了解 Internet 信息服务种类
- 理解计算机网络协议的基本概念及 IP 和域名的使用
- 掌握 IE 浏览器的基本设置
- 学会因特网的简单应用：浏览器（IE）的使用，信息的搜索、浏览与下载以及电子邮件的收发

项目一 走进互联网

任务情景

Internet，中文译名为因特网，又叫做国际互联网。它是由那些使用公用语言互相通信的计算机连接而成的全球网络。一旦计算机连接到它的任何一个节点上，就意味着已经连入 Internet 网。 Internet 目前的用户已经遍及全球，有数以亿计的人在使用 Internet，并且它的用户数还在上升。

任务分析

因特网（Internet）是一组全球信息资源的总汇。有一种粗略的说法认为 Internet 是由于许多小的网络（子网）互联而成的一个逻辑网，每个子网中连接着若干台计算机（主机）。Internet 以相互交流信息资源为目的，基于一些共同的协议，并通过许多路由器和公共互联网而成，它是一个信息资源和资源共享的集合。同时，Internet 是一个大型广域计算机网络，对推动世界科学、文化、经济和社会的发展有着不可估量的作用。

知识准备

一、Internet 概述

Internet 本意是互联网，国家推荐的译名是“因特网”。Internet 起源于 20 世纪 60 年代中期由美国国防部高级计划研究署（ARPA）资助的 ARPANET。Internet 是一个建立在网络互连

基础上最大的、开放的全球性网络。所有采用 TCP/IP 协议的计算机都可以加入到 Internet，实现信息共享和互相通信。与传统的书籍、报刊、广播、电视等传播介质相比，Internet 使用更方便，查阅更快捷，内容更丰富。

从网络技术角度讲，Internet 是一种计算机网络的集合。它以 TCP/IP 网络协议进行数据通信，将全世界的计算机网络和成千上万台计算机互相连接起来。组成 Internet 的计算机网络包括局域网（LAN）、城域网（MAN）与广域网（WAN）。Internet 使分散的单台计算机上或限制在局域网络上的信息资源可以方便地相互交流。

从实用角度讲，Internet 提供一种机会，使得任何人都可以利用通用计算机，通过网络就能与世界范围内上网的计算机用户进行信息交流或消息共享等。

从服务角度讲，Internet 提供的服务包括万维网服务（www）、电子邮件（E-mail）和文件传输（FTP）等。

中国 1994 年 4 月正式加入 Internet。当时为了发展国际科研合作的需要，中国科学院高能物理研究所和北京化工大学开通了到美国的 Internet 专线，并有上千余科技界人士使用了 Internet。我国直接接入 Internet 的网络主要有：①中国公用计算机互联网 ChinaNET（China Network）；②中国教育与科研网 CERNET（China Education Research Network）；③中国科学技术网 CSTNET（China Science and Technology Network）；④中国金桥信息网 ChinaGBN（China Golden Bridge Network）。

二、Internet 的接入方法

要想得到 Internet 提供的服务，用户必须通过 ISP（Internet Service Provider）把自己的计算机接入 Internet。目前接入 Internet 的主要方式有：仿真终端方式（联机服务方式）、PPP/SLIP（Point to Point Protocol/Serial Line Internet Protocol）拨号入网方式、局域网接入方式和广域网接入方式等。

根据使用的媒质不同，可以将 Internet 接入方式分为有线接入网和无线接入网，下面介绍几种接入方法：

（一）电话拨号接入

个人用户接入 Internet 最早使用的方式之一，它将用户计算机通过电话网接入 Internet。电话拨号接入只需一个调制解调器（Modem）、一根电话线即可，但速度较慢，最高上行速率 33.6 KBit/s，最高下行速率 56KBit/s。

（二）专线接入

对于上网计算机较多、业务量大的团体用户，可以租用专线与 ISP 相连，接入 Internet。

（三）ISDN 接入

ISDN（Integrated Services Digital Network）即综合业务数字网接入，俗称“一线通”，是普通电话（模拟 Modem），拨号接入和宽带接入之间的过渡方式。

XDSL 接入，XDSL 是 DSL（Digital Subscriber Line）的统称，即数字用户线路，是以普通电话线为传输介质，点对点传输的宽带接入技术。它可以在一根铜线上分别传送数据和语音信号，其中数据信号并不通过电话交换设备，并且不需要拨号，不影响通话。其最大的优势在于利用现有的电话网络架构，可以方便地开通宽带业务。

ADSL（Asymmetrical Digital Subscriber Line）可以在现有电话线上传输数据，为家庭和小

型业务提供了高速接入 Internet 的方式。

（四）光纤接入

光纤接入是在接入网中采用光纤传输介质，构成光纤用户环路，实现用户高性能宽带接入的一种方案。

（五）无线接入

无线接入是指从业务节点到用户终端之间的全部或部分传输设施采用无线手段，向用户提供固定和移动接入服务的技术。采用无线通信技术将各用户终端接入到核心网的系统，或者是在市话端或远端交换模块以下的用户网络部分采用无线通信技术的系统，都统称为无线接入系统。

三、Internet 信息服务种类

（一）信息浏览服务（WWW）

WWW（World Wide Web，万维网）是目前 Internet 上使用最多的信息浏览方式。它基于超文本传输协议（HTTP，Hyper Text Transport Protocol），网页文件采用标准的 HTML（Hyper Text Markup Language）超文本标记语言，以 URL（Uniform Resource Locator）全球资源定位器作为统一的定位格式。许多软件企业设计了自己的浏览器版本，但 Windows 操作系统捆绑的 IE 浏览器仍然具有较大的影响。

（二）文件传输服务（FTP）

文件传输是在 FTP（File Transfer Protoco1）协议支持下实现文件双向传输的服务。在网络中创建 FTP 服务器，就可以为用户提供远程文件资源共享的 FTP 服务。匿名 FTP 是最重要的 Internet 服务之一。为了便于用户获取超长的文件或成组的文件，在匿名 FTP 服务器中，文件要预先进行压缩或打包处理。

（三）电子邮件服务（E-mail）

在网络中建立邮件服务器，用户向管理者申请建立自己的电子邮箱，邮件服务器就为用户分配一个专用区域。用户把带有收信人邮箱地址的邮件发送到邮件服务器，收信人就会得到通知，并在自己方便的时候登录邮件服务器接收邮件。

（四）远程登录服务（Telnet）

远程登录是在网络通信协议 Telnet 的支持下，使本地计算机暂时成为远程计算机仿真终端的过程。在远程计算机上登录，必须事先成为该计算机系统的合法用户并拥有相应的账号和口令。登录时要给出远程计算机的域名或 IP 地址，并按照系统提示，输入用户名及口令。登录成功后，用户便可以实时使用该系统对外开放的功能和资源。

任务实施

思考你的家庭和学校采用何种 Internet 接入方式。

项目二　扬帆起航

任务情景

为了标记因特网上的每一台计算机的位置，像每一个人都拥有唯一的一个身份证号码、

每一部电话都具有一个唯一的电话号码一样，人们为每台计算机或网络设备都分配一个唯一识别的地址。设置了 IP 地址的计算机才可以在网络世界扬帆起航。

任务分析

IP 地址的使用与 IE 浏览器的设置是网络畅游必须学会的基础知识，本项目就对这些问题进行介绍。

知识准备

一、IP 地址与域名

连接到 Internet 上所有的计算机，都必须用唯一的身份证（ID）出现。该 ID 就是 IP 地址，就好像每一台电话机都有唯一的电话号码一样。

（一）IP 地址

在 TCP/IP 网络体系结构中，每个主机都有唯一的地址，且通过 IP 协议实现。IP 协议要求在每次与 TCP/IP 网络建立连接时，每台主机都必须为这个连接分配一个唯一的 32 位地址。该 32 位 IP 地址中，不但可以识别每一台主机，而且还包含网络间的路径信息。主机是网络上的一个节点，不能简单地理解为一台计算机，实际上 IP 地址是分配给计算机的网卡的，一台计算机可以有多个网卡，也可以有多个 IP 地址，一个网卡就是一个节点。

IP 地址由网络地址和主机地址两部分组成。IP 地址是一个 32 位的二进制数，为了便于记忆一般用点分十进制表示，即将其分为 4 组十进制表示，且用小数点分开，其范围是 0～255。如 166.111.68.10，166.111 表示清华大学，68 表示计算机学院，10 表示某台主机，其从左到右表示的范围是从大到小。IP 地址的结构如下：网络 ID+主机 ID。

IP 地址的现行版本是 IPv4，为了解决 IP 地址资源不足的问题，IETF（Internet Engineering Task Force，因特网工程任务组）设计了下一代 IP 协议 IPv6，它由 128 位二进制数码表示。

（二）域名

Internet 上海量的信息都分布在遍布世界各地的称为“站点”的服务器上，每个站点都分配有唯一的 IP 地址，通过这个 IP 地址，我们就可以从世界的任何角落把信息从拥有该 IP 地址的服务器上读取过来。

由于 IP 地址采用二进制编码，多达 32 个“0”“1”组合位数，记忆起来太困难，输入时也难免出错，所以，通过 IP 地址去访问服务器很困难，而域名（Domain Name）很好地解决了这个问题。

站点在发布信息时要申请一个域名与它的 IP 地址相对应。简单地讲，域名就是为 Internet 上的主机所起的一个名字，它是一种“助忆符”。

域名采用分层次命名的方法，每一层都有一个子域名。域名是由一串用小数点分隔的字符组成。如：www.schyzg.com或者 www.gfbzb.gov.cn

域名的一般格式为：计算机名．组织机构名．网络名．最高层域名（各部分用小数点隔开）其中：

最高层域名也称顶级域名，在因特网中是标准化的，代表主机所在的国家。网络名是第二级域名，能够反映主机所在单位的性质。组织机构名是第三级域名，一般表示主机所属的域或单位。计算机名是第四级域名，一般根据需要由网络管理员自行定义。通常，按照各部分所代表的含义，域名可以分解为 3 部分，即：主机名称、机构名称及类别、地理名称。

（1）主机名称。通常是按照主机所提供的服务种类来命名的，例如提供 www 服务的主机，其主机名称为 www，而提供 FTP 服务的主机，其主机名称是 FTP。用户可以通过 IE 等浏览器查询 www 系统中的信息。

（2）组织名称。如 com 表示商业机构、edu 表示教育机构、gov 表示政府部门、mil 表示军事部门等。

（3）地理名称。用以指出服务器主机的所在地，一般只有美国以外的地区才会使用地理名称，不同的国家有不同的名称。如：CN（中国）、JP（日本）、FR（法国）、AU（澳大利亚）、CA（加拿大）、UK（英国）等。

如：中央电视台的 www 服务器的域名为 www.cctv.com.cn。其 4 个部分依次代表 www 服务器、中央电视台、商业机构网与中国。

（三）域名系统

把易于记忆的域名翻译成机器可识别的 IP 地址的工作通常由“域名系统”软件完成，而装有域名系统的主机称为域名服务器（DNS 服务器），DNS 服务器上存有大量的 Internet 主机的地址（数据库）。

当通过域名访问一台主机时先由一台 DNS 服务器进行域名解析，完成“IP 地址——域名”间的双向查找功能，将域名转换成实际的 IP 地址，然后再进行访问连接。

二、IE 浏览器的基本设置

Internet Explorer 在使用过程中，可以根据用户的使用习惯和要求来修改它的一些设置。IE 的各种设置是通过“Internet 选项”对话框实现的。

（一）“Internet 选项”简介

（1）右击桌面上的 Internet Explorer 图标，在弹出的快捷菜单中单击“属性”选项；或单击 IE 浏览器中的“工具”菜单→“Internet 选项”命令，弹出“Internet 选项”对话框，如图 6-1 所示。

（2）单击“Internet 选项”对话框中相应的选项卡，即可完成更改主页、安全设置、局域网连接设置等操作。

1）“常规”选项卡。通过“常规”选项卡，可以更改浏览器的主页；设置 Internet 临时文件夹的属性，以提高浏览速度；删除临时文件夹的内容；增加计算机的硬盘空间；清除历史记录以及设置历史记录的存储时间等。

2）“安全”选项卡。使用“安全”选项卡，可以对 Web 内容进行安全设置，其中包括 Internet、本地 Intranet、受信任的站点、受限制的站点等。同时还可以对该区域的安全级别进行设置。包括自定义级别和设置默认级别。

3）“隐私”选项卡。上下移动“隐私”选项卡中的滑块进行隐私设置，可为 Internet 区域选择一个隐私限制，即设置浏览网页是否允许使用 cookie。

4）“内容”选项卡。使用“内容”选项卡，可以进行 3 方面的设置，即分级审查、证书和个人信息。

5）“连接”选项卡。使用“连接”选项卡，可以添加 Internet 拨号连接或 Internet 网络连接，还可以设置代理服务器，以及局域网的相关参数（代理服务器地址）等。

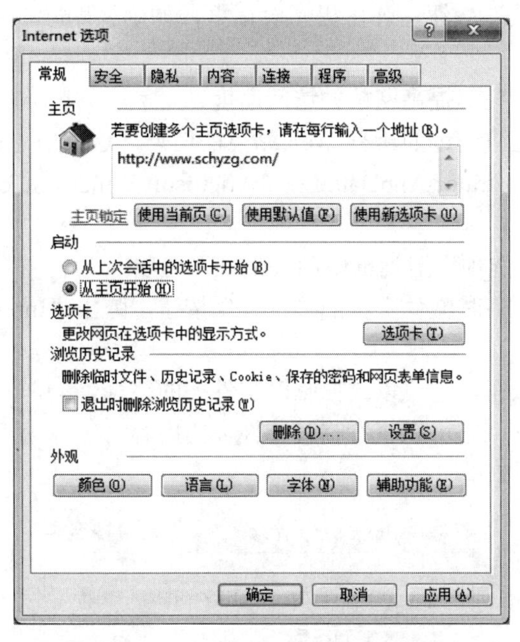

图 6-1 “Internet 选项”对话框

6）“程序”选项卡。使用“程序”选项卡，可在“Internet 程序”区域中，指定 Windows 自动用于每个 Internet 服务的程序，包括 HTML，编辑器、电子邮件等。

7）“高级”选项卡。通过“高级”选项卡，可设置个性化的 IE 浏览方式，包括 HTTP 1.1 设置、安全、从地址栏中搜索、打印、多媒体、辅助功能、浏览页面的显示效果等相关属性设置。

8）通过“重置 Web 设置”按钮，可将 Internet Explorer 重置为使用默认主页和搜索页等。

（二）设置浏览器的起始页

当启动 IE 时，浏览器会自动下载并显示出一个页面，这个页面称为浏览器的主页，也是用户浏览的起始页。用户可以根据自己的需要将经常浏览的网页设置为浏览器的主页。

（1）单击“Internet 选项”对话框→“常规”选项卡。

（2）在“主页”区的“地址”栏中输入要作为浏览器主页的网页或网站的 URL 地址。

1）使用当前页。将当前浏览的页面作为主页。

2）使用默认页。使用浏览器生产商微软公司的主页。

3）使用空白页。启动 IE 时不打开任何网页，以空白页面“about:blank”作为主页。

（3）单击“确定”按钮。

（三）清除历史记录

在 IE 浏览器中，只要单击工具栏上的“历史”按钮即可查看所有浏览过的网页的历史记录。但随着时间的增加，历史记录也会越积越多。

通过“Internet 选项”对话框中的“常规”选项卡，可以设置历史记录的保存时间，时间超过后，系统会自动删除超时的历史记录。

（1）单击“Internet 选项”对话框→“常规”选项卡。

（2）调整“历史记录”区天数计数器的值，设置历史记录的保存天数。

（3）单击“确定”按钮。

单击“清除历史记录”按钮，弹出提示对话框，如确认删除，单击“是”按钮即可将保存的历史记录全部删除。

（四）设置临时文件夹。提高网站的访问速度

临时文件夹存放最近访问过的所有 Web 站点的信息，这些信息被保存在默认的文件路径下，即“C:\ Users\Administrator\AppData\Local\Microsoft\Windows\Temporary Internet Files”，如图 6-2 所示。

（1）单击“Internet 选项”对话框中的“常规”选项卡。

（2）单击“Internet 临时文件”区的“设置”按钮，弹出“Internet 临时文件和历史记录设置”对话框。

1）“移动文件夹”按钮。它可以改变临时文件夹的路径。

2）“查看文件”按钮。它可以查看临时文件夹的内容。

（3）单击“确定”按钮。

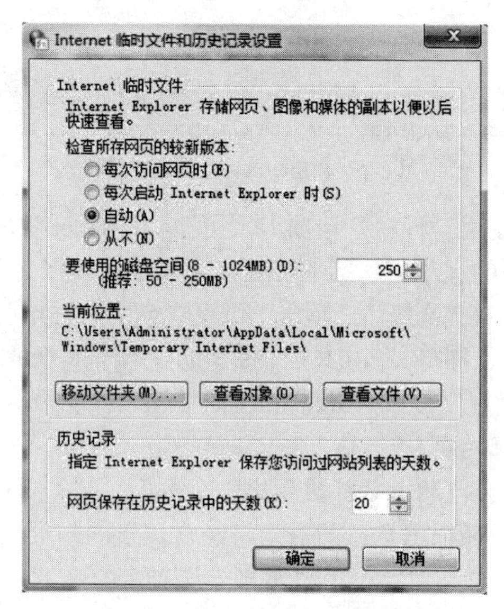

图 6-2　“Internet 临时文件”

（五）设置代理服务器

（1）单击“Internet 选项”对话框→“连接”选项卡→“局域网设置”按钮，弹出“局域网（LAN）设置”对话框，如图 6-3 所示。

（2）在“代理服务器”区，选中“为 LAN 使用代理服务器”复选框，设置相应的代理服务器地址及端口号等。

（3）单击“确定”按钮。

任务实施

1．尝试通过控制面板对计算机 IP 地址、子网掩码、网关、DNS 进行设置。

2．熟练用浏览器浏览网页信息。

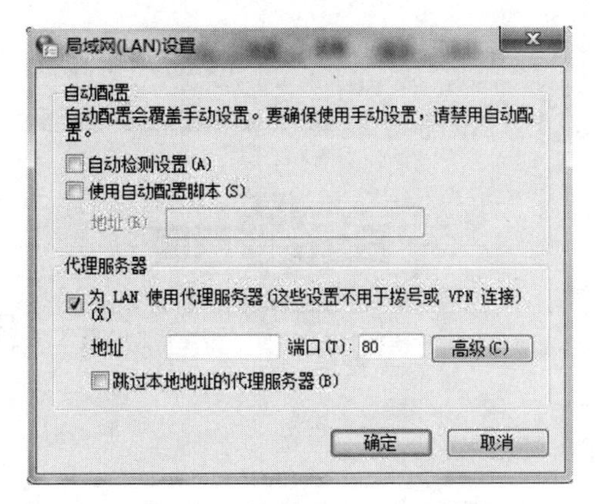

图 6-3 “局域网（LAN）设置”

项目三 获取网络资源及网络信息交流

任务情景

现在的 Internet 很方便，可以在网络下载资源（图片、视频、软件、音乐），还可以使用电子邮件、网络视频、电话等拉近彼此的距离，那该如何有效应用 Internet 呢？

任务分析

能熟练使用 IE 浏览器进行资料搜索与下载，会进行电子邮件的收发，能大大提升我们学习和工作的效率，方便网络数据传输与资源共享，相信本项目学习后能为我们以后使用计算机网络打下坚实的基础。

知识准备

一、搜索引擎的概念

因特网上有数以百万计的网站，而且不断有新的网站出现。它有海量的信息资源供浏览查询，要去找所需要的信息就如大海捞针一样难，最常用的方法是用搜索引擎（Search Engine）。搜索引擎是帮助我们查询网上信息的服务网站，它们可以对主页进行分类与搜索。如果输入一个特定的搜索词，搜索引擎就会自动进入索引清单，将所有与搜索词相匹配的内容找出，并显示一个指向存放这些信息的连接清单。因特网上有不少优秀的搜索引擎，比较常用的有百度（www.baidu.com）、360 搜索（www.so.com）等。下面我们以百度为例，介绍常用的信息搜索方法，以提高信息搜索效率。

如我们要搜索“花海果乡”的相关信息，具体操作步骤如下：

（1）打开搜索引擎的主页，在浏览器地址栏输入 www.baidu.com 并按回车键，打开百度搜索引擎主页如图 6-4 所示。

（2）在页面中间的文本框中输入查询的关键字“花海果乡”，然后单击后面的“百度一下”按钮，开始进行搜索，搜索结果如图 6-5 所示。

图 6-4　百度搜索引擎

图 6-5　百度搜索“花海果乡”

（3）在搜索结果页面中列出了所有包含关键词“花海果乡”的网页链接地址，单击某项就可转到相应网页查看内容了。

从上图还可以发现，关键词文本框上方除了默认处于选中状态的“网页”之外，还有“新闻”“贴吧”“知道”“音乐”“图片”“视频”“地图”等标签，搜索时选择不同标签，可以对目标进行分类搜索，从而大大提高了搜索效率。

其他搜索引擎的使用与百度类似，就不一一列举了。

二、下载软件

（一）下载的概念

所谓下载，就是将网络上其他计算机上的信息复制到自己计算机中的过程。

（二）常用下载软件的方法

1．通过 IE 浏览器来下载

以下载“暴风影音”软件为例，操作步骤如下：

启动 IE 浏览器，在地址栏中输入 http://www.baidu.com/并按回车键，浏览器窗口中将打开“百度”的主页，在文本框中输入“暴风影音”并单击“百度一下”按钮，稍后就可看到“百度”的搜索结果页面，如图 6-6 所示。

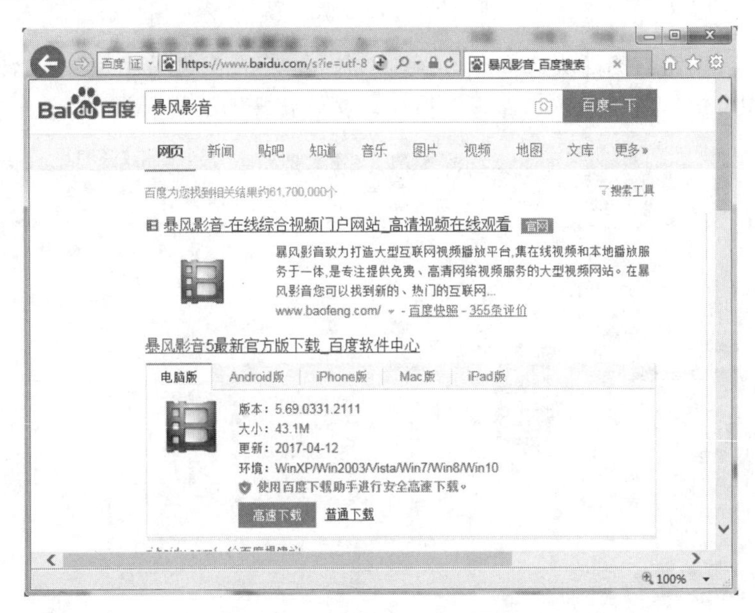

图 6-6　百度搜索“暴风影音”

在百度搜索结果的页面中单击“暴风影音官网”超级链接，即可打开“暴风影音”的主页，如图 6-7 所示。

图 6-7　“暴风影音”官网

在“暴风影音”的主页中单击“暴风影音下载”按钮，即可弹出“文件下载—安全警告”对话框，如图 6-8 所示。

图 6-8　文件下载提醒

单击“保存”按钮右侧箭头选择“另存为”命令，将弹出“另存为”对话框，如图 6-9 所示。然后设置保存的位置，单击“保存”按钮，文件就开始下载了。

图 6-9　“另存为”对话框

下载完毕后可以单击“运行”按钮运行下载的文件，或单击“打开文件夹”按钮查看下载的文件，也可单击“×”按钮关闭对话框以后再运行，如图 6-10 所示。

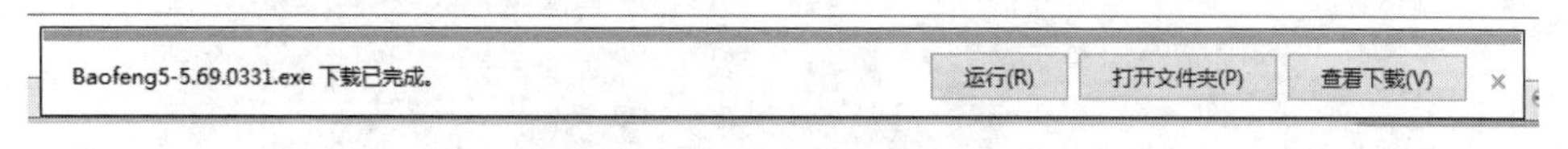

图 6-10　运行和查看下载的文件

2．可用工具软件如网际快车（FlashGet）、迅雷等下载软件进行下载

三、电子邮件

电子邮件（E-mail）是 Internet 服务中使用最早、使用人数最多的一种系统。Internet 的 E-mail 系统与传统的邮件传递系统相比不但省时、省钱，而且用户能确定邮件是否为收件人收到。这种方便、快捷、节省的信息传递服务为人们的生活带来了深刻的影响，是现代人最常用的通信方式之一，同时也是电子商务中的重要部分。

电子邮件是通过 Internet 邮寄的电子信件，通过网络来传递信息，采用存储转发的方式进行信息传递。电子邮件具有方便、快速、不受地域或时间限制，费用低等优点，成为使用最广泛的 Internet 工具。

（一）电子邮件地址

要使用电子邮件服务，首先要有一个电子邮箱，每个电子邮箱拥有一个唯一的电子邮件地址。电子邮箱是由提供邮件服务的机构为用户建立的，任何人都可以将电子邮件发送到某个电子邮箱中，但只有电子邮件的所有者输入了正确的用户名和密码，才能打开邮箱，进行邮件的收发。

电子邮件地址的格式是固定的：<用户名>@<主机域名>，用户名是邮箱所有者的用户标识，是用户定义的，中间的@符号读作“at”，后边的主机域名是用户申请邮箱的机构的主机域名。如 hyzg@163.com 就是一个电子邮件地址，它表示在“163.com”的邮件主机上有一个名为 hyzg 的电子邮件用户。

（二）申请免费的电子邮箱

在利用电子邮件进行收发电子信件之前，收、发件人双方均应有各自的电子邮箱地址，邮箱地址可以通过购买服务的方式获得（如 VIP 邮箱），也可以通过一些网站申请免费邮箱。一般大型网站，如腾讯、新浪、网易、搜狐等都提供免费邮箱。下面以网易为例子介绍申请免费邮箱的方法。

（1）启动 IE 浏览器，在地址栏中输入 www.163.com 并按回车键，浏览器窗口中将打开“网易”的主页，如图 6-11 所示。

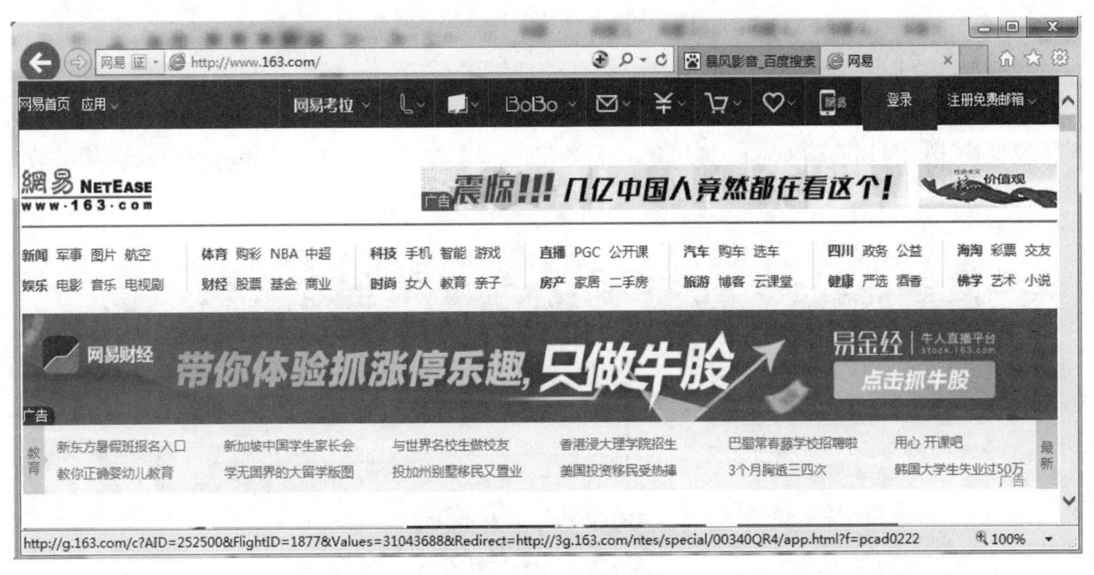

图 6-11 打开网易主页

（2）在页面上方的导航栏中单击【注册免费邮箱】按钮，打开如图 6-12 所示的网易邮箱的注册页面。

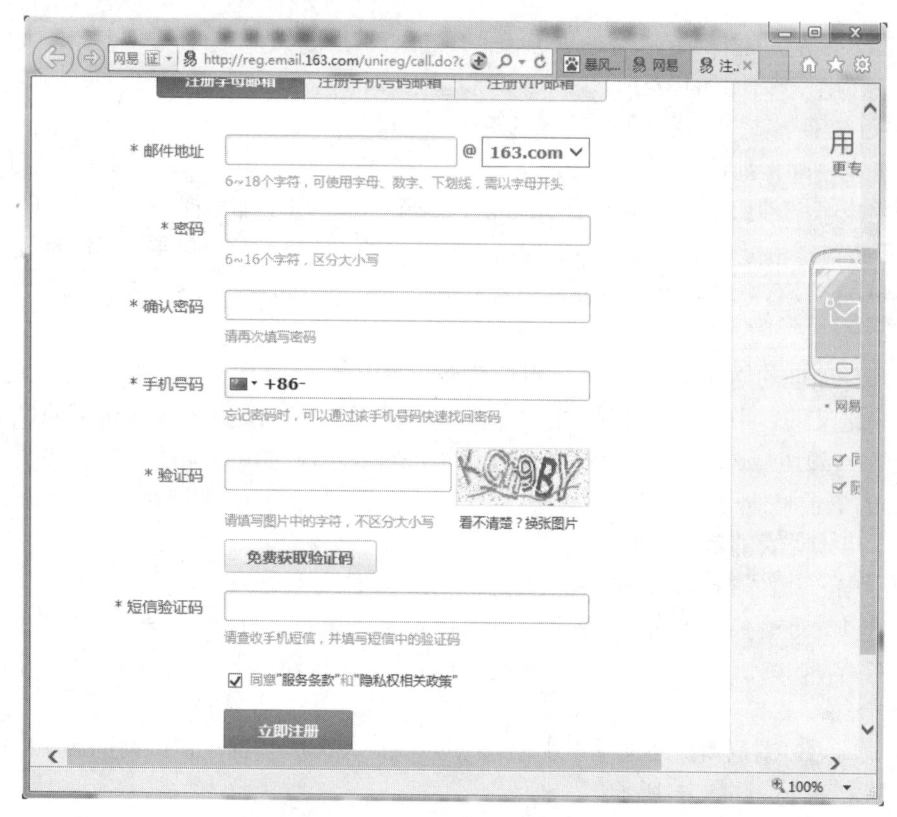

图 6-12　网易邮箱的注册页面

（3）在注册免费邮箱的页面中按要求逐一填写各项信息，如邮箱地址、密码等（注意：带星号的项目必须填写），单击“立即注册”按钮完成注册。注册成功后，在网站主页上点击“登录”按钮就可以打开如图 6-13 所示登录页面，用之前申请的账号和密码登录邮箱并收发邮件。

图 6-13　登录页面

（三）电子邮件的格式

如图 6-14 所示，电子邮件由两大部分组成，信头和信体。信头相当于我们的信封。信体就是信件的内容。

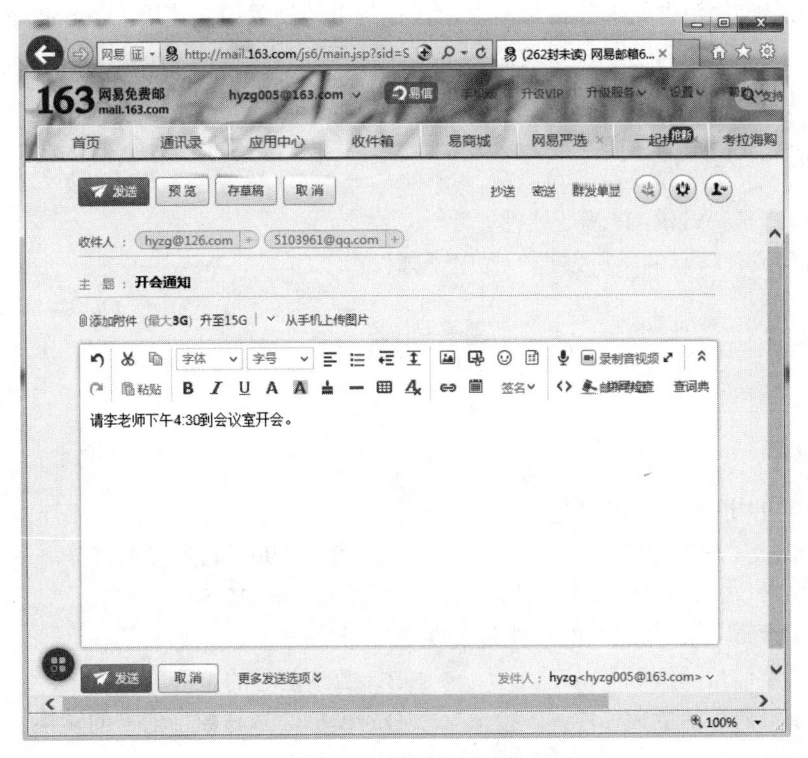

图 6-14 撰写电子邮件

1. 信头的组成

（1）收件人。填写收件人的电子邮件地址，如有多个收件人，地址之间用“;”分隔；

（2）抄送。填写同时可接收此信的其他相关人员的邮件地址，也可填入多个地址，此项可为空；

（3）主题。本邮件的标题，一般是邮件内容的概括。

2. 信体

信件的内容，可以包含文字内容，也可包含图片、音频、文档等文件，这些文件必须以附件形式发送。

（四）用 Outlook Express 收发电子邮件

除了在 Web 页上可以进行电子邮件的收发外，还可以使用电子邮件客户端软件来进行邮件的收发。目前常用的电子邮件客户端软件有 Foxmail、金山邮件、Outlook 2010 等，虽然各软件的界面有所不同，但操作方法基本相似。

微软公司出品的 Office 系列产品 Outlook 2010 是一款优秀的电子邮件客户端。它不仅仅是简单的 Email 客户端，还可以帮助我们更好地管理时间和信息，跨越各种界限实现联系并且有助于保持安全和控制，其简单易用的特性与功能，包括行事历，计划调度，安全性的设置等都能够很大程度上提高我们的工作效率。Outlook 2010 常用功能如下：

（1）Outlook 的第一个功能核心功能是收发电子邮件。通过链接到预定的邮件服务器，可以轻松地使用 Outlook2010 来收发邮件。

（2）Outlook 的第二个功能是数据备份。备份电子邮件、联系人等信息。使用 Outlook 2010 可以把公司邮箱收件箱中的邮件备份出来，保存到电脑硬盘中。使用 Outlook 2010 保存的邮件无需考虑容量限制的问题，只要硬盘剩余空间足够。

（3）Outlook 的第三个功能是提供安全高效的数据收发存储的保障机制。

任务实施

1．在网络下载 WinRAR 解压软件。
2．向同学或者自己的父母发送一封电子邮件。

习题

一、选择题

1．合法的 IP 地址书写格式是（　　）。
A．202：196：112：50　　B．202、196、112、50
C．202，196，112，50　　D．202.196.112.50

2．调制调解器（Modem）的功能是实现（　　）。
A．数字信号的编码　　B．数字信号的整形
C．模拟信号的放大　　D．模拟信号与数字信号的转换

3．HTTP 协议采用（　　）方式传送 web 数据。
A．自愿接收　　B．被动接收　　C．随机发送　　D．请求/响应

4．要打开新 Internet Explorer 窗口，应该（　　）。
A．按 Ctrl+N 组合键　　B．按 F4 键
C．按 Ctrl+D 组合键　　D．按回车键

5．传输控制协议/网际协议即（　　），属工业标准协议，是 Internet 采用的主要协议。
A．Telnet　　B．TCP/IP　　C．HTTP　　D．FTP

6．发送电子邮件时，如果接收方没有开机，那么邮件将（　　）。
A．丢失　　B．保存在邮件服务器上
C．退回给发件人　　D．开机时重新发送

二、简答题

1．简述计算机网络的概念。
2．我国接入 Internet 后有四大骨干网络，分别是哪些？
3．简述 IE 收藏夹的作用。
4．如何设置 IE 浏览器的主页为“www.baidu.com”？
5．电子邮件地址的格式是什么？电子邮件的附件可以发送哪些内容？